物联网装备保障应用

张 炜　陈永龙　著

国防工业出版社
·北京·

内 容 简 介

本书对物联网装备保障应用进行了系统研究。梳理了物联网及其军事应用的发展与现状，分析了物联网装备保障应用的需求，描述了物联网装备保障应用系统架构及相关技术，研究了物联网装备保障应用信息共享服务，阐明了装备识别体系、装备编目、装备保障信息分类与编码等装备保障信息标识，在分析物联网装备保障应用数据的基础上，论述了物联网装备保障应用系统集成的理论与方法，对物联网装备保障应用安全进行了研究，提出了相关法规标准建设的思路举措。

本书适用于高等院校教师、学生，从事装备保障的军队指挥与技术人员，以及装备保障信息化的科研单位相关人员。

图书在版编目(CIP)数据

物联网装备保障应用/张炜,陈永龙著. —北京：国防工业出版社,2022.10
ISBN 978-7-118-12614-3

Ⅰ.①物… Ⅱ.①张… ②陈… Ⅲ.①物联网-装备保障-研究 Ⅳ.①TP393.4 ②TP18

中国版本图书馆 CIP 数据核字(2022)第 162342 号

※

*国防工业出版社*出版发行
(北京市海淀区紫竹院南路23号 邮政编码100048)
天津嘉恒印务有限公司印刷
新华书店经售

*

开本 710×1000 1/16 印张 19 字数 338 千字
2022 年 10 月第 1 版第 1 次印刷 印数 1—2000 册 定价 98.00 元

(本书如有印装错误,我社负责调换)

国防书店：(010)88540777 　　书店传真：(010)88540776
发行业务：(010)88540717 　　发行传真：(010)88540762

前　言

随着新一代网络信息技术,特别是 5G 技术、区块链技术的发展,物联网在装备保障领域得到越来越多的应用,为促进装备保障信息化建设,提高装备保障能力提供了技术基础。在新时代,物联网装备保障应用面临着高端综合集成服务能力不强、规模化应用偏少、系统互联互通能力不足、信息共享困难等诸多问题,亟须开展相关理论研究与实践探索。

本书面向军事装备保障信息化建设,以增强系统互联互通和装备信息共享、提高军事装备保障能力为目标,开展物联网装备保障应用的体系架构、技术标准体系和信息共享机制等研究,为装备保障物联网建设提供理论依据和技术支撑。通过物联网装备保障应用需求分析,建立物联网装备保障应用系统架构,为物联网装备保障应用成体系建设提供依据和指导;通过物联网装备保障应用信息共享服务研究,提高装备保障信息的采集、传输、融合、处理与共享能力,增强系统互联互通和信息共享,支撑装备保障能力的形成;通过物联网装备保障应用法规标准研究,建立应用标准体系来规范物联网装备保障应用,指导相关技术标准的制修订。

全书共 9 章,主要内容如下:

第 1 章分析物联网装备保障应用的形势,明确研究的目的意义,界定相关概念,梳理物联网发展及其军事应用现状。

第 2 章从装备保障信息化建设现状分析入手,查找当前装备保障信息化建设存在的问题,探讨物联网装备保障应用机理及要求。

第 3 章建立由感知层、接入层、网络层、支撑层和应用层组成的物联网装备保障应用系统架构,分析各层建设要求及相关技术。

第 4 章着眼装备保障应用信息共享服务,对装备保障信息共享体系框架进行重新设计,建立统一、可扩展的装备信息共享服务架构,研究其共享运行机制。

第 5 章对装备识别体系、装备编目、装备保障信息分类与编码等技术基础进行研究,构建有效支撑物联网装备保障应用的军事装备信息标识体系。

第 6 章围绕装备保障业务平台的异构数据集成及数据融合,系统研究装备保障数据元素、元数据、信息资源规划、数据字典、中心数据库等,为物联网装备保障应用奠定数据基础。

第7章论述物联网装备保障应用信息系统集成原理,探索装备保障数据集成模式、集成框架和数据集成交换设计。

第8章研究物联网装备保障应用安全问题,分析安全需求,建立安全机制,阐明所运用的相关信息安全技术和手段。

第9章从规范物联网装备保障应用角度,构建法规制度标准体系,重点建立由基础类标准、共性类标准、感知类标准、接入类标准、网络类标准、支撑类标准和应用类标准七部分组成的标准体系。

本书在研究撰写过程中,吕耀平博士付出了艰苦努力,撰写了大量内容,在此表示由衷感谢!张万刚、董珂、李悦参与了大量文字工作,一并感谢。此外,编写中还参考和引用了大量文献,在此对作者表示诚挚的谢意!

本书虽几易其稿,力求完善,但由于网络信息技术和人工智能技术发展日新月异,装备保障理论与实践探索永无止境,加之作者知识和经验的局限性,书中缺点与疏漏之处在所难免,诚望读者提出宝贵的意见和建议。

张 炜

2022.6

目 录

第1章 绪论 ... 1
1.1 研究背景 ... 1
1.2 研究目的意义 ... 4
1.2.1 研究目的 ... 4
1.2.2 研究意义 ... 4
1.3 相关概念 ... 5
1.3.1 装备保障 ... 5
1.3.2 物联网 ... 7
1.3.3 物联网装备保障应用 ... 9
1.4 物联网研究现状 ... 9
1.4.1 物联网系统架构研究现状 ... 9
1.4.2 物联网技术标准研究现状 ... 11
1.4.3 信息共享模式研究现状 ... 16
1.5 物联网发展现状 ... 17
1.5.1 物联网发展及关键技术 ... 18
1.5.2 物联网应用领域 ... 22
1.5.3 中国物联网发展现状 ... 27
1.6 物联网在军事领域的研究与应用现状 ... 31
1.6.1 在军事领域的研究与应用背景 ... 31
1.6.2 外军应用现状 ... 32
1.6.3 我军应用现状 ... 34

第2章 物联网装备保障应用需求分析 ... 36
2.1 装备保障信息化建设需求分析 ... 36
2.1.1 在军队信息化建设大局下统筹开展 ... 37

    2.1.2　为精确保障提供有力技术支撑 …………………………… 37
    2.1.3　加强一体化综合保障建设 ………………………………… 38
    2.1.4　注重信息资源的开发利用 ………………………………… 38
2.2　装备保障信息化建设存在问题 ………………………………………… 39
    2.2.1　标准规范不统一 …………………………………………… 39
    2.2.2　信息安全有漏洞 …………………………………………… 40
    2.2.3　职能分工缺统筹 …………………………………………… 40
    2.2.4　核心技术不主导 …………………………………………… 41
    2.2.5　应用模式效益低 …………………………………………… 42
    2.2.6　保障平台烟囱多 …………………………………………… 43
    2.2.7　军民融合起步晚 …………………………………………… 43
    2.2.8　人才建设欠复合 …………………………………………… 44
2.3　装备保障信息化建设举措 ……………………………………………… 44
    2.3.1　坚持理论创新,增强装备保障信息化建设的科学性 ……… 44
    2.3.2　加强系统改造,实现装备保障信息化建设的新跨越 ……… 45
    2.3.3　强化信息优势,完善装备保障信息资源管理体系 ………… 45
2.4　物联网装备保障应用机理 ……………………………………………… 46
    2.4.1　物联网作用域分析 ………………………………………… 46
    2.4.2　装备保障能力生成机理分析 ……………………………… 48
2.5　物联网装备保障应用需求 ……………………………………………… 51
    2.5.1　实时感知装备保障需求 …………………………………… 52
    2.5.2　精准调配装备保障资源 …………………………………… 52
    2.5.3　有效调控装备保障行动 …………………………………… 53

第3章　物联网装备保障应用系统架构及相关技术 …………………… 54

3.1　系统架构 ………………………………………………………………… 54
3.2　感知层及相关技术 ……………………………………………………… 56
    3.2.1　传感器技术 ………………………………………………… 56
    3.2.2　射频识别技术 ……………………………………………… 58
    3.2.3　二维码 ……………………………………………………… 58
    3.2.4　定位技术 …………………………………………………… 59

  3.2.5 生物特征识别 …………………………………………… 59
 3.3 接入层及相关技术 ………………………………………………… 59
  3.3.1 无线传感网络 …………………………………………… 60
  3.3.2 信息融合技术 …………………………………………… 61
 3.4 网络层及相关技术 ………………………………………………… 65
  3.4.1 短距离通信 ……………………………………………… 66
  3.4.2 长距离通信 ……………………………………………… 72
 3.5 支撑层及相关技术 ………………………………………………… 75
  3.5.1 数据挖掘 ………………………………………………… 76
  3.5.2 大数据分析 ……………………………………………… 76
  3.5.3 故障诊断专家系统 ……………………………………… 77
  3.5.4 知识发现 ………………………………………………… 79
 3.6 应用层及相关技术 ………………………………………………… 82

第4章 物联网装备保障应用信息共享服务 ……………………………… 84
 4.1 信息共享总体架构 ………………………………………………… 84
  4.1.1 物联网中间件 …………………………………………… 85
  4.1.2 信息共享平台与基础设施 ……………………………… 91
 4.2 信息共享服务架构 ………………………………………………… 91
  4.2.1 采集层的信息服务 ……………………………………… 91
  4.2.2 接入层的信息服务 ……………………………………… 92
  4.2.3 承载层的信息服务 ……………………………………… 93
  4.2.4 支撑层的信息服务 ……………………………………… 94
  4.2.5 应用层的信息服务 ……………………………………… 95
  4.2.6 信息安全服务 …………………………………………… 95
 4.3 信息共享运行机制 ………………………………………………… 96
  4.3.1 信息共享应用系统分析 ………………………………… 96
  4.3.2 信息共享模式分析 ……………………………………… 97
  4.3.3 信息共享的信息流 ……………………………………… 106
  4.3.4 信息共享模型 …………………………………………… 109

第5章 装备保障信息标识 ………………………………………………… 117
 5.1 装备识别体系 ……………………………………………………… 117

5.1.1 装备识别体系的地位作用 ·· 117
5.1.2 装备识别体系存在的问题 ·· 118
5.1.3 装备识别体系的基本构成 ·· 119
5.1.4 装备识别体系的运行机制 ·· 121
5.2 装备编目 ··· 123
5.2.1 装备编目的概念 ·· 123
5.2.2 装备编目系统建设的必要性 ······································· 124
5.2.3 国内外研究现状 ·· 125
5.2.4 装备编目系统 ··· 126
5.3 装备保障信息分类与编码 ··· 127
5.3.1 信息编码的基本原则 ·· 127
5.3.2 装备信息编码要求 ··· 128
5.3.3 信息分类方法分析 ··· 129
5.3.4 装备信息分类 ··· 131
5.3.5 装备信息分类体系 ··· 132
5.3.6 装备保障信息编码规则 ··· 133

第6章 物联网装备保障应用数据基础 ·· 139
6.1 数据元素 ··· 141
6.1.1 数据元素概述 ··· 142
6.1.2 装备保障数据元素编制 ··· 149
6.1.3 装备保障数据元素属性与描述要求 ····························· 150
6.1.4 装备保障数据元素提取 ··· 156
6.1.5 装备保障数据元素标准化 ·· 160
6.2 装备保障元数据 ··· 161
6.2.1 元数据的作用 ··· 161
6.2.2 元数据的设计 ··· 162
6.3 信息资源规划 ·· 163
6.3.1 信息资源规划业务 ··· 164
6.3.2 信息资源目录设计 ··· 167
6.4 数据字典 ··· 176

6.4.1 数据字典描述 …………………………………… 176
　　　6.4.2 数据字典结构 …………………………………… 177
　　　6.4.3 数据字典的构建方法 …………………………… 179
　　　6.4.4 数据字典的维护 ………………………………… 180
　　　6.4.5 基本表 …………………………………………… 181
　6.5 中心数据库 ……………………………………………… 181
　　　6.5.1 中心数据库的组织方式 ………………………… 182
　　　6.5.2 数据元素标准的应用 …………………………… 183
　　　6.5.3 中心数据库数据管理和共享机制 ……………… 184
　　　6.5.4 中心数据库运行结构 …………………………… 185
　6.6 数据中心 ………………………………………………… 185
　　　6.6.1 数据中心的结构 ………………………………… 185
　　　6.6.2 数据中心典型工作流程 ………………………… 187
　　　6.6.3 数据中心详细设计内容 ………………………… 189

第7章 物联网装备保障应用信息系统集成 ………………… 210
　7.1 信息系统集成分类与范围 ……………………………… 210
　　　7.1.1 信息系统集成分类 ……………………………… 211
　　　7.1.2 信息系统集成范围 ……………………………… 211
　7.2 信息系统集成机制 ……………………………………… 212
　7.3 系统集成分析 …………………………………………… 214
　　　7.3.1 装备保障系统集成问题分析 …………………… 214
　　　7.3.2 系统集成内在机理 ……………………………… 215
　　　7.3.3 装备保障信息系统集成方法 …………………… 217
　　　7.3.4 信息系统集成运行的实现策略 ………………… 219
　　　7.3.5 信息系统集成管理 ……………………………… 220
　7.4 数据集成 ………………………………………………… 221
　　　7.4.1 装备保障数据集成模式分析 …………………… 222
　　　7.4.2 装备保障数据集成框架设计 …………………… 223
　　　7.4.3 数据集成交换设计 ……………………………… 225

第8章 物联网装备保障应用安全 …………………………… 246
　8.1 安全问题分析 …………………………………………… 246

####### 8.1.1 系统安全问题 ·· 246
####### 8.1.2 数据安全问题 ·· 247
####### 8.1.3 网络安全问题 ·· 248
8.2 安全需求 ·· 249
####### 8.2.1 感知接入方面 ·· 249
####### 8.2.2 网络传输方面 ·· 251
####### 8.2.3 服务支撑方面 ·· 252
####### 8.2.4 系统应用方面 ·· 253
8.3 安全机制 ·· 254
####### 8.3.1 感知层安全机制 ·· 255
####### 8.3.2 网络层安全机制 ·· 255
####### 8.3.3 支撑层安全机制 ·· 257
####### 8.3.4 应用层安全机制 ·· 258
8.4 安全技术 ·· 259
####### 8.4.1 感知层安全技术 ·· 260
####### 8.4.2 接入层安全技术 ·· 265
####### 8.4.3 网络层安全技术 ·· 267
####### 8.4.4 服务层安全技术 ·· 268
####### 8.4.5 应用层安全技术 ·· 272

第9章 物联网装备保障应用法规标准建设 ································ 276
9.1 法规制度建设 ·· 276
####### 9.1.1 建设思路与原则 ·· 277
####### 9.1.2 建设举措 ·· 277
9.2 技术标准体系建设 ·· 278
####### 9.2.1 标准体系建设原则 ·· 279
####### 9.2.2 物联网装备保障应用标准体系 ································ 279
####### 9.2.3 现有物联网标准分析 ·· 282
####### 9.2.4 标准体系建设应重点关注的问题 ······························ 286

参考文献 ·· 288

第1章 绪 论

随着万物互联时代的到来,物联网的概念已经深入人心,并且受到了广泛的关注,与此同时,物联网在各个领域已得到广泛应用,其带来的价值也为人们广泛熟知。

随着信息技术的迅猛发展,物联网已经成为继计算机、互联网与移动通信之后世界信息产业的第三次浪潮,在智慧城市、智慧农业、公共安全、智能交通等领域广泛应用,大量智能化设备投入使用,对国民经济的发展、国家核心竞争力的提升产生了积极的影响作用。

正是由于物联网本身存在的巨大价值,才引起企业对物联网的广泛青睐。企业在应用物联网过程中,也会创造很多价值,价值创造也是驱动物联网发展的动力所在,随着物联网的深入发展,其带来的价值会更加多元化。

1.1 研究背景

随着新一代网络信息技术的发展,军事装备信息化建设即将进入"大物移云"(大数据、物联网、移动互联网、云计算)时代。大数据是物联网的信息层,核心是通过数据挖掘、知识发现和深度学习,将网络体系中分散的数据整理出来,形成有价值的数据资源。物联网突出了装备自动识别和信息自动感知,具备网络传输、智能处理、业务应用接口等功能,使人与装备、装备与装备之间的交流更加实时化和智能化。移动互联网是现代网络技术与移动通信技术结合的产物,扩展了网络边界,使得军事装备信息的获取、处理和传输更加便捷,信息共享与分发更加实时。云计算是将信息网络的基础设施资源集中和统一起来,为信息处理提供支撑和服务节省了大量的资源。物联网是结构复杂、形式多样的一种系统技术,涉及领域宽广,各种技术相互支撑、紧密联系、互为补充,构成完整的物联网信息系统解决方案。

军事物联网指的是应用在军事领域的物联网。与民用物联网不同,军事物联网具有很强的军事特色,其目标是追求战斗力的提升,更加强调物联网技术对于军事信息化建设的促进作用和倍增效能。同时,物联网的理念和技术被迅速应用于军事装备管理与保障领域,对装备、物资、设备、设施等进行感知与控制,满足联合作战对军事装备精细化管理、精确化保障等要求。而物联网的军事应用,最优先、最核心的问题是明确军事应用需求,即如何将物联网技术融入作战及保障体系,有效提升作战能力和保障能力。因此,应根据军事领域应用的客观要求和军事信息系统发展建设规律,借鉴国内外物联网应用的技术探索和实践经验,从宏观发展和具体应用等层面,研究分析物联网在装备管理与保障中的应用策略。

信息化条件下,军事装备日趋复杂,技术含量不断增加,管理保障难度加大。针对未来作战准备时间短、标准要求高、工作量大等特点,装备保障内容、保障模式发生巨大转变,对于装备保障精细化、保障信息实效性的要求不断提高。因此,坚持"信息主导、系统配套、综合集成、平战一体"原则,着眼"精细化管理、精确化保障"标准,遵循装备"管、供、修、训"全系统、全过程管理需要,积极运用现代技术手段,构建"智能化、网络化、一体化"的管理保障平台,创建新型装备保障模式,完成装备保障要素组合向信息融合转变、信息资源由条块分割向集成共享转变、方法手段由人工处理向信息智能主导转变、管理模式由粗放管理向精细管理转变。对军事装备进行主动保障,自动识别、定位、跟踪、监控和管理军事装备,并实现对装备保障前端信息的动态、实时管理,已经成为装备保障信息化的当务之急。一方面对部队日常战备、训练、管理起到辅助作用;另一方面对摸清装备的性能变化规律、故障及消耗规律,调整资源配置提供有力支撑。

目前,各级部队对装备信息的掌握主要依赖于各业务系统逐级上报的数据,但在用的各类业务软件系统功能较为单一,主要用于各类装备保障数据的采集、管理,装备"管、修、供、训、防、指"等业务(即装备管理、装备维修、物资器材供应、人员训练、装备安全防护、装备保障指挥)间数据不共享、无法互操作。现有信息系统在装备保障指挥上,不能实时掌握装备保障态势,未能提供较好的辅助决策能力,指挥控制仍主要依赖传统方式,无法做到精确指挥控制,效率较低;在装备管理上,不能实时掌握装备动用使用情况和装备技术状态;在维修保障上,不能及时实施基于状态的维修,不能对维修过程和质量有效实施监管;在器材供应上,不能做到精确管理、精确供应,快速高效自动收发;在保障训练上,缺少对保障人员能力素质的科学评价与管理手段。因此,推动物联网技术在装备保障领域的应用,发展能够实时感知装备技术状态、联通各级各类装备保障机构、共享各类业务数据的基于物联网技术的装备保障信息系统显得尤为迫切。

在装备保障中应用物联网,是推进装备保障信息化建设的重要手段,其主要目标包括:

一是提高装备管理科学化水平,即通过利用无线射频识别(Radio Frequency

Identification，RFID）、二维码、装备检测信息接口等技术，对装备信息进行非接触感知、远距离识别和自动化采集，有利于对装备技术状态感知、动用使用、保管保养、启封封存等业务活动提供实时的信息支持和主动响应，实现智能化的装备动态管理，为装备信息共享、综合集成运用创造条件，可全面提高装备管理科学化水平。

二是提高装备保障综合效能，即通过标识代码消除装备信息描述的模糊性，有利于建立规范化的装备保障体系；在此基础上，通过网络传输和存储技术，对规范化的装备信息实现互联互通和信息共享，有利于对装备遂行战备训练任务、维护保养、检测维修等提供实时的信息支持和主动响应，有利于实现装备聚焦保障和敏捷保障，提高装备保障的综合效能。

三是提高装备保障的战备水平和保障能力，即利用物联网技术可实现对军事装备的实时监控和准确定位，有利于全程、动态、深度掌控装备保障态势，从而使得指挥机关能够及时、准确地获取并预测不同的装备保障需求，进行实时评估，快速完成应急突发事件和训练演练的装备保障方案，实现装备保障决策和调控的精确性、灵活性。

尽管我国物联网在产业发展、技术研发、标准研制和应用拓展等领域已经取得了一些进展，军事装备保障领域的许多信息系统也体现了物联网的基本思想，各军兵种越来越认识到物联网应用的重要性，但全面推动物联网在军事装备领域的应用尚处于初级阶段，物联网在装备保障中的应用还存在一系列瓶颈和制约因素，如高端综合集成服务能力不强、规模化应用较少、系统互联互通能力不足、信息共享困难等诸多问题需要解决，影响着物联网应用的协调有序发展。其主要表现在以下三个方面：

一是缺乏顶层规划设计。在信息化联合作战背景下，装备保障已经成为由军事人员、武器装备、信息资源、技术体系等构成的庞大开放系统，需要发挥网络信息技术的作用，运用系统工程的方法，把军事装备保障的各个子系统整合成一个有机整体，把各种复杂的装备保障要素单元连接成一个紧密结合、协调运行的整体，最大限度地发挥装备保障效能。由于缺乏统一的体系架构指导，部队现有的物联网应用体系结构多样，参照标准不统一，难以形成物联网在装备保障中的应用体系。需要站在宏观、全局、实战的角度，加强物联网在装备保障中的顶层设计，科学统筹规划，将各种不同的物联网应用系统纳入统一框架下，规范物联网体系结构设计，指导物联网应用系统开发。

二是缺乏统一的技术标准规范。装备保障中物联网是一个多设备、多网络、多应用、互联互通、互相融合的综合性应用系统，标准化是物联网应用的前提，也是综合集成的基础，只有提高标准化水平，统一硬件、软件各类标准和接口要求，才能保证信息资源的共享、各类信息的互通、系统之间的数据交换。由于以武器平台为中心的作战理念影响,许多物联网应用系统的建设分领域、分部门、分系统开展,自行设计、分散建设,导致系统的一体化程度低,信息共享能力弱。为保证物联网在装备保障中应用系统建设的有效、规范、统一,需要建立一系列标准化的数据库、软硬件、数据接口和统一的编码系统。而各类协议标准的统一是一个漫长的过程,标准化体系的建立将成为发展物联网应用的先决条件。因此,要瞄准物联网发展方向,按照与国际、国内标准同步协调发展的原则,加快完善装备保障物联网应用的标准体系建设。

三是缺乏完善的信息共享机制。信息化作战装备保障的"快""准""精"目标,对物联网应用提出了更高的要求。尤其在复杂战场环境下,大量通信手段集中运用,通信带宽极其有限,实现军事装备体系化保障,做到装备物资的快速识别、定位,信息资源的及时分发与共享,提高装备保障信息的共享服务能力,需要建立统一的物联网信息共享机制,提高信息的传输效率,提升信息的利用率。

因此,为保证装备保障中物联网健康有序发展,需要从宏观顶层设计上,理顺法规体系,开展体系建设,解决应用基础问题,统一技术标准,加强安全保密,以信息化作战装备保障需求为牵引,研究提出体现信息化战争装备保障特点、适应信息化作战装备保障需求的物联网体系结构理论与关键技术。

1.2 研究目的意义

1.2.1 研究目的

面向信息化作战装备保障需求,以提高装备保障信息化水平,增强信息系统互联互通和装备保障信息共享为目标,开展物联网装备保障应用体系架构、技术标准体系和信息共享机制等方面研究。其主要目的如下:

(1)通过物联网装备保障应用需求分析,建立物联网系统架构,为物联网装备保障应用成体系建设提供依据和技术指导。

(2)通过物联网信息共享机制研究,为提高装备保障信息采集、传输、融合、处理与共享能力,增强装备保障中物联网的互联互通能力提供条件。

(3)通过物联网装备保障应用标准化需求分析,建立应用标准体系,规范物联网的开发与应用,指导相关技术标准的制定和修订。

1.2.2 研究意义

现代战争武器装备科技含量越来越高,装备保障已经成为作战体系的重要组成部分,对形成、保持和提高作战能力具有重要作用。开展物联网装备保障应用研究,推动装备保障信息化建设,对实时掌控装备技术状态,开展装备维护保养、技术准备,克服战时装备保障的"需求迷雾和资源迷雾",组织实施快速精准的装备保障,保持部队战斗力水平具有重要意义。

1. 促进装备保障信息化建设

搞好物联网装备保障应用是加快实现装备保障信息化建设目标的重要途径和手段,借助普适计算和物联网先进技术,可以提升军事装备在各个作战单元、作战要素的自动感知、智能控制、互联互通和信息共享能力,做到装备保障的需求可视化、手段智能化、保障精确化,加快军事装备保障信息化建设的步伐。

2. 加强物联网装备保障应用顶层设计

从宏观性、全局性、长期性的高度,科学统筹规划,以军事需求为牵引,以提升部队作战装备保障能力为目标,加强顶层设计,统一应用基础和标准,从机制、规范、技术等各个方面形成体系,消除信息孤岛,把握统一发展思路和目标,为物联网系统建设提供指导。

3. 提高应用系统的互联互通和信息共享能力

信息共享能力是快速而准确地接收、索引、发送信息(包括数据元素、数据文件、数据流)的能力。信息共享能力的属性包括信息易用性和信息可检索性,它关注在信息流中,递交给网络的信息能否正确编目索引、准确按需传输,并以最初递交信息相同的方式显示。开展物联网信息共享机制研究,设计装备识别代码体系和信息服务体系,信息系统可以在任意时间、任意地点通过任意设备及渠道获取其他系统的数据,同时为其他系统提供可用数据,为信息系统的互联互通提供技术支持,并能够提高数据使用效率,降低系统重复建设风险。

4. 丰富军事装备保障理论和方法

为了有效促进物联网应用的发展,通过分析军事装备保障理论和方法、制约物联网应用发展的深层次矛盾问题,形成以信息系统为核心,把武器装备、保障资源等要素信息融合集成的体系化的装备作战和保障能力;融合应用各种信息技术,形成集全面感知、实时指控、精细管理、精确保障为一体的完整的信息流、物资流,形成适应基于信息系统的体系作战的军事装备信息采集、处理与共享的方法途径,丰富信息化条件下的军事装备保障理论和方法。

1.3 相关概念

1.3.1 装备保障

装备保障也称军事装备保障,是为满足部队遂行各种军事任务需要,对装备采取的一系列保证性措施以及进行的相应活动的统称。装备保障是军队装备工作的重要内容,不仅影响战略战术的制定和运用,而且影响战争的进程和结局。做好装备保障工作,是军队战备、训练和作战的客观要求,对保持和提高军队战斗力具有十分重要的作用。

装备保障的基本任务是:统一筹划运用军队和地方的装备保障力量、保障资源,采用多种保障方法和手段,组织实施装备调配保障、装备维修保障、装备经费保障、战场装备管理、装备保障指挥、装备战备、装备动员等,确保部队装备保障能力生成和战斗力的有效提升,为打赢信息化局部战争提供支撑。

装备保障主要内容包括装备调配保障、装备维修保障、装备经费保障、战场装备管理等。装备调配保障的主要任务是组织实施装备的筹措、储备、补充、换装、调整、退役、报废,以及申请、调拨供应、交接。通常应做到统一计划,突出重点,系统配套。装备维修保障是为保持、恢复装备完好技术状态和改善、提高装备性能,以便遂行作战、训练和其他任务需要而采取的技术性措施及组织实施的相应活动的统称,主要包括装备维护、装备修理、技术准备、技术检查、标定、计量和维修器材保障等。通常应做到及时、靠前、稳定、高效。装备经费保障的主要任务是组织实施装备经费的筹措、供应和管理,进行装备经费的清理与结算。通常应做到立足作战需要,及时足额供应,严格收支管理,提高保障效益。战场装备管理的主要任务是组织实施参战装备的信息管理、使用管理、保管保养和安全防护,以及报废装备的管理、缴获装备的处理。通常应做到统一组织,分级实施,奖惩严明。此外,战时还将装备应急科研订购、装备动员等作为装备保障的内容。

随着科学技术的飞速发展,各种高技术武器装备如定向能武器、动能武器、网络攻防装备等新概念武器装备在战场上的大量使用,未来战争将在陆、海、空、天、电等多维空间内展开,战争形态将发生新的变化,并引发装备保障呈现出以下发展趋势:

一是装备保障趋向一体化。随着信息技术的发展,武器装备信息化程度越来越高,未来战争呈现出一体化联合作战趋势,要求装备保障越来越向一体化方向发展。

二是装备保障力量编组趋向综合化。为适应不同类型、不同规模、不同条件的作战需要,要求装备保障力量采取"综合化"编组方式,并按主要功能配套组合,从而提高对作战部队的综合保障能力。

三是装备保障设施设备趋向信息化。随着以信息技术为代表的高新技术的发展及其在战争中的运用,世界各国军队在注重主战装备信息化发展的同时,也同步配套发展装备保障所需的保障装备、设施、设备,使其向信息化的方向发展。

四是装备保障手段趋向智能化。在装备保障中将广泛使用计算机技术、人工智能技术、微电子技术等,积极发展自动化检测系统、专家诊断系统、传感器和人工智能一体化维修系统,大量使用无人机、无人车和机器人来担负保障任务,从而使装备保障手段不断向智能化方面发展。

1.3.2 物联网

物联网最初的定义为:通过射频识别、红外感应器、全球定位系统、激光扫描器等信息传感设备,按约定的协议,把任何物品与互联网相连接,进行信息交换和通信,以实现智能化识别、定位、跟踪、监控和管理的一种网络概念。物联网(Internet of Things,ToT)一词目前业界公认是由美国 Auto-ID 实验室在 1999 年首次提出的,在 2005 年国际电信联盟(International Telecommunication Union,ITU)发布的同名报告中,物联网的定义和范围已经发生了变化,覆盖范围有了较大的拓展,不再只是指基于 RFID 技术的物联网,正式提出"物联网概念",并指出"物联网时代即将到来"。物联网的概念定位如图 1-1 所示。

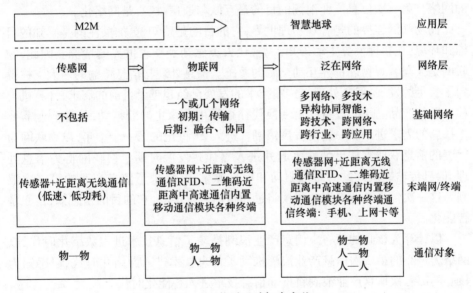

图 1-1 物联网的概念定位

1. 物联网概念的发展

以"物物互联,感知世界"为关键词的物联网是一个以感知物理世界为目的的物物互联的综合信息系统。其中包含两层意思:第一,物联网的核心和基础仍然是互联网,是在互联网基础上延伸扩展的网络;第二,其用户端延伸扩展到了任何物品与物品之间,进行信息交换和通信。

信息领域的应用过程基本均可以划分为:信息获取、信息传输和信息处理三个部分,这三个部分构成了信息产业的三大支柱。

纵观世界数次信息产业的发展历程,在20世纪80年代开始,以计算机为代表的信息处理拉开了信息产业发展浪潮的序幕,掀起了信息产业的第一次浪潮,此次浪潮的目的是计算,核心是数字化。

从20世纪90年代末到进入新千年,以互联网、移动通信网为代表的信息传输飞速增长,带来了信息产业的第二次浪潮。移动通信网连接的是人与人,人们通过移动通信网打电话、发消息,网络只要把语音或者文字信息从一部手机传输至另一部手机,这个过程就完成了,它关心的是网络的传输及覆盖,并不过多地涉及当中传输的内容。手机网络是一个连接人与人的网络,是一个信息传输的网络。互联网连接的是计算机与计算机,人们通过它可以知道世界各地发生的新闻,可以通过它下载最新的电影以及各类软件,因为已经有人事先把这些消息和电影人为上传到互联网服务器上共享给所有人,使得其他用户可以访问、下载,这是一个人为地获取信息然后发布共享的过程,因此互联网是一个信息共享的网络。第二次信息产业浪潮的目的是互联与通信,核心是网络化。

而物联网连接的是客观物理世界,它的目的是感知,更加关注的是感知的目标和环境,让物理世界主动告知人类,让人类感知到物理世界的情况。因此,物联网是人与客观物理世界互动交融的系统。信息处理与信息传输的两大支柱得到了长足的发展,但是处理与传输技术的发展已经超越了目前的需求,计算机与移动通信产品、服务、设备的更新换代往往是由商家主导着推动,信息产业需要挖掘新的需求进入新一轮的发展浪潮。进入21世纪的第一个十年,以物联网为代表的信息获取支柱已悄然兴起并进入爆炸式发展时期。物联网将为信息处理、信息传输提供大量的需求驱动和信息源泉,并带来了信息产业的第三次浪潮。这一次信息产业浪潮的规模将远超过前两次浪潮,它的目的是感知,核心是智能化。

以计算为核心的第一次信息产业浪潮推动了信息技术进入数字化时代,以网络为核心的第二次信息产业浪潮推动了信息技术进入网络化时代,以感知为核心的第三次信息产业浪潮将推动信息技术进入智能化时代。

2. 物联网的本质和关键技术

物联网的本质概括起来主要体现在三个方面,其中最重要的特征是物联网表现为互联网的扩展与延伸,即对需要联网的物体要能够实现互联互通。物联网的关键不在"物",而在"网"。实际上,早在物联网概念被正式提出之前,网络就已经将自己的触角延伸到了"物"的层面,如交通警察通过摄像头对车辆进行监控,通过雷达对行驶中的车辆进行车速的测量等。然而这些,都是互联网的范畴之内的一些具体应用。又如早在多年前，人们就已经实现了对物的局域性联网处理，最简单的例子就是自动化的生产线。因此，对于物联网，应该将其视为互联网在手段上的一种扩展，它将兼承互联网的所有特征，并由于量变导致质变，从而具有自身的特殊性。

物联网的本质还体现在其识别与通信特征，即纳入物联网的"物"一定要具备自动识别与物物通信(Machine to Machine，M2M)的功能，以及智能化特征，即网络系统应具有自动化、自我反馈与智能控制的特点。

物联网产业链可以细分为感知、处理和信息传送三个环节，每个环节的关键技术分别为传感技术、智能信息处理技术和网络传输技术。传感技术通过多种传感器、RFID、二维码、全球定位系统(Global Positioning System，GPS)定位、地理信息识别系统和多媒体信息等多媒体采集技术，实现对外部世界的感知和识别；智能信息处理技术通过应用中间件提供跨行业、跨系统的信息协同及共享和互通功能，包括数据存储、并行计算、数据挖掘、平台服务和信息呈现等；网络传输技术通过广泛的互联功能，实现对信息的高可靠性、高安全性传送，包括各种有线和无线传输技术、交换技术、组网技术和网关技术等。

1.3.3 物联网装备保障应用

物联网装备保障应用，即物联网在装备保障中的应用，或者装备保障中物联网的应用，是指在军事装备保障活动中，广泛采用物联网技术，为促进装备保障能力生成、提高装备保障信息化水平提供重要支撑。物联网在装备保障中应用的程度，将随着信息技术的发展向着成规模、成体系发展。其中，世界范围内的军事变革、打赢信息化战争是迫切需求，感知探测、信息融合、通信网络、先进计算、指挥决策、信息安全等技术的发展是重要推力。

1.4 物联网研究现状

1.4.1 物联网系统架构研究现状

目前对物联网还没有一个广泛认同的系统架构，从不同角度和方面分析物联网体系架构有五层架构体系、四层架构体系、三层架构体系等。

目前公认的物联网有三个层次，从下到上依次是感知层、网络层和应用层。物联网涉及的关键技术非常多，从传感器技术到网络通信技术，从嵌入式微处理节点到计算机软件系统，包含了自动控制、通信、计算机等不同领域，是跨学科的综合应用。

我国传感网国家标准工作组发布的工作报告《物联网技术架构与标准体系研究进展》中给出了感知层、网络层和应用层的三层物联网体系结构的参考标准,如图1-2所示。

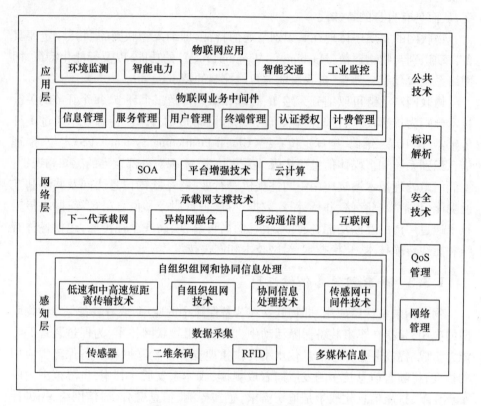

图1-2 物联网体系结构参考标准

《物联网军事应用》一书中,通过分析物联网军事应用的特点,参考民用物联网系统相关技术理论,提出了由感知层、接入层、网络层、服务层、应用层组成的五层物联网军事应用的系统参考架构。其中:

感知层是军事物联网应用的基础,主要通过各类信息采集、执行和识别设备,采用射频识别技术、条形码技术、传感器技术、时空定位技术等,实现物理空间和信息空间的感知互动。

接入层主要由基站节点、汇聚节点和物联网接入网关等组成,完成末端各节点的组网控制和数据融合、汇聚,或者完成末梢节点下发信息的转发等功能。接入层目前的接入手段主要有短距离无线接入、长距离卫星接入、有线接入等手段,其中无线接入的功能主要由传感网来承担。美军在通信骨干网的基础上,尤其强调对"最后一英里"接入网的建设,由此可见接入层的重要地位和作用。

网络层主要用于实现信息的传输和交换,提供广域范围内的应用和服务所需的基础承载传输网络,包括卫星通信网、移动通信网、骨干光纤通信网及局部独立应用网络等。不同网系、通信手段之间的随意接入和无缝融合,形成端到端、对用户透明的传输与交换能力是网络层需要重点解决的问题。

服务层最能体现物联网军事应用的特点,也是物联网军事应用的系统架构与民用系统架构最为显著的区别之一。将服务层与应用层分离充分体现了军事领域中"数据处理与系统应用分离"和"装备能力建设与作战任务松耦合"的设计理念,符合物联网军事应用规模化的需求,使得具体应用有了更好的可维护性和可扩展性。服务层主要功能包括对采集数据的汇聚、转换、分析,以及为应用层呈现的适配和事件触发等,为各类物联网军事应用系统提供通用的、基础的数据计算和存储能力,实现信息、软件、计算、存储资源的灵活共享和按需获取。

应用层在利用服务层各类服务的基础上,提供广泛的物物互联应用解决方案,实现力量指挥、武器控制、战场监控、装备维护、侦察监视、物资供应、军事运输、战场医疗救护等领域具体的物联网军事应用。

从不同的关注点出发,还有很多其他的系统架构及系统结构的研究成果值得借鉴和思考。例如,刘莉等提出了借助 Jini 技术设计了由感知层、Jini 层、应用层组成的物联网服务框架;李骏设计了部队装备维修保障平台的感知层、网络层、数据层、应用层、访问层的五层系统体系结构;刘建军参照物联网三层体系架构,结合云计算数据中心服务模式,将基于物联网的军事物流系统总体架构从下向上划分为四层,分别是感知层、传输层、数据层和应用层。赵宇等提出由感知层、网络层、应用层等构成的军队物联网网络架构,并对构成网络架构的基本要素、要素之间的相互关系,以及功能和技术特征进行抽象性描述。

1.4.2 物联网技术标准研究现状

当前,国际、国内标准化组织普遍重视物联网标准化工作,陆续启动了相关标准项目,物联网标准化工作成为当前标准化领域的热点和重点。然而,随着物联网应用建设和标准化工作的深入开展,标准缺失对物联网发展的影响日益突出,物联网标准综合性、复杂性、多变性的挑战更加明显。

目前,物联网在我国的发展还处于初级阶段,即使在全世界范围,都没有统一的标准体系出台,标准的缺失将大大制约技术的发展和产品的规模化应用,成为制约物联网发展的瓶颈。

按照物联网技术基础标准和应用标准两个层次,基于采用现有标准、修订现有标准或制定新规范等策略,目前已初步形成包括应用标准、总体标准、应用支撑标准、传输层标准、感知层标准等技术基础规范。通过标准体系指导物联网标准制定工作,可为今后的物联网产品研发和应用开发提供重要支持。

总体标准包括体系结构和参考模型标准、术语和需求分析标准等,它们是物联网标准体系的顶层设计和指导性文件,负责对物联网通用系统体系结构、技术参考模型、数据体系结构设计等重要基础性技术进行规范。目前,出于对统一社会各界对物联网认识、为物联网标准化工作提供战略依据的需要,该部分标准已先行开展立项与制定工作。

在物联网的总体架构方面,国际电信联盟提出了泛在网(Ubiquitous Network,USN/UN)的概念,欧洲电信标准化协会(European Telecommunications Standards Institute,ETSI)对M2M体系架构进行分析,国际标准化组织(International Organization for Standardization,IOS)和国际电工委员会(International Electrotechnical Commission,IEC)对传感网相关的术语和架构进行了研究。不同的标准组织针对不同的概念和对象进行了研究,从不同的角度规范了物联网术语和框架。

尽管我国物联网标准的制定工作还处于起步阶段,但发展迅速,物联网标准化组织纷纷成立,标准制定和修订数量逐年增长。国内物联网相关标准化组织包括国家物联网基础标准工作组、五个行业应用标准工作组、国家传感器网络标准工作组、电子标签标准工作组、泛在网技术工作委员会(TC10)等十余个物联网相关标准组织。2012年1月6日,物联网交通领域应用标准工作组召开成立大会,这是国家标准化管理委员会和国家发展改革委统一部署、国家标准化管理委员会发文批准的六大行业物联网应用标准工作组之一,其他应用标准工作组也已完成筹备工作。一些行业与物联网相关的标准已实施,如八项智能交通国家标准于2011年12月1日起正式实施。行业物联网标准体系的建立,对物联网基础标准体系的建设也起到了积极的推动作用,截止到2021年12月,已完成84项物联网基础共性和重点国家标准立项,具体如表1-1所示。

表1-1 国内物联网国家标准统计表

序号	标准号	标准名称	发布日期	实施日期
1	GB/T40778.1—2021	物联网 面向Web开放服务的系统实现 第1部分:参考架构	2021-10-11	2022-05-01
2	GB/T40778.2—2021	物联网 面向Web开放服务的系统实现 第2部分:物体描述方法	2021-10-11	2022-05-01
3	GB/T38624.2—2021	物联网 网关 第2部分:面向公用电信网接入的网关技术要求	2021-10-11	2022-05-01
4	GB/T40687—2021	物联网 生命体征感知设备通用规范	2021-10-11	2022-05-01
5	GB/T40688—2021	物联网 生命体征感知设备数据接口	2021-10-11	2022-05-01

续表

序号	标准号	标准名称	发布日期	实施日期
6	GB/T40684—2021	物联网 信息共享和交换平台通用要求	2021-10-11	2022-05-01
7	GB/T40287—2021	电力物联网信息通信总体架构	2021-05-21	2021-12-01
8	GB/T40022—2021	基于公众电信网的物联网总体要求	2021-04-30	2021-11-01
9	GB/T40026—2021	具有资源开放性的物联网能力要求	2021-04-30	2021-08-01
10	GB/T39594—2020	图书发行物联网应用规范	2020-12-14	2021-07-01
11	GB/T39190—2020	物联网智能家居 设计内容及要求	2020-10-11	2021-05-01
12	GB/T39189—2020	物联网智能家居 用户界面描述方法	2020-10-11	2021-05-01
13	GB/T38637.2—2020	物联网 感知控制设备接入 第2部分:数据管理要求	2020-07-21	2021-02-01
14	GB/T38619—2020	工业物联网 数据采集结构化描述规范	2020-04-28	2020-11-01
15	GB/T38624.1—2020	物联网 网关 第1部分:面向感知设备接入的网关技术要求	2020-04-28	2020-11-01
16	GB/T38637.1—2020	物联网 感知控制设备接入 第1部分:总体要求	2020-04-28	2020-11-01
17	GB/T38669—2020	物联网 矿山产线智能监控系统总体技术要求	2020-04-28	2020-11-01
18	GB/T38606—2020	物联网标识体系 数据内容标识符	2020-03-31	2020-10-01
19	GB/T38656—2020	特种设备物联网系统数据交换技术规范	2020-03-31	2020-10-01
20	GB/T38660—2020	物联网标识体系 Ecode标识系统安全机制	2020-03-31	2020-10-01
21	GB/T38662—2020	物联网标识体系 Ecode标识应用指南	2020-03-31	2020-10-01
22	GB/T38663—2020	物联网标识体系 Ecode标识体系中间件规范	2020-03-31	2020-10-01
23	GB/T38323—2019	建筑及居住区数字化技术应用 家居物联网协同管理协议	2019-12-10	2020-07-01
24	GB/T37686—2019	物联网 感知对象信息融合模型	2019-08-30	2020-03-01
25	GB/T37694—2019	面向景区游客旅游服务管理的物联网系统技术要求	2019-08-30	2020-03-01
26	GB/T37685—2019	物联网 应用信息服务分类	2019-08-30	2020-03-01
27	GB/T37684—2019	物联网 协同信息处理参考模型	2019-08-30	2020-03-01
28	GB/T36478.4—2019	物联网 信息交换和共享 第4部分:数据接口	2019-08-30	2020-03-01

续表

序号	标准号	标准名称	发布日期	实施日期
29	GB/T37976—2019	物联网 智慧酒店应用 平台接口通用技术要求	2019-08-30	2020-03-01
30	GB/T36478.3—2019	物联网 信息交换和共享 第3部分:元数据	2019-08-30	2020-03-01
31	GB/T37548—2019	变电站设备物联网通信架构及接口要求	2019-06-04	2020-01-01
32	GB/T37714—2019	公安物联网感知设备数据传输安全性评测技术要求	2019-06-04	2019-06-04
33	GB/T37715—2019	公安物联网基础平台与应用系统软件测试规范	2019-06-04	2020-01-01
34	GB/T37377—2019	交通运输 物联网标识应用分类及编码	2019-05-10	2019-12-01
35	GB/T37375—2019	交通运输 物联网标识规则	2019-05-10	2019-12-01
36	GB/T36951—2018	信息安全技术 物联网感知终端应用安全技术要求	2018-12-28	2019-07-01
37	GB/T37024—2018	信息安全技术 物联网感知层网关安全技术要求	2018-12-28	2019-07-01
38	GB/T37025—2018	信息安全技术 物联网数据传输安全技术要求	2018-12-28	2019-07-01
39	GB/T37032—2018	物联网标识体系 总则	2018-12-28	2019-07-01
40	GB/T37044—2018	信息安全技术 物联网安全参考模型及通用要求	2018-12-28	2019-07-01
41	GB/T37093—2018	信息安全技术 物联网感知层接入通信网的安全要求	2018-12-28	2019-07-01
42	GB/T36620—2018	面向智慧城市的物联网技术应用指南	2018-10-10	2019-05-01
43	GB/T36604—2018	物联网标识体系 Ecode平台接入规范	2018-09-17	2019-04-01
44	GB/T36605—2018	物联网标识体系 Ecode解析规范	2018-09-17	2019-04-01
45	GB/T36424.1—2018	物联网家电接口规范 第1部分:控制系统与通信模块间接口	2018-06-07	2019-01-01
46	GB/T36427—2018	物联网家电一致性测试规范	2018-06-07	2019-01-01
47	GB/T36428—2018	物联网家电公共指令集	2018-06-07	2019-01-01
48	GB/T36429—2018	物联网家电系统结构及应用模型	2018-06-07	2019-01-01
49	GB/T36430—2018	物联网家电描述文件	2018-06-07	2019-01-01
50	GB/T36461—2018	物联网标识体系 OID应用指南	2018-06-07	2019-01-01
51	GB/T36468—2018	物联网 系统评价指标体系编制通则	2018-06-07	2019-01-01

续表

序号	标准号	标准名称	发布日期	实施日期
52	GB/T36478.1—2018	物联网 信息交换和共享 第1部分:总体架构	2018-06-07	2019-01-01
53	GB/T36478.2—2018	物联网 信息交换和共享 第2部分:通用技术要求	2018-06-07	2019-01-01
54	GB/T35134—2017	物联网智能家居 设备描述方法	2017-12-29	2018-07-01
55	GB/T35143—2017	物联网智能家居 数据和设备编码	2017-12-29	2018-07-01
56	GB/T35317—2017	公安物联网系统信息安全等级保护要求	2017-12-29	2017-12-29
57	GB/T35318—2017	公安物联网感知终端安全防护技术要求	2017-12-29	2017-12-29
58	GB/T35319—2017	物联网 系统接口要求	2017-12-29	2017-12-29
59	GB/T35419—2017	物联网标识体系 Ecode在一维条码中的存储	2017-12-29	2018-04-01
60	GB/T35420—2017	物联网标识体系 Ecode在二维码中的存储	2017-12-29	2018-04-01
61	GB/T35421—2017	物联网标识体系 Ecode在射频标签中的存储	2017-12-29	2018-04-01
62	GB/T35422—2017	物联网标识体系 Ecode的注册与管理	2017-12-29	2018-04-01
63	GB/T35423—2017	物联网标识体系 Ecode在NFC标签中的存储	2017-12-29	2018-04-01
64	GB/T35592—2017	公安物联网感知终端接入安全技术要求	2017-12-29	2017-12-29
65	GB/T33776.602—2017	林业物联网 第602部分:传感器数据接口规范	2017-07-31	2018-02-01
66	GB/T33905.2—2017	智能传感器 第2部分:物联网应用行规	2017-07-31	2018-02-01
67	GB/T34037—2017	物联网差压变送器规范	2017-07-31	2018-02-01
68	GB/T34043—2017	物联网智能家居 图形符号	2017-07-31	2018-02-01
69	GB/T34068—2017	物联网总体技术 智能传感器接口规范	2017-07-31	2018-02-01
70	GB/T34069—2017	物联网总体技术 智能传感器特性与分类	2017-07-31	2018-02-01
71	GB/T34070—2017	物联网电流变送器规范	2017-07-31	2018-02-01
72	GB/T34071—2017	物联网总体技术 智能传感器可靠性设计方法与评审	2017-07-31	2018-02-01
73	GB/T34072—2017	物联网温度变送器规范	2017-07-31	2018-02-01

续表

序号	标准号	标准名称	发布日期	实施日期
74	GB/T34073—2017	物联网压力变送器规范	2017-07-31	2018-02-01
75	GB/T24476—2017	电梯、自动扶梯和自动人行道物联网的技术规范	2017-07-12	2018-02-01
76	GB/T33899—2017	工业物联网仪表互操作协议	2017-07-12	2018-02-01
77	GB/T33900—2017	工业物联网仪表应用属性协议	2017-07-12	2018-02-01
78	GB/T33901—2017	工业物联网仪表身份标识协议	2017-07-12	2018-02-01
79	GB/T33904—2017	工业物联网仪表服务协议	2017-07-12	2018-02-01
80	GB/T33776.4—2017	林业物联网 第4部分：手持式智能终端通用规范	2017-05-31	2017-12-01
81	GB/T33776.603—2017	林业物联网 第603部分：无线传感器网络组网设备通用规范	2017-05-31	2017-12-01
82	GB/T33745—2017	物联网 术语	2017-05-12	2017-12-01
83	GB/T33474—2016	物联网 参考体系结构	2016-12-30	2017-07-01
84	GB/T31866—2015	物联网标识体系 物品编码 Ecode	2015-09-11	2016-10-01

军事装备保障物联网是在特殊的环境中应用，对信息的安全性、设备的可靠性等方面具有特殊的要求，在设备的体积、重量、容量、频段等方面有特殊的限制，安全可靠、自主可控的要求更高，因此，制定装备保障物联网标准相对民用标准应该有其特殊的要求。

标准化是物联网军事应用的前提，也是综合集成的前提条件，只有提高标准化水平，统一硬件、软件各类标准和接口要求，才能保障信息资源的共享、各级单位的信息互联互通、信息系统之间的数据交换。

1.4.3 信息共享模式研究现状

物联网开发人员应用各种通信协议，设计了多种信息共享模式，开发了信息共享平台，为物联网信息的实时传输、有效共享提供了手段，在各类行业中得到了很好的应用。

例如，刘明辉和赵会群在《面向服务的物联网信息共享技术研究》中提出了基于共享空间的数据共享模式，通过构建数据共享空间，重点解决数据的可见、可理解、可访问等关键问题。共享空间是任何授权用户都可以通过网络访问的逻辑空间，在物理上可以分布式的结构存在，其两类元数据目录分别用来存放信息产品的机构化数据和发现元数据信息，确保信息资源的可理解和可发现，数据内容仓库存放信息资源的具体内容，并且提供数据访问的服务接口。

田晓芳在《EPC 物联网与信息共享技术的研究与实现》中提出了基于电子产品编码(Electronic Product Code,EPC)的信息共享技术,在设计 EPC 时,AUTO – ID 中心建议消除或最小化 EPC 编码中嵌入的信息量,其基本思想是利用现有的计算机网络和当前的信息资源来存储数据,这样 EPC 便成了一个信息引用者,拥有最小的信息量。产品电子代码的首要作用是作为网络信息的参考。在这种情况下,必须有共享存储在服务器中产品详细信息的方式。AUTO – ID 中心提供了对象名解析服务(Object Name Service,ONS)直接将 EPC 代码翻译成 IP 地址。IP 地址标识的后台存储了相关的产品信息,然后由 IP 地址标识的主机发送存储产品的相关信息,从而找到存储产品详细信息的服务器,这样就通过 EPC 技术实现了对分布在世界各地的产品的详细信息的共享。

付荣在《基于订阅的物联网服务模型及服务集合研究》中提出了一种基于订阅的物联网服务模型及服务集合,采用事件驱动的面向服务架构作为研究开展的基础,将物联网系统对信息的操作简化为发布、订阅两类操作,通过订阅的方式,实现系统间多对多的互操作映射机制,建立物联网环境下的面向服务的跨平台、松散耦合的服务体系,实现互操作,解决物联网异构系统间互联的问题。

何文娜在《大数据时代基于物联网和云计算的地质信息化研究》中建立了基于面向服务结构(Service Oriented Architecture,SOA)的地质云计算共享平台,研究了以 SOA 架构为基础搭建地质云计算共享平台的技术与方法,基于服务模式(标准与基于 Windows 通信开发平台(Windows Communication Foundation,WCF 服务)建立地质云计算服务资源管理中心,以此为平台管理所有服务资源的生命周期;有计划地发布数据服务、地图服务、计算服务等服务资源,并聚合已有组件及其他技术实现的服务。

目前,物联网在军事装备保障应用过程中,各部门应用系统独立开发,采用的信息传输标准多样,信息格式不统一,信息流向不明确,导致各系统间信息共享困难,系统的互联互通能力差,系统重复建设等问题,影响了军事装备物联网应用的体系化建设,阻碍了军事装备管理保障信息化进程。由于军事装备管理保障信息具有复杂性、多样性,且对信息的实时性及准确性要求高等特点,需要针对军事装备物联网各层次开展信息共享方法和模式研究,设计信息的订阅分发、海量汇聚、分级共享等服务模式,建立信息的共享机制。

1.5　物联网发展现状

物联网概念与技术体系自 20 世纪以来历经了数次优化与提升,同时伴随着广泛应用得到迅速的成熟。特别是随着5G、低功耗广域网等信息通信基础设施的加速构建,大数据、人工智能、边缘计算、区块链等新技术与物联网加速结合,智能可穿戴设备、智能家电、智能网联汽车、智能机器人等数以亿计的新设备接入网络形成的海量数据,使物联网迎来跨界融合、集成创新和规模化发展的新阶段,物联网将进入万物互联发展新阶段。

1.5.1 物联网发展及关键技术

物联网概念最初是在20世纪90年代提出的,定义很简单:把所有物品通过射频识别等信息传感设备与互联网连接起来,实现智能化识别和管理。也就是说,物联网是指各类传感器和现有的互联网相互衔接的一个新技术。

2005年,国际电信联盟发布了《ITU互联网报告2005:物联网》,报告指出,无所不在的"物联网"时代即将来临,世界上所有的物体从轮胎到牙刷、从房屋到纸巾都可以通过因特网自动进行信息交换。射频识别技术、传感器技术、纳米技术、智能嵌入技术将得到更加广泛的应用。

2008年3月,在苏黎世举行了全球首个国际物联网会议"物联网2008",探讨了"物联网"的新理念、新技术,以及如何推进"物联网"的发展。

在国内,2009年8月7日,时任国务院总理温家宝到无锡微纳传感网工程技术研发中心视察并发表了重要讲话。同年8月24日,中国移动总裁王建宙发表公开演讲,提出了"物联网"理念。王建宙指出,通过装置在各类物体上的电子标签、传感器、二维码等经过接口与无线网络相联,从而给物体赋予智能,可以实现人与物体的沟通和对话,也可以实现物体与物体互相间的沟通和对话。这种将物体连接起来的网络称为"物联网"。王建宙同时指出,要真正建立一个有效的"物联网",有两个重要因素:一是规模性,只有具备了规模,才能使物品的智能发挥作用;二是流动性,物品通常都不是静止的,而是处于运动的状态,必须保持物品在运动状态,甚至高速运动状态下都能随时实现对话。

随着全球各国对物联网技术投入的增长,以及技术应用的不断深入,物联网领域不少关键技术相继取得突破,加快形成了该领域的技术体系。当前,物联网体系主要分为四个层面:感知层(用于采集信息,即传感器)、传输层(用于传输信息,即传输网络)、处理层(用于支持信息传输和处理,即信息处理过程中的相关技术,主要负责提供各种类型的平台来联通各种传输网络和应用服务)、应用层(用于信息处理,即软件平台)。物联网体系架构如图1-3所示。其中,感知层的关键技术是芯片、模块、终端技术,重点是提供更敏感、更全面的感知能力,解决低功耗、小型化和低成本;传输层的关键技术是适应各种现场环境,构建稳定、无缝的数据传输网络,重点是解决位置服务(Location Based Services,LBS);

处理层的关键技术是实现异质网络的融合,重点解决支撑平台与应用服务平台。

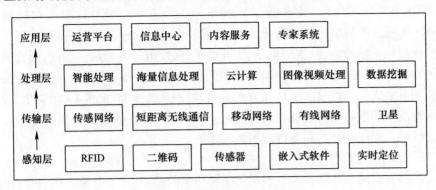

图1-3 物联网体系架构

实际上,由于物联网涉及的领域非常广泛,包括物联网架构技术、硬件和器件技术、标识技术、通信技术、网络技术、信息处理技术、安全技术、能量存储技术等多项技术领域均与物联网发展密切相关,其中,RFID、组网和互联技术、大数据(Big Data)与智能分析技术、区块链技术、边缘计算等关键技术是近期的研究热点。

1. 射频识别技术

射频识别即 RFID 技术,又称无线射频识别,是一种非接触式的自动识别技术,可通过无线信号识别特定目标并读写相关数据,而无须识别系统与特定目标之间建立机械或光学接触,识别过程无须人工干预,可工作于各种恶劣环境。常用的有低频(125~134.2kHz)、高频(13.56MHz)、超高频、微波等。RFID 技术可识别高速运动物体并可同时识别多个标签,与互联网、通信等技术相结合,可实现全球范围内物品跟踪与信息共享。RFID 读写器也分移动式的和固定式的,目前 RFID 技术应用很广,如图书馆、门禁系统、食品安全溯源等。

从概念上来讲,RFID 类似于条码扫描,对于条码技术而言,它是将已编码的条形码附着于目标物并使用专用的扫描读写器利用光信号将信息由条形磁传送到扫描读写器;而 RFID 则使用专用的 RFID 读写器及专门的可附着于目标物的 RFID 标签,利用频率信号将信息由 RFID 标签传送至 RFID 读写器。

2. 传感器技术

传感器作为信息时代的感知层,是机器感知物质世界的"感觉器官",能够探测、感受外界的信号、物理条件或化学组成,并将探知的信息传递给其他装置或器官。目前,传感器节点技术的研究主要包括传感器技术、微型嵌入式系统等。

其中,传感器技术是当下的研究热点,是传感器网络信息采集和数据预处理的基础与核心,是传感器节点技术的前提。随着经济社会和科学技术的不断发展,微机电系统(Micro-Electro-Mechanical-Systems,MEMS)和低端应用非MEMS传感器产品单价整体较低,已基本能够满足大规模商用的需求;智能传感器广泛应用于消费电子、汽车电子、工业电子、医疗电子等领域。当前,大力试验以生物材料、石墨烯、特种功能陶瓷等作为代表的传感器等核心元器件,传感器持续朝着集成化、微型化、低功耗方向发展,特别是高性能、低成本、集成化、低功耗的智能传感器将是传感器的研发重点。同时,传感器将重点向惯性、压力、磁力、加速度、光线、图像、距离等应用领域发展。

3. 组网及互联技术

传感器组网和互联技术是实现物联网功能的纽带,主要研究方向包括:构建新型分布式无线传感网络组网结构;基于分布式感知的动态分组技术;实现高可靠性的物联网单元冗余技术;无缝接入、断开和网络自平衡技术。

2019年11月25日,欧洲网络协调中心(The Réseaux IP Européen Network Coordination Centre,RIPE NCC)宣布网络协议版本4(Internet Protocol version4,IPv4)地址已全部用完,而网络协议版本6(Internet Protocol version6,IPv6)的正式应用已经就绪。IPv6的引入使得大量多样化的终端更容易接入IP网,并在安全性和终端移动性方面都有了很大的增强,使世界上每个物体都拥有自己的唯一ID成为可能,从而为物联网的发展提供了可靠的物质基础。

2016年6月16日,韩国釜山召开的3GPP RAN(The 3rd Generation Partnership Project Radio Access Network,第三代合作项目:无线接入网络)全会第72次会议上,窄带物联网作为大会的一项重要议题,其对应的3GPP协议相关内容获得了RAN全会的批准,标志着窄带物联网(Narrow Band Internet of Things,NB-IoT)的相关研究全部完成,也标志着NB-IoT将进入规模商用阶段。NB-IoT是物联网领域的新兴技术,基于其覆盖广、连接多、成本低、功耗低、容量大、架构优的特点,可广泛应用于公共事业、物流、城市交通、商业零售、医疗卫生等物联网领域。当前,全球42%的蜂窝物联网连接由2G网络承载,超过30%的连接由4G网络承载。国内蜂窝物联网设备大部分由2G承载。随着NB-IoT对2G连接的替代效应显现,到2025年全球蜂窝物联网连接主要由4G和NB-IoT网络来承载。同时,5G网络将发挥低时延高可靠性能,承载车联网、工业自动化等低时延的关键物联网业务。

2019年6月6日,5G商用牌照正式发放,我国正式进入5G元年。5G网络具有大带宽、低时延、高可靠、广覆盖的"天然"特性,从而使动辄亿计的物联网设备和海量的数据得以快速传输、处理,并将为物联网的大规模行业应用赋能,实现物联网与其他行业领域的深度融合发展。

4. 大数据与智能分析技术

物联网的发展离不开大数据,依靠大数据可以提供足够的信息资源。大数据指的是所涉及的数据规模巨大,大到无法通过目前主流软件工具,在合理时间内撷取、管理、处理、整理,为政府、企业等不同用户进行判断决策提供积极的信息支撑。大数据本身即由庞大的技术体系构成,以有效地处理大量数据。适用于大数据的技术,包括大规模并行处理(Massively Parallel Processing, MPP)数据库、数据挖掘、分布式文件系统、分布式数据库、云计算平台、互联网和可扩展的存储系统。当前,大数据和物联网进一步融合,结合工业、智能交通、智慧城市等典型应用场景,将围绕突破物联网数据分析挖掘和可视化分析等关键技术,形成专业化的应用软件产品和服务。

智能分析技术是为了有效地达到某种预期目的,有效利用知识所采用的各种方法和手段。通过在物体中植入智能系统,可以使得物体具备一定的智能性,能够主动或被动地实现与用户的沟通,也是物联网的关键技术之一。其主要的研究内容和方向包括人工智能理论、先进的人－机交互技术与系统、智能控制技术与系统、智能信号处理。人工智能是研究、开发用于模拟、延伸和扩展人类智能的理论、方法、技术及应用系统的一门新的技术科学。人工智能起源于计算机学科,目前已涉及数学、哲学、神经生理学、心理学、信息论、控制论等多门学科。自 2016 年 3 月,谷歌收购的人工智能初创企业 DeepMind 研发的 AlphaGo 程序以 4∶1 击败韩国围棋冠军李世石以来,人工智能再一次迎来发展的机遇期。人工智能对物联网的促进体现在两个方面:一是高性能人工智能芯片成为重要载体,如人工智能芯片成为支撑图像识别、语音识别、车联网等新应用场景的重要工具;二是人工智能纳入物联网平台的核心模块中,物联网基础设施平台搭建后会产生海量数据,而强大的人工智能可处理海量数据并进行算法训练,从而进一步支撑平台的发展。人工智能同泛在物联网相互渗透、相互依存,两种应用技术深度融合后的产物即为智能物联网(Artificial Inteligence & Internet of Things, AIoT)。它不是一种新技术,而是一种新的物联网应用形态。智能物联网通过泛在感知技术产生的海量数据进行采集、存储、大数据分析、交换共享、云计算和边缘计算,以获取更高形态的数据价值,实现万物数据化向万物智慧化转变。当前,智能物联网起步于智能家居、智能硬件、服务机器人等消费物联网领域,并逐渐向自动驾驶、医疗自动诊断、智能制造、智能安防等行业领域应用拓展。

5. 其他相关技术

除上述几种以外,包括 GPS、新材料、区块链、边缘计算等技术也在物联网体系的发展中起到重要的促进作用。

GPS 是一种结合卫星及通信的技术,利用导航卫星进行测时和测距,从而实现物体的精确定位。全球卫星定位系统包括三部分:空间部分——GPS星座;地面控制部分——地面监控系统;用户设备部分——GPS信号接收机。

新材料是指新近发展或正在发展之中的具有比传统材料的性能更为优异的一类材料。为了进一步提高传感器的性能,新材料技术是不可或缺的。物联网新材料技术的研究主要包括:使传感器节点进一步小型化的纳米技术,提高传感器可靠性的抗氧化技术,减小传感器功耗的集成电路技术。

2008年,中本聪(Satoshi Nakamoto)在其论文《比特币:一种点对点的电子现金系统》中首次提出了区块链的概念。区块链是一种由任意多节点通过融合去中心化计算、共识机制、分布式数据存储和点对点传输技术,来共同维护一个可靠数据库的新型密码学系统,也称分布式账本技术。相比传统的分布式数据库,区块链具有去中心化、自治性、按合约执行、透明性、开放性、信息不可篡改和匿名性等特点。区块链作为比特币的底层技术,本质上是一个去中心化、去信任的分布式数据库账本。区块链与物联网的融合创新主要体现在两个方面:一是拓展去中心化、去平台化分布式架构;二是保障物联网数据跨环节、跨行业流动的真实性,拓展物联网应用。区块链凭借"去中心化、不可篡改、全程留痕、可以追溯、集体维护、公开透明"等特性,将对物联网产生重要的影响,在降低成本、隐私保护、设备安全、追本溯源、网间协作等方面都将发挥巨大作用。

边缘计算是在靠近物或数据源头的网络边缘侧,融合网络、计算、存储、应用核心能力的分布式开放平台,就近提供边缘智能服务来满足行业数字化在敏捷连接、实时业务、数据优化、应用智能、安全与隐私保护等方面的关键需求。边缘计算具有连接性、数据第一入口、约束性、分布性、融合性五个基本特征。物联网是边缘计算发展的重要驱动力,边缘计算又是支撑物联网落地的技术基础。边缘计算助力物联网边缘侧赋能,使得大量物联网场景的实时性和安全性得到保障。边缘计算的最大价值是连接物联网整体解决方案中终端和云端,形成"云—边—端"协同的效应,提升物联网方案的完善度和体验。边缘计算不仅可以帮助解决物联网应用场景对更高安全性、更低功耗、更短时延、更高可靠性、更低带宽的要求,还可以更大限度地利用数据,进一步缩减数据处理的成本。在边缘计算的支持下,大量物联网场景的实时性和安全性得到保障,尤其是在一些异构网络场景、带宽资源不足和突发网络中断等网络资源受限场景以及需要高可靠时效性的场景,边缘计算作用不可替代。

1.5.2 物联网应用领域

物联网的概念一经提出,就受到了广泛的关注,物联网的目的是让所有的物品都与网络连接在一起,可以自动、实时地对物体进行识别、定位、追踪、监控并触发相应事件。物联网已进入概念和产业应用日益清晰及技术、标准日益成熟的阶段。

全球很多国家都制订了物联网长期发展计划,开展了大量研究与应用,并出台相关政策予以支持。例如,IBM首先提出了"智慧地球"的设想,并得到美国政府的积极回应,将其提升为国家层面的发展战略;欧盟及日本、韩国等国家也分别提出了物联网发展战略,并在很多关键技术上取得突破。

总的来看,智慧化应用是物联网发展的主要趋势。在具体应用上,可以从产业应用与智慧城市两个视角进行展开。

1. 产业应用

物联网应用涉及国民经济和人类社会生活的方方面面,因此"物联网"称为是继计算机和互联网之后的第三次信息技术革命。伴随着城市的发展与信息化基础设施的不断完善,目前物联网在城市交通、智能建筑等领域得到广泛应用。

(1) 城市交通。智能交通(公路、桥梁、公交、停车场等)物联网技术可以自动检测并报告公路、桥梁的"健康状况",还可以避免过载的车辆经过桥梁,也能够根据光线强度对路灯进行自动开关控制。

在交通控制方面,可以通过检测设备,在道路拥堵或特殊情况时,系统自动调配红绿灯,并可以向车主预告拥堵路段、推荐行驶最佳路线。

在公共交通方面,物联网技术构建的智能公交系统通过综合运用网络通信、地理信息系统(Geographic Information System,GIS)、GPS定位及电子控制等手段,集智能运营调度、电子站牌发布、集成电路(Integrated Circuit,IC)卡收费、快速公交系统管理等于一体。通过该系统可以详细掌握每辆公交车逐日运行状况。另外,在公交候车站台上通过定位系统可以准确显示下一趟公交车需要等候的时间;还可以通过公交查询系统,查询最佳的公交换乘方案。

停车难问题在现代城市中已经引发社会各界的高度关注。通过应用物联网技术可以帮助人们更好地找到车位。智能化的停车场通过采用超声波传感器、摄像感应、地感性传感器、太阳能供电等技术,第一时间感应到车辆停入,然后立即反馈到公共停车智能管理平台,显示当前的停车位数量。同时将周边地段的停车场信息整合在一起,作为市民的停车向导,这样能够大大缩短找车位的时间。

(2) 智能建筑(绿色照明、安全检测等)。通过感应技术,建筑物内照明灯能自动调节光亮度,实现节能环保,建筑物的运作状况也能通过物联网及时发送给管理者。同时,建筑物与GPS系统实时相连接,在电子地图上准确、及时反映出建筑物空间地理位置、安全状况、人流量等信息。

另外,针对具有特殊环境要求的建筑,更具针对性的物联网体系将实现对建筑的精细管理。例如,数字博物馆采用物联网技术,通过对文物保存环境的温度、湿度、光照、降尘和有害气体等进行长期监测与控制,建立长期的藏品环境参数数据库,研究文物藏品与环境影响因素之间的关系,创造最佳的文物保存环境,实现对文物蜕变损坏的有效控制;对数字图书馆和数字档案馆而言,可以使用 RFID 设备的图书馆/档案馆,从文献的采访、分编、加工到流通、典藏和读者证卡,RFID 标签和阅读器已经完全取代了原有的条码、磁条等传统设备。将 RFID 技术与图书馆数字化系统相结合,实现架位标识、文献定位导航、智能分拣等。

(3)智能家居。智能家居是以住宅为平台,利用综合布线技术、网络通信技术、安全防范技术、自动控制技术和音视频技术将家居生活有关的设施集成,构建高效的住宅设施与家庭日程事务的管理系统,提升家居安全性、便利性、舒适性,并实现环保节能的居住环境。智能家居通过物联网技术将家中的各种设备连接到一起,提供家电控制、照明控制、电话远程控制、室内外遥控、防盗报警、环境监测、暖通控制、红外转发以及可编程定时等多种功能和手段。智能家居不仅具有传统的居住功能,还兼备建筑、网络通信、信息家电、设备自动化,提供全方位的信息交互功能。

(4)定位导航。物联网与卫星定位技术、全球移动通信系统(Global System for Mobile Communications,GSM)、通用分组无线业务(General Packet Radio Service,GPRS)、码分多址(Code Division Multiple Access,CDMA)移动通信技术,GIS 相结合,能够在互联网和移动通信网络覆盖范围内使用 GPS 技术,使用和维护成本大大降低,并能实现端到端的多向互动。

(5)现代物流管理。通过在物流商品中植入传感芯片(节点),供应链上的购买、生产制造、包装/装卸、堆栈、运输、配送/分销、出售、服务每一个环节都能无误地被感知和掌握。这些物联网设备感知到的信息与后台的 GIS/GPS 数据库无缝结合,成为强大的物流信息网络。而利用区块链技术可以将物流供应链中的交易信息保持透明,同时可以确保信息安全。

(6)食品安全控制。食品安全是国计民生的重中之重,通过标签识别和物联网技术,可以随时随地对食品生产过程进行实时监控,对食品质量进行联动跟踪,对食品安全事故进行有效预防,极大地提高食品安全的管理水平。

(7)零售。RFID 取代零售业的传统条码系统(Barcode),使物品识别的穿透性(主要指穿透金属和液体)、远距离以及商品的防盗和跟踪有了极大改进。

(8)智慧医疗。智慧医疗由智慧医院系统、区域卫生系统和家庭健康系统组成。通过智慧医疗,居民可获得优质的卫生服务、连续的健康信息和全程健康管理。

以RFID为代表的自动识别技术可以帮助医院实现对病人不间断地监控、会诊和共享医疗记录,以及对医疗器械的追踪等,而物联网将这种服务扩展至全世界范围。

RFID技术与医院信息系统(Hospital Information System,HIS)及药品物流系统的融合,是医疗信息化的必然趋势。

(9)防入侵系统。通过成千上万个覆盖地面、栅栏和低空探测的传感节点,防止入侵者的翻越、偷渡、恐怖袭击等攻击性入侵。上海机场和上海世界博览会已成功采用了该技术。

据预测,到2035年前后,中国的物联网终端将达到数千亿个。随着物联网的应用普及,形成我国的物联网标准规范和核心技术,成为业界发展的重要举措。解决好信息安全技术,是物联网发展面临的迫切问题。

2. 智慧城市

人类是基于物理空间和物质资源生存并进行生产。未来的城市发展和社会发展,将出现物理空间和虚拟空间并存,而当虚拟空间中的问题影响物理空间时,还会产生数据资源或信息资源。基于两个空间和两种资源的社会发展观或城市发展观,会给物联网的构建和产业带来新的变革与发展,通过从两个空间中活用两种资源,并使其交叉互动,可以将物理空间中的个人资源聚合至虚拟空间,并把资源分享至物理空间,形成资源的循环互动。

智慧城市的概念很大,简单说就是通过各种智能感知手段,让整个城市的功能更加智慧,这也是城市化发展的最基本目标。具体来看,智慧城市是指充分借助物联网和传感网,发挥信息通信产业发达、传感技术领先、电信业务及信息化基础设施优良等优势,通过建设信息通信基础设施、认证、安全等平台和示范工程,加快产业关键技术攻关,构建城市发展的智慧环境,形成基于海量信息和智能过滤处理的新的生活、产业发展、社会管理等模式,面向未来构建全新的城市形态。

物联网等信息化技术是建设智慧城市的重要手段和工具,是承载智慧城市建设的关键基础设施。中国的城市化起步较晚,也走了一些弯路,和国外发达国家相比还较为落后。目前,国内众多城市还处于数字化城市建设阶段,只是把城市的地理、公共设施等信息,通过数字化技术将其变成了人们可以看到的样子,信息数字化只是智慧城市的第一步,而未来更多的是要求城市功能的智慧化。截止到2016年年底,全国智慧城市相关试点近600个,提出智慧城市规划的超过300个,所有副省级以上城市、89%地级及以上城市、47%县级及以上城市均提出建设智慧城市。

物联网在智慧城市与各大行业中的具体应用如表1-2所示。

表1-2 物联网在智慧城市与各大行业中的具体应用

方向	领域	主要应用内容
智慧城市	社会公共安全	机场、火车站、海关、商场等公共场所的安全检测、突发事件实时监控和预报
	城市运行管理	完善无线政务专网,促进市级系统、区级系统、具有城市管理职能委办局的业务系统、相关公共服务企业系统间的信息共享和协同
	城市自然资源管理	通过构建面向自然资源的传感网,综合利用无线宽带城域网,可实现对土地、水、森林等自然资源的智能化管理
	城市应急管理	进一步拓展城市应急管理对象的范围,保证应急管理的精度,提升应急管理效率,有效完善现有的应急联动系统功能和性能
	电信运营	将各类传感器与电信网络结合,实现互联互通,实现端到端的信息服务
智慧工业	汽车工业	将汽车内部位于发动机、底盘等部位安装传感器,可将汽车各类参数及时呈现给驾驶者,并可实现自动减速、倒车,各类危险报警等防控功能
	军工装备	在军事装备设施上安装传感器装置,实现军事装备主动感知、自动预警、自动防护等功能,并实现军事装备设施间的信息共享、协同作战、安全联动
	石油化工	在石油勘探、开采设备上安装传感设备,实现石油勘探开采过程重要参数的实时反馈,以及在沙漠、海底等危险地区的无人、自动、智能、高效勘探和开采
	煤炭工业	实现煤炭勘探、开采过程重要参数的实时反馈,有效控制勘探、开采过程,同时使安防人员能够及时了解相关信息并采取防控措施
	电力工业	全面应用于电力传输的整个系统,从电厂、大坝、变电站、高压输电线路直至用户终端
智慧农业	农业生产管理	对农作物的生长状态进行全面监控、及时上报农作物生长信息,提高农业生产效率,改进农业生产效果
	农业环境监管	建设农田环境自动检测系统,完成风、光、水、电、热和农药等的数据采集和环境控制,自动给出最佳的农事生产和管理的解决方案,为农业生产全程提供高水平的信息和决策服务
	农业市场管理	对农业市场进行全面监控,实现对农业市场仓储、库存、销售等环节的动态监控和管理,促进农业市场管理的智能化
	农业管理服务	结合服务于农业的传感器网络、互联网、电信网、广播网、电力网,实现多网融合,成为国家对农业发展态势的综合监控、管理部署、支持服务的平台

续表

方向	领域	主要应用内容
智慧交通	车辆调度与监控	基于无线网络的车载视频监控系统,全面掌控车辆及货物情况,并在动态交通信息支持下,实现车辆调度、智能导航、停车诱导、废气排放收费等
	城市交通管理	依托无线宽带和地理信息系统,实现对城市交通的全方位深层次管理,提供相关道路堵塞情况,有效提高路灯管理、城市交通导航与公交车班次管理等
智慧商业	智慧供应链	打造创新性的供应链管理平台,更好地管理整个供应链条各个环节,直观地了解供应链业务流程,还可进行商业智能规划
	移动支付	手机钱包进行小额支付
智慧民生	智慧医疗	通过无线传感设备快速收集病人信息,辅助诊断;通过无线传感网络实现家居保健和远程医疗服务,提高居家养老水平
	智慧校园	通过在远程视频监控、无线定位等技术进一步稳固校园安全,通过教育资源的数字化整合,全方位地为学生提供智能化、人性化的学习条件
	智慧社区	通过环境感应和智能监控,降低社区及建筑能耗,提高社区安全防范能力
	智慧家居	通过物联网等技术,利用智能手机或互联网门户,实现对家电、窗帘、照明、温度等一系列居家物品的智慧化控制

1.5.3 中国物联网发展现状

我国政府高度重视物联网发展,建立了中央整体规划、部委专项扶持和地方全面落实的物联网政策体系,政策驱动已成为中国物联网产业发展的最强动力。2009 年以来,中央和地方政府通过发展规划、政府报告、指导意见和行动计划等形式,密集出台物联网相关政策,涵盖了技术研发、应用推广、标准制定、产业发展各个方面(表 1-3)。

表 1-3 物联网产业政策

序号	颁布部门	文件名称	主要内容	颁布时间
1	国务院	《国家中长期科学和技术发展规划纲要(2006—2020 年)》	涵盖物联网相关内容,并于 2009 年后,在核高基、集成电路装备、宽带移动通信专项中加大了对物联网的扶持力度	2006 年 2 月 9 日
	国务院	《政府工作报告》2010 年 3 月	物联网首次列入政府工作报告当中	2010 年 3 月 5 日
	国务院	《国务院关于加快培育和发展战略性新兴产业的决定》	物联网作为新一代信息技术被纳入战略性新兴产业	2010 年 10 月 18 日

续表

序号	颁布部门	文件名称	主要内容	颁布时间
1	全国人民代表大会	《中华人民共和国国民经济和社会发展第十二个五年规划纲要》	把物联网确定为推动跨越发展的重点领域	2011年3月14日
	国务院	《国务院关于推进物联网有序健康发展的指导意见》（国发〔2013〕7号文件）	提出推动我国物联网有序健康发展的总体思路	2013年2月5日
	国务院	《中国制造2025》（国发〔2015〕28号）	将物联网作为重要内容推出	2015年5月8日
	国务院	《国务院关于积极推进"互联网+"行动的指导意见》（国发〔2015〕40号）	提出加强物联网网络架构研究，加快推进物联网在智能制造、农业生产、能源消费、高效物流、便捷交通等产业领域的推广应用	2015年7月1日
	国务院	《中华人民共和国国民经济和社会发展第十三个五年规划纲要》	提出要积极推进物联网发展，作为信息化重大工程推广物联网应用	2016年3月18日
	国务院	《"十三五"国家科技创新规划》	提出开展物联网系统架构等基础理论研究，攻克智能硬件等关键技术，实现智能感知芯片、软件及终端的产业化	2016年7月28日
2	教育部	《教育部办公厅关于战略性新兴产业相关专业申报和审批工作的通知》（教高厅函〔2010〕13号）	对物联网专业的申报、招生和扶持政策进行了说明	2010年3月9日
	国家标准化管理委员会	《国家标准管理委员会关于成立国家物联网标准化专家委员会、国家物联网基础标准工作暨召开第一次工作会议的通知》标委办工二联函〔2010〕105号	成立了物联网国家标准推进组、国家物联网基础标准工作组等组织，推进物联网标准化工作	2010年10月28日
	工业和信息化部、财政部	《物联网发展专项资金管理暂行办法》（财企〔2011〕64号）	拨付5亿元专项资金，支持物联网技术、产业、标准等发展	2011年4月8日
	财政部	《基本建设贷款中央财政贴息资金管理办法》（财建〔2012〕95号）	增加为物联网企业提供场所服务的贴息	2011年6月10日

续表

序号	颁布部门	文件名称	主要内容	颁布时间
2	科技部	《国家"十二五"科学和技术发展规划》	提出推动物联网科技产业化工程，并促进物联网在相关产业的应用	2011年7月13日
	工业和信息化部	《物联网"十二五"发展规划》	明确指出"十二五"期间我国物联网发展目标和重点任务。	2011年12月7日
	国家发展改革委	《关于组织实施2012年物联网技术研发及产业化专项的通知》（发改办高技〔2012〕1203号）	2012年国家发展改革委物联网专项投资规模有望达到6亿元，投向物联网	2012年5月5日
	工业和信息化部	《无锡国家传感网创新示范区发展规划纲要（2012—2020年）》（国函〔2012〕96号）	提出加大对示范区内物联网产业的财政支持力度，加强税收政策扶持	2012年8月17日
	住房和城乡建设部	《关于开展国家智慧城市试点工作的通知》（建办科〔2012〕42号）	大力开展国家智慧城市试点工作	2012年12月5日
	国家发展改革委	《物联网发展专项行动计划》	从顶层设计、标准制定、技术研发、应用推广、产业支撑、商业模式、安全保障、政府扶持措施、法律法规保障、人才培养10个方面制订专项行动计划，推进物联网健康有序发展	2013年9月5日
	国家发展改革委	《关于促进智慧城市健康发展的指导意见》（发改高技〔2014〕1770号）	切实加强智慧城市组织领导、工作推进、任务落实，确保智慧城市建设健康有序推进	2014年8月27日
	工业和信息化部	《信息通信行业发展规划物联网分册（2016—2020年）》	提出构建具有国际竞争力的产业体系，深化物联网与经济社会融合发展	2016年12月18日
	工业和信息化部	《关于全面推进移动互联网（NB-IoT）建设发展的通知》	提出进一步夯实物联网应用基础设施，推进NB-IoT网络部署和拓展行业应用，加快NB-IoT的创新和发展	2017年6月6日
	工业和信息化部	《车联网（智能网联汽车）产业发展行动计划》	提出到2020年，将实现车联网产业跨行业融合取得突破，车联网综合应用体系基本构建等目标	2018年12月25日
3	28省、4直辖市、70%以上地级市	政府工作报告、地方物联网发展规划	明确提出推进物联网技术研发与应用发展的政策	2010年至今

我国在物联网领域的技术布局与产业布局相对较早,中国科学院很早就启动了传感网研究,中国科学院上海微系统与信息技术研究所、南京航空航天大学、西北工业大学等高校科研单位都投入大量人力物力研发"物联网"相关技术。2009年10月,中国研发出首颗物联网核心芯片"唐芯一号"。2009年11月7日,总投资超过2.76亿元的11个物联网项目在无锡成功签约,项目研发领域覆盖传感网智能技术研发、传感网络应用研究、传感网络系统集成等物联网产业多个前沿领域。2010年,工业和信息化部与发展改革委出台了系列政策支持物联网产业化发展,到2020年之前我国已经规划了3.86万亿元的资金用于物联网产业化的发展。

2009年8月和12月,时任总理温家宝分别在无锡和北京发表重要讲话,重点强调要大力发展传感网技术,努力突破物联网核心技术,建立"感知中国"中心。2010年《政府工作报告》中,温家宝再次指出:将"加快物联网的研发应用"明确纳入重点产业振兴计划,代表中国传感网、物联网的"感知中国"已成为国家的信息产业发展战略。

2018年12月,中央经济工作会议明确提出:要发挥投资关键作用,加大制造业技术改造和设备更新,加快5G商用步伐,加强人工智能、工业互联网、物联网等新型基础设施建设。

我国先后把物联网明确列入《国家中长期科学和技术发展规划纲要(2006—2020年)》和《2050年国家产业发展路线图》,并逐步成为国家发展战略的重要组成部分。2012年2月,工业和信息化部发布了《物联网"十二五"发展规划》,认为物联网已成为当前世界新一轮经济和科技发展的战略制高点之一,发展物联网对于促进经济发展和社会进步具有重要的现实意义。2016年12月18日,工业和信息化部印发《信息通信行业发展规划物联网分册(2016—2020年)》,认为"十三五"时期是经济新常态下创新驱动、形成发展新动能的关键时期,必须牢牢把握物联网新一轮生态布局的战略机遇,大力发展物联网技术和应用,加快构建具有国际竞争力的产业体系,深化物联网与经济社会融合发展,支撑制造强国和网络强国建设。我国物联网发展与全球同处于起步阶段,经过"十二五"规划的稳步推进,目前物联网产业已有一定规模,设备制造、网络和应用服务具备较高水平,技术研发和标准制定取得突破,物联网与行业融合发展成效显著。截止到2018年年底,我国物联网行业市场规模达1.33万亿元;截止到2018年6月,我国公众网络M2M连接数共计5.4亿,已设立江苏省无锡、浙江省杭州、福建省福州、重庆市南岸、江西省鹰潭五个物联网特色的新型工业化产业示范基地,产值超10亿元的骨干企业超过120家,已制定30项物联网国家标准,新制定81项行业标准。根据国家发布的物联网产业发展规划,到2020年,我国具有国际竞争力的物联网产业体系基本形成,包含感知制造、网络传输、智能信息服务在内的总体产业规模突破1.5万亿元,智能信息服务的比例大幅提升。推进物联网感知设施规划布局,公众网络M2M连接数突破17亿。物联网技术研发水平和创新能力显著提高,适应产业发展的标准体系初步形成,物联网规模应用不断拓展,泛在安全的物联网体系基本成型。

党的十九大提出加快建设创新型国家。强调创新是科技发展的第一动力,是建设现代化经济体系的战略支撑。科技创新是提高社会生产力和综合国力的战略支撑,必须摆在国家发展全局的核心位置。这是党中央在新时代为建设科技强国、网络强国、智慧社会而做出的重要决策。

当前,世界格局正在经历深刻变化,经济全球化、社会信息化极大解放和发展了社会生产力。全球产业竞争格局正在发生重大调整,我国在新一轮发展中面临巨大挑战。尽管各级组织在物联网方面做了大量研究,但物联网发展的关键技术标准和协议尚未统一。发达国家一方面加大力度发展传感器节点核心芯片、嵌入式操作系统、智能计算等核心技术,另一方面加快标准制定和产业化进程,谋求在未来物联网的大规模发展及国际竞争中占据有利位置。

当前,信息化战争正在进一步向智能化战争演进,情报智能化、指挥智能化、武器智能化、感知智能化以及后勤和装备保障、政治工作的智能化不断深入。装备保障建设应注重与制订"互联网+"行动计划相匹配,必须抢抓国家推进"一带一路"倡议、网络强国战略、信息强军战略等机遇,突出前瞻性关键技术、外向型基础设施和战略性数据资源等方面,推动云计算、大数据、物联网、人工智能、5G、区块链技术等与装备保障结合,积极推进装备保障方面的科技创新。

1.6 物联网在军事领域的研究与应用现状

1.6.1 在军事领域的研究与应用背景

信息技术正推动着一场新的军事变革。信息化战争要求作战系统"看得明、反应快、打得准",谁在信息的获取、传输、处理上占据优势(取得制信息权),谁就能掌握战争的主动权。物联网概念的问世,对现有军事系统格局产生了巨大冲击。它的影响绝不亚于互联网在军事领域里的广泛应用,将触发军事变革又一次重新启动,推动军队建设和作战方式发生新的重大变化。当前,世界主要军事强国已经嗅到了这股浪潮的气息,纷纷制定标准、研发技术并推广应用,以期在新一轮军事变革中占据有利位置。因此,物联网引起美国、英国、法国、日本等国家和组织的极大关注,并将其纳入国家顶层战略规划。2003年,美国国防部力推 RFID、条码识别技术,使之为世界所知。2008 年 11 月,IBM 提出"智慧地球"的概念。2009 年 1 月,以物联网应用为核心,全面反映感知、互联、智能的"智慧地球"计划得到美国政府的积极回应和支持,后期出台的经济刺激方案中投入巨资用于相关项目的研发建设。2015 年 9 月,美国战略与国际研究中心发布《利用物联网提高军事作战效能》的报告,指出美军目前在一体化指挥系统 C^4ISR(Command、Control、Communication、Compuce、Surveiuance、Reconnaissance,指挥、控制、通信、计算机、情报、电子监视、侦察)系统和非作战设备(后勤、物流)等各种平台上部署了数以百万计的传感器,形成了庞大的物联网系统。2016 年 4 月,美国陆军部发布《2016—2045 年新兴科技趋势报告》,该报告对可能影响未来作战环境并塑造未来 30 年作战能力的科技趋势以及影响科技发展的背景进行了分析预测,研究提出的 24 项新兴科技趋势包括物联网、智慧城市、大数据分析、机器人与自主系统等。2018 年 1 月 19 日,美国国防部长马蒂斯发布新版《国家防务战略》,提出要重点提升核力量、C^4ISR 系统、导弹防御、联合杀伤等八大关键能力。物联网技术在 C^4ISR 系统的军事应用正引发作战方式和保障方式的深刻变化。

物联网被许多军事专家称为"一个未探明储量的金矿",成为军事变革深入发展的新契机。物联网的无线传感器网络以其独特的优势,能在多种场合满足军事信息获取的实时性、准确性、全面性等需求。可以设想,在国防科研、军工企业及武器平台等各个环节、各个要素设置标签读取装置,通过无线和有线网络将其连接起来,所有作战要素及作战单元甚至整个国家军事力量都将处于全信息化和全数字化状态。大到卫星、导弹、飞机、舰船、坦克、火炮等装备系统,小到单兵作战装备,从通信技侦系统到后勤保障系统,从军事科学试验到军事装备工程,其应用遍及战争准备、战争实施的每一个环节。可以说,物联网扩大了未来作战的时域、空域和频域,对国防建设各个领域产生了深远的影响,将引发一场划时代的军事技术革命和作战方式的变革。

通过采用智能尘埃(Smart Dezert)、智能物体(Smart Matter)、微机电系统、无线传感器网络(Wireless Sensor Networks,WSN)、微传感器网络(Micro Sensor Networks,MSN)、GPS、RFID、红外等技术,物联网的未来军事应用体现在战场感知精准化、武器装备智能化、态势掌控实时化、后勤保障灵敏化以及网络战模式的变化等几个方面。

1.6.2 外军应用现状

美军在 21 世纪初期开展了大量研究,采用智能卡、电子数据交换(Electronic Data Interchange,EDI)、二维码、RFID 等一系列技术手段,通过物联网信息识别技术构建军事物流的信息链,以美军 C^4ISR 为代表的西方军队的信息系统,代表了西方国家在军事信息化领域投入大量经费开展建设的成果和水平。其中,美军 C^4ISR 体系如图 1-4 所示。

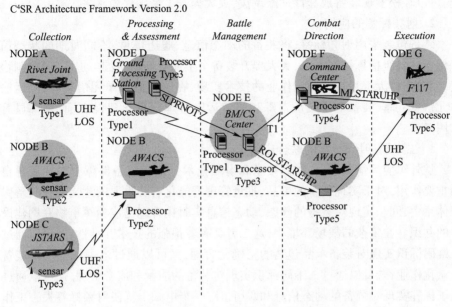

图 1-4 美军 C^4ISR 体系

物联网的理念和技术迅速被世界各国运用于军事装备管理保障领域,对各种军事装备实施感知和控制,对装备保障提供信息支撑,以满足现代战争对装备保障"快""准""精"的要求。在军队后勤保障(含装备保障相关内容)方面,以美军为代表的西方军队通过物联网技术的应用,提供及时、准确的后勤信息,特别是装备包装、储运信息,实现了装备保障的透明化。外军通过军事物联网实施联勤保障,所有装备、物资均实现可识别、可感知,改变了传统后勤保障中物流与信息流不同步的局面,为各国军队在装备物资保障信息化体系建设方面,提供了实现精确保障、快速反应、立体投送和高效运行的成功范例。其具体包括以下几个方面:

1. 二维码标识的应用

装备包装采用二维码标识,将装备的基本信息、数质量信息携带、采集和传递到各级保障系统平台,在装备的运输、储供调拨、库存管理等方面提供可靠的数据交互和数据共享。为装备保障活动中装备数质量信息掌控实时化、实力统计精准化、安全管理精确化和快速供应提供技术支撑,同时实现了装备的质量可溯性、可控性和可视化。

装备的成套管理是实现精确保障的重要内容,二维码标识所存储的装备适配成套信息,在装备运输、储存和调拨中提供了技术判定依据,结合储供保障系统,可以轻松实现装备成套性适配调拨,大大提升了精确保障水平。

2. 射频标签的应用

装备包装采用射频标签,将装备的动态信息、履历信息、不同时期的状态信息传递到各级指挥控制平台,大大提升装备全生命周期信息的可追踪、可控制程度,同时支持大批量快速调拨作业的技术实现,在装备储存单元信息管理、运输单元信息共享、装备电子履历追踪和集装运输管理信息化建设方面,发挥显著作用。

3. 二维码、射频技术的联合应用

从外军应用情况看,二维码技术和射频技术分别在装备保障中发挥着各自的重要作用,对于实现装备的单品、批量管理智能化有着重要的意义。在装备保障体系中,同步实现对装备的静态、动态信息实时化管理已成为军事物联网建设中的共识。在复杂的战场环境中,这二者又有着很强的技术互补性,既可以通过二维码标识实现对装备单品包装的精确化管理,又可以通过电子标签实现装备批量化作业;既可以通过二维码标识实现对装备的质量和成套管理,又可以通过电子标签实现对装备的动态信息和履历追踪。当电磁干扰使射频标签失去工作能力时,二维码标识同样可以完成信息自动识别和精确采集。二者的联合应用,特别是复合标识技术的应用前景广阔。

1.6.3 我军应用现状

目前,在军事物联网作战运用与制胜机理、军事物联网顶层设计与体系结构、军事物联网网络构建与安全保障、军事物联网军民融合与发展策略等方面,已经形成了一系列显著成效的理论成果研究。我军装备管理保障领域正在进行体系能力建设,可以借助物联网的先进技术和理念,积极提升各装备作战单元、作战要素之间的系统互联互通和信息共享能力,尽可能做到需求可视化、手段智能化、方式精确化,真正实现军事装备的精细化管理、精确化保障。

军事物联网从应用角度来讲,属于物联网在军事领域的应用,是物联网技术在军事领域的运用和拓展,对于提高信息化条件下联合作战、联合训练、联合保障效能,推进战斗力生成模式转变,提高军队信息化建设整体水平具有重要的驱动和支撑作用。军事物联网根本特征是在充分分析军事应用需求的基础上,识别和感知技术设备,明确标识体系,建立信息采集、存储、处理和运用机制,实现相关应用实体属性可知、动作可视、变化可控,并通过标准规范体系实现军事应用实体之间的通信、共享和协作,对于推进军队战斗力生成模式转变、提升军队信息化建设整体效能具有重要意义。以物联网技术为基础,军事物联网可以构建起涵盖战场态势感知、作战指挥控制、后勤装备保障等核心军事应用的庞大网络体系。

物联网应用于军事物流,实现了军事物流整个过程的实时监控和实时决策,当军事物流系统的任何一个神经末端收到一个需求信息时,该系统都可以在极短的时间内做出反应,并拟订详细的计划,通过各环节开始工作。通过追求"零库存"和"准时制"降低成本、优化库存结构、减少资金压占、缩短生产周期,使保障高效进行。

物联网应用于军事仓储,利用物联网全面感知、可靠传递、智能处理的特点,通过对军事仓储信息实时、动态、全面的获取,实现了军事仓储的智能化和自动化。信息技术不仅用于处理仓储具体业务,而且用于控制各种储运设备,用于后勤物资保障的分析与预测,以制订后勤物资储备计划和保障方案,使军事仓储信息化上升到一个新的高度。

物联网应用于装备管理,运用物联网对装备进行智能化管控,准确获取装备在生产、配发、使用中的各种信息,并可根据管理需求提供多种解决方案,对装备全系统、全寿命管理实施全程跟踪,使装备管理更加精准和高效。

物联网应用于装备智能维修,综合运用北斗卫星定位系统、传感器、人工智能、信息处理、无线通信等各种先进技术,实现了武器装备数据实时采集与传输、状态监测与评估、故障预测与诊断和智能辅助决策,通过感知、监控、管理和预测,掌握大型复杂武器装备的质量状态,实现武器装备保障的储、运、供、修的"实时化感知、信息化管理、科学化决策、精确化保障"。

第 2 章　物联网装备保障应用需求分析

战争形态演变和信息化武器装备的发展,对装备保障产生了极大影响,使保障机构趋于精干高效,保障设施设备、保障方式和手段向自动化、数字化、网络化和智能化发展。装备保障信息系统应用到军队装备保障体系中,需要综合运用以信息技术为核心的现代网络通信技术和装备保障理论,融合围绕装备寿命周期展开的装备保障指挥、管理、维修、供应、训练等活动,使装备保障信息在整个装备保障体系中快速、流畅、有规律地流动,并通过对装备保障信息的使用和转化,实现对部队快速、持续的精确保障,促进装备保障效能不断提高。

装备保障信息化的实现,重在对各种装备保障信息的采集、转化与使用,把信息技术广泛运用于各项保障活动,并把各类保障信息采集管理好、分析处理好、转化运用好,最终转化为装备保障的推动力,体现装备保障信息化的价值。装备信息的采集、管理和应用,正是物联网技术的核心内容,物联网装备保障应用研究是装备保障信息化研究的重要组成部分。

2.1　装备保障信息化建设需求分析

随着战争形态的发展演变、武器装备的更新换代和军队使命任务的不断拓展,特别是新时代军事战略方针和联合作战指挥体制的确立,我军建设和运用发生了重大变化。同时,装备信息化程度不断提高,装备保障能力生成模式也发生了深刻变化,装备保障信息化建设取得明显成效。其中,业务通信网络、信息存储服务设施等信息基础设施初具规模;战时保障基础信息、平时业务管理数据建设成效明显;日常业务管理信息系统、指挥信息系统等建设不断推进;信息化法规制度体系、标准体系及相关管理制度建设等得到加强;以物联网、条码、射频识别技术为支撑的装备状态信息采集设备等信息化保障手段发展迅速。这些成果为新时代装备保障信息化建设奠定了坚实的基础。

信息化条件下,装备保障机构逐步趋于精干高效。一方面,信息化增强了装备保障机构的信息获取和处理能力,使保障机构能够及时处理各种保障要求,提高了保障效率;另一方面,借助实时、精确的装备保障手段,指挥员能够实现越级指挥、减少指挥层次,提高了装备保障指挥的时效性。

保障装备和设施设备的信息化,将改变保障的方式和手段。信息化条件下,装备保障范围扩大,战场消耗剧增,保障时间缩短。为在准确的时间内把需要的装备物资运送到准确的地点,必须把信息技术融入装备物资器材生产、储备、调配、运输、补给、抢救抢修等装备保障的各个环节,把装备和保障资源的动态信息传送至装备保障指挥系统。同时,借助各种信息技术,形成实时无缝的信息网络和具有可视性的保障系统,实现装备保障的全程可视化和精确化。

2.1.1 在军队信息化建设大局下统筹开展

建设信息化军队、打赢信息化战争,是我军的战略目标。随着我军信息化建设实践的开展,武器装备信息化水平不断提高,对信息化建设规律的科学认识不断深入,全军信息化建设的顶层设计不断加强。装备保障信息化建设,作为军队信息化和武器装备建设的组成部分,始终遵循军队信息化建设的统一要求和总体设计,始终在军队信息化建设的大局下统筹规划、有序推进。一是规划计划紧密衔接。积极贯彻国防和军队建设"三步走"发展战略,把装备保障信息化建设纳入军队信息化建设的总体设计之中,按照军队信息化建设发展规划,制订装备保障信息化建设的方案计划,防止自我设计、自行其是,确保装备保障信息化建设与全军信息化建设同步协调发展。二是技术体制全面统一。按照全军统一的技术体制和规范,针对装备保障信息化建设的特殊需要,制定完善装备保障信息化建设技术标准,为装备保障信息化建设健康有序的发展提供保证,防止因技术体制不一致造成新的"信息孤岛"。三是手段建设衔接融合。依托指挥信息系统和软硬件环境,开展装备保障信息化手段建设,确保装备保障信息系统与全军指挥信息系统、装备保障中物联网与全军信息网络、装备保障信息化智能化手段与信息化武器装备相衔接、相融合,确保互联互通互操作,确保建设成效倍增。

2.1.2 为精确保障提供有力技术支撑

随着信息技术的发展及在军事领域的广泛应用,现代战争作战与保障的精确化特点进一步凸现,作战能量的释放方式朝着精确控制的方向发展。在近几场局部战争中,拥有技术优势的美军,已迈开精确作战与保障的步伐,并取得了显著成效。装备保障信息化必须以信息技术的发展为根本动力和技术支持,有力支撑精确保障的建设发展。一要达到保障资源全维可视。能够运用故障自动诊断、战损评估、自动识别、网络通信、卫星定位等信息技术手段,实时准确地掌握战场装备的战术技术性能状态及保障需求、各保障要素的战场状态，以及保障行动的视频、图片、声音、数据等信息，达到战场装备保障状态的"透明"。二要达到保障行动全程可控。能够以战场装备保障信息为主导，运用指挥信息系统和装备保障信息系统、装备技术保障平台及供应保障平台，准确预测装备保障需求，精准地筹划和运用保障资源、保障力量、保障手段，在准确的时间、准确的地点为部队作战提供数量准确、质量可靠的装备物资和技术保障。

2.1.3 加强一体化综合保障建设

随着战争形态的变革，国防和军队改革的深入推进，战区成为联合作战指挥的重心，诸军兵种一体化联合作战成为未来作战的基本形式，与之相适应，一体化综合保障成为未来装备保障的基本形式。装备保障信息化建设，必须适应信息化条件下装备保障形势的发展和要求，加强各军兵种、各专业、各层级、各保障要素的一体化建设。一是要加强各专业保障的一体化。要着眼一体化作战编成要求，打破机械化条件下装备保障各军兵种、各专业自成体系、自我保障、分散管理、重复建设的模式，对各专业保障力量，按技术门类重组定岗，按作业需求模块编组，按保障任务综合编成，建立平战结合、专业组合、资源整合的装备保障体系，形成装备保障合力。二是要加强各层级保障的一体化。要着眼体系作战要求，按照"建设向上集约，保障向下聚焦"的原则，科学统筹战略、战役、战术各级和军地双方的装备保障任务，改变传统的机械化条件下按级保障、按计划预先协同的粗放型保障模式，实行按需求保障、按信息实时协同的保障模式，实现各层级保障效能的有效聚合。三是要加强各保障要素的一体化。要着眼平战时装备管理保障需要，建立集管、修、供、训于一体，集平时建设管理与战时保障于一体的一体化综合保障体系，实现装备保障各要素融合互动、平战时保障整体高效。

2.1.4 注重信息资源的开发利用

现代战争中，信息作为一种元素，无所不在地融入了作战的各要素之中，已从以往对作战活动的辅助作用，发展为起支配与主导作用，成为作战能力形成的关键要素。在联合作战装备保障行动中，信息既是作战的重要资源，又是形成装备保障能力的"黏合剂"与"倍增器"，其主导作用将体现得更加明显。装备保障信息化，必须适应这一发展趋势，充分发挥信息在装备保障中的主导作用。一是坚持把信息能力作为提升部队装备保障能力的核心要素。紧紧围绕有利于信息快速流通、融合共享和高效利用，加强装备保障纵向综合、横向联合，努力实现信息感知、指挥控制和各保障要素的有机链接，构建基于模块化和网络化、与军事行动任务相适应的装备保障体系。二是加强装备保障信息资源的开发。通过对装备保障信息进行采集、整理、组织、存储、检索、重组、转化和传输,增加信息资源可利用水平,提升信息资源的质量,挖掘信息资源的潜在价值,进而提升装备保障实体资源的保障效益。三是加强装备保障信息资源的利用。在实施装备保障过程中,通过多种渠道和手段,及时掌握保障信息,正确处理和运用信息,以信息流引导物质流和能量流,实现装备保障效能的最大化。

2.2 装备保障信息化建设存在问题

当前,我军装备保障信息化建设取得了一系列成果,但在具体实施环节上还存在诸多亟待解决的问题,如装备技术状态信息采集,按照统计周期依靠人工采集,存在时效性差、容易出现误差等问题,不利于形成动态、实时的信息资源;装备保障的不同业务部门信息化水平不一致,信息采集、处理的方式方法和内容不统一,难以进行装备保障信息资源的互联共享,不利于形成标准化、可共享的装备保障信息;装备保障信息系统建设中网络平台建设沿用以太网信息录入、传送、处理,主要采用事后管理、被动保障模式,难以达成全系统、全过程、实时动态、智能化装备管控的目标,缺乏实时感知、动态管理、主动保障的应用支撑;难以对军事装备和保障资源进行实时、动态的状态监控,不能实现战备情况的实时评估,应急突发性事件和训练演练的装备保障准备周期长,不利于保障资源的需求预测和调度控制;等等。

2.2.1 标准规范不统一

我军许多装备部门已经建立了内部局域网,但是,多年来分散开发或引进信息系统,由于缺乏统一的规划和统一的标准,形成了许多信息孤岛,缺少高度共享、网络化的信息资源。如何将信息系统集成起来,已成为制约装备保障信息化建设的重要因素。

为了解决上述问题,在充分利用物联网技术升级改造原有装备保障信息系统的基础上,必须开发与各相关业务部门及部队信息系统和数据中心相互对接的接口,便于统一实现各业务系统间及其与数据中心进行数据交换的模块,同时建立配套的数据同步机制,实现各业务系统间相关数据提取、交换和共享。

只有解决了信息化标准规范问题,才能既兼顾各业务部门和部队原有系统的延续性,又能避免因重复开发造成资源上的不必要浪费,而且可以在满足要求的前提下降低开发成本,提高应用系统的针对性和开发效率。

2.2.2 信息安全有漏洞

装备保障物联网的应用,需要采用无线传感网、3G/4G/5G 专网、光纤专网等网络传输链路,将装备的技术状态信息、环境因素等信息传输到专网数据共享平台,必然涉及数据采集、网络传输、抗干扰、反侦察等。

物联网的互联互通与智能管理是建立在系统和系统间、实体与实体间信息开放的基础之上的,这与军事装备信息管理的安全要求和保密特性相悖。现行的安全机制对于只读标签中的数据信息一般都不加密或者简单加密,做不到很好的保密,对于可读写标签,电子标签上的信息存在可能会被恶意篡改的隐患。随着装备保障向军民一体化、军民融合式方向迈进,二者之间的矛盾更加突出,因此,大量的装备数据及军队用户隐私如何得到保护,就成为物联网技术在装备保障中应用急需解决的突出问题。

2.2.3 职能分工缺统筹

当前的装备管理保障是阶段性的管理方式,从装备的论证、研制、试验、采购,到装备列装入役、使用、管理、保障,按照全寿命周期的各个阶段划分装备管理保障职能,各阶段的装备信息也就由不同的业务部门分别管理,相应地,各阶段装备信息的采集、分析、管理、运用等缺乏统筹规划设计,缺乏统一的数据标准,缺乏数据信息共享共用。目前,存在以下突出问题:

1. 装备状态感知不及时

缺少装备状态感知手段,只能依靠组织技术普查和数据上报,存在反馈周期长和人为因素多,数据时效差和数据标准不一致等问题。

2. 历史数据不完整

维修情况和器材消耗登记缺少自动化手段,记录数据效率低,记录内容约束差,造成装备的故障历史、维修履历和器材消耗等全寿命数据不完整和不精准。

3. 装备保障规律挖掘不充分

传统业务数据积累大量停留在纸面,数字化、电子化信息少,无法进行充分的数据挖掘和智能分析,装备保障质量取决于经验判断和人员素质。

4. 业务流程支撑不完整

装备保障业务自身流程复杂,对其他业务依赖较多,由于是机关统筹计划,需要各要素相关单位、部门协调配合,传统手段下没有统一的信息交换平台,造成整个业务流程分散,各单位、部门无法及时沟通,解决问题回合过多,易延误时机。

基于物联网的装备智能管理将给装备研制、使用和保障带来深刻的变革,系统化、网络化、信息化、流程化和一体化的装备管理方法将代替以往传统的装备管理方式,便于所有装备在战时能迅速形成战斗力,增强作战效果。

2.2.4 核心技术不主导

将物联网应用于军事装备保障中,主要涉及以下几个核心技术:感知层的传感器、无线传感器网络、嵌入式系统、RFID 技术等传输层的网络通信技术;应用层的信息融合技术、中间件技术和云计算技术等,在这几个方面都存在明显不足。

1. 传感器

传感器是感知层获取数据的主要设备,能感受到被测量物体的信息,并且能够将此信息按照一定的规律转换成电信号或其他可用形式的信息输出,作为物联网信息采集的直接来源。传感器类型多种多样,主要有温度传感器、湿度传感器、应变传感器、微振动传感器、压力传感器、冲击传感器等。

物联网技术中,微机电传感器的应用尤为广泛。MEMS 传感器是采用微电子和微机械加工技术制造出来的新型传感器。与传统的传感器相比,它具有体积小、重量轻、成本低、功耗低、可靠性高、适于批量化生产、易于集成和实现智能化的特点。同时,在微米量级的特征尺寸使得它可以完成某些传统机械传感器所不能实现的功能。

近年来,我国传感器技术有了快速发展,但在技术水平、科研投入产出方面与先进国家相比还存在明显差距,我国传感器生产水平落后发达国家 5~10 年,生产技术落后 10~15 年,传感器产业结构存在企业分散、实力不强、市场开拓不够等问题,我国从事传感器研究和生产的单位,数量很多,但是真正形成一定规模很小,多数企业是低水平重复。传感器技术的落后现状,在一定程度上制约了我国在物联网领域赶超发达国家的脚步。

2. 无线传感网络

WSN 属于传感技术,由大量部署在作用区域内的、具有无线通信与计算能力的微小传感器节点通过自组织方式构成、能够根据环境自主地完成制定任务的分布式智能化网络系统。其主要由传感节点、汇聚节点和管理节点组成。

在物联网应用中,功耗和距离的关系貌似具有无法调和的矛盾,要增加传输距离,必然需要高功耗;要降低设备功耗,则无法实现远距离的传输。对适用于物联网的低功耗广域网络协议包括 LoRa、SigFox、LTE – M、NWave、OnRamp、Platanus、Telensa、Weightless、Amber Wireless 等,各类协议相关参数对比如表 2 – 1 所示。

表2-1 各类协议相关参数对比

性能参数	协议名称						
	Sigfox 协议	LoRa 协议	clean slate	NB LTE-M Rel.13	LTE-M Rel.12/13	EC-GSM Rel.13	5G
波长(户外)最大耦合线损(MCL)	<13km 160dB	<11km 157dB	<15km 164dB	<15km 164dB	<11km 156dB	<15km 164dB	<15km 164dB
频谱带宽	未许可的 900MHz 100Hz	未许可的 900MHz <100kHz	经许可的 7~900MHz 200kHz 或专用的频率	经许可的 7~900MHz 200kHz 或共享的频率	经许可的 7~900MHz 1.4MHz 或共享的频率	经许可的 8~900MHz 2.4MHz 或共享的频率	经许可的 7~900MHz 或共享的频率
传输速率	<100b/s	<10kb/s	<50kb/s	<150kb/s	<1Mb/s	10kb/s	<1Mb/s
电池寿命	>10年	>10年	>10年	>10年	>10年	>10年	>10年
投入使用时间	现在	现在	2016年	2016年	2016年	2016年	2020年

我国开展无线传感器网络技术的研究时间不长,虽然应用理论与技术发展很快,在核心技术与应用方面,美国、日本、韩国处于领先地位,我国自主研发的知识产权相对比较少,国内企业仍未能掌握市场主导权。

3. 信息融合技术

信息融合的基础设施是多传感器及网络,应用对象为多传感器数据信息,过程是综合分析,目标是符合特定要求的推理和评估。信息融合是将通过采集获取的多源数据信息进行综合分析,在保证一定数据质量的情况下提高推理和评估结果的可靠性,从而发现某些事物之间的联系。获取目标物的特征信息,将多个传感器系统采集的源信息进行分析、判断、估计及决策处理,获得目标物体更为有效、可靠、准确的描述。

虽然信息融合技术广泛应用于生活、军事等多方面,但至今没有形成完整的理论框架,尤其是在信息融合系统的功能模型、抽象层次、系统体系结构设计和性能评价方面还有待于从系统角度进行探讨。

2.2.5 应用模式效益低

物联网技术在装备保障中的应用主要有装备技术状态动态监控、装备维修保障、装备储备供应、装备保障训练等。

(1)装备技术状态动态监控:实现装备管理系统化感知,借助物联网感知层形式多样的感知终端,指挥员能够利用遍及供应链的无线传感网络自动采集部队行动、装备和物资供给情况,通过汇聚节点将数据传送至指挥部,而后经过数据融合形成完备、精确和动态的战场后勤态势图,全面准确地了解战场后勤保障情况。

(2) 装备维修保障:信息化条件下大规模作战对我军装备维修保障提出了新的、更高的要求。要按照综合高效、信息主导、保障精确的总体要求,统筹维修保障任务,优化维修保障力量,统建维修保障手段,强化维修保障体系运行管理,构建综合一体、集约高效的装备维修保障体系。

(3) 装备储备供应:装备物资经由采购、运输、储存、维修保养、配送等环节,最终抵达部队用户而被消耗,从而实现其空间转移的全过程。整个军事物流流程中,装备的储备供应是核心环节。物联网以其在系统应用中表现出的信息化、智能化、集成化优势,为装备的储备供应提供了诸多便利条件。

(4) 装备保障训练:建立装备保障训练通用平台可以有效地解决维修训练中场地、装备数量、装备型号的限制以及训练效率低下等问题。

当前,虽然物联网技术得到了部分应用,但装备技术状态还无法实现实时采集、动态监控,装备维修保障任务无法实时感知、精准组织,装备储备供应难以做到可视化、综合化、智能化,装备保障训练仍然处于分散组织、效益低下的状态。

2.2.6 保障平台烟囱多

要建设覆盖全军的装备保障物联网系统,就必须开发通用的装备保障信息平台,实现对所有异构信息系统的管理,通过对网络资源的管理使物联网的应用更加灵活。

基于物联网技术构建的部队装备保障系统,为智能化维修保障提供一个综合信息处理平台,纵向贯通各级部队乃至单个装备,横向集保障机关、使用分队和仓库,集装备技术状况实时感知、信息网络传输、数据智能处理、专家辅助决策以及地理信息集成应用等功能于一体,可有效提升部队基于信息系统的成体系装备维修保障能力。

当前的问题是,如何跨机关、跨部门,打通从使用分队到保障机关、仓库、装备生产单位、决策机构,最后有效地建立装备管理保障的平台。

2.2.7 军民融合起步晚

随着科技革命和新军事变革的加速发展,世界各国都越来越重视军队后勤(装备)保障和社会资源的融合。欧美发达国家都在逐步收紧后勤的规模,更加强调用民力来弥补军队后勤力量和资源的不足,并在近年的局部战争中发挥了重要作用。

物联网起源于民用技术,可以为军民融合发展提供重要支撑。军队物联网建设只有纳入国家建设的统一轨道上来,以国家为依托,才能实现进一步的发展。要适应未来物联网建设和军队信息化建设的双重需求,必须有计划、有步骤地进行相关建设。随着民用物联网技术的不断发展和应用,军队应当充分吸收成熟的民用技术成果,在装备保障物联网建设中应用已经成熟的物联网技术,为装备管理保障的运行提供强有力的技术支撑。

在物联网技术逐步发展和成熟的过程中,要着力研究基于物联网模式的军民融合保障措施,并逐步投入实际应用。按照循序渐进、边研究边建设的思路进行探索,有效地将物联网和军队后勤与装备保障结合起来。

2.2.8 人才建设欠复合

在加快转变装备保障能力生成模式的诸多要素中,人是最关键、最活跃、最具有决定性的因素。随着物联网技术大量应用于军事领域,人的因素在战斗力生成中的作用不但没有降低,反而更加突出。未来智能化战场上,掌握新一代信息技术和专业素养的人才将发挥至关重要的作用。

物联网式的装备保障不仅需要精通装备维修保养的人才,而且需要掌握物联网技术、管理能力的复合型人才。这就决定了人才培养不能局限于某一个领域,要向复合型人才培养模式转变。

如何培养精通物联网技术的装备保障人才,使装备保障部分队掌握联合作战装备保障的知识、学习先进的装备保障物联网所需要的各种先进技术,是物联网技术应用在装备保障体系的同时必须深入考虑的问题。

2.3 装备保障信息化建设举措

随着现代科学技术和军事理论的发展,信息化联合作战已成为未来作战的主要发展方向。装备保障作为信息化作战的重要保障和支撑,必须紧跟信息技术的发展方向,加快信息化建设步伐,在未来联合作战装备保障中达成精确化保障的目标。

2.3.1 坚持理论创新,增强装备保障信息化建设的科学性

加强对外军数字化部队、C^4ISR系统、数据链、全资产可视化系统、指挥信息系统等信息化装备建设的跟踪研究,探索信息化发展规律,寻求借鉴启示,超越关键性的发展环节,总结信息化建设理论方法。在此基础上,深入研究信息化战争的特点和规律、信息化装备的应用,分析装备发展趋势,确立装备保障信息化

建设的指导思想、基本原则和方式方法。以提高信息化条件下装备保障核心能力为根本目的，尽快建立科学的装备保障信息化建设理论体系。

2.3.2 加强系统改造，实现装备保障信息化建设的新跨越

按照反应灵敏、指挥顺畅、管理科学、保障精确、综合高效的要求，充分发挥信息技术在装备保障体系集成和改造重塑中的主导作用，聚合保障要素，优化组织结构，整合保障资源，加快构建信息化装备保障体系。首先，从全军信息化装备保障体系构建的视角搞好顶层设计。我军装备保障信息化建设要从全局出发做好整体设计，依据信息化战争的特点和规律来规划装备保障体系结构，紧紧围绕提高打赢信息化条件下局部战争能力，紧贴军事斗争装备保障需求，科学确立信息化建设的方向、重点和途径，准确把握资源投向投量，确保建设成效向精确化联合保障能力聚焦。其次，以系统的观念建立装备保障指标测评体系。建立完善装备保障指标测评体系，把指标体系建设作为推进装备保障信息化建设的一项战略决策来抓。加大基础建设力度，抓好装备保障系统的综合集成，依据国情、军情制定科学合理的装备保障建设发展战略，坚持同国家信息化建设、军队信息化建设相融合，实现装备保障信息化建设快速、协调发展。最后，以装备保障信息为牵引转变保障能力生成模式。充分发挥信息在装备保障能力生成中的主导作用，以信息化保障手段建设为支撑，以信息化保障人才培养为保证，利用信息的链接与倍增作用，促进装备保障能力生成，由主要依靠机械化建设向主要依靠信息化推进、由主要依靠单要素建设向主要依靠综合集成、由主要依靠规模扩张向主要依靠体系优化的方向转变。

2.3.3 强化信息优势，完善装备保障信息资源管理体系

建立完善的装备信息资源管理体系，是充分发挥各类信息资源作用的保障，是装备快速形成战斗力和保障力的基础。首先，建立完善的装备信息采集制度。信息采集是信息资源管理工作的基础，信息化装备保障的信息采集量大、结构复杂、涉及单位多，采集难度大。通过建立科学有效的信息采集制度，规范信息采集的种类、范围、实效、采集单位和个人的职责等，确保信息采集的质量。其次，建立完善的装备信息处理和存储制度。采集的各种装备信息，必须经过科学、规范的处理，才能提供给各级各类的装备信息使用者。在信息的处理和存储过程中，必须采取统一的技术标准和规范，信息处理和存储制度就是规范各类信息处理的标准和规范，从而确保信息的有效利用。最后，建立装备信息的共享制度。诸军兵种联合作战是在各种信息充分共享运用条件下的作战，装备信息是重要的联合作战与保障的信息资源。装备信息共享制度应当规范各类装备信息共享

的程度、共享的范围、共享的时间、共享的方式等要素。

2.4 物联网装备保障应用机理

机理是指为了实现某一特定的功能,一定的系统结构中各个要素内在的工作方式以及在一定环境条件下诸要素相互联系和作用的运行规则与原理,也指事物变化的理由与道理。装备保障信息化是综合运用以物联网技术为核心的现代网络信息技术和装备保障理论,围绕装备保障指挥、管理、通信、防卫等装备保障活动展开的,在装备保障各个领域广泛运用信息技术,发展改造装备检测、修理、供应等手段,开发利用装备保障信息资源,聚合重组装备保障要素,推进装备保障全面转型发展的过程。

装备保障信息化是以物联网技术为核心的信息技术在装备保障领域广泛应用的产物,是推动装备保障实现转型发展的根本动力。在一定意义上讲,装备保障的现代化就是在传统机械化战争装备保障的基础上实现装备保障的信息化。装备保障信息化的范围涉及整个装备保障体系的各个环节和各项保障活动,既涵盖装备从装备论证、生产到退役、报废的整个寿命周期,又贯穿平时"管、修、供、训、战"的业务管理、理论研究、人才培养等,还包括战时装备技术侦察、指挥、抢救抢修、防卫等各项保障活动。

装备保障信息化必须有相应的组织保障,使装备保障信息在整个保障体系中快速、顺畅地流动,为装备保障信息提供发挥其自身信息优势的平台。装备保障信息化的实现,重在对保障信息的转化与使用。装备保障信息化是一个不断深化保障观念、保障模式、保障手段和方法改革的一系列的动态变化的历史进程,离不开物联网技术的支撑。

2.4.1 物联网作用域分析

物联网作用于战争,并通过信息共享将物理域、信息域、认知域紧密地联系起来。其中,物理域是武器装备、信息设备、技术器材、保障行动、地理环境等存在和实施的空间,主要包括各类武器平台、保障环境、网络基础设施等,物理域的要素相比而言是最容易测量的,传统战争中对装备保障能力的评估大都发生在这一领域。信息域是信息存在和活动的领域,信息的产生、处理和共享都在这里,信息源于传感器直接观测以及人员与信息域之间的交互生成等,保障人员在此域中进行信息交流并实现保障信息的传送。认知域是参与者的感觉、认知、理解、决策、信念和价值观赖以生存的领域,包括领导能力、部队士气、经验水平、态势理解与认知、保障意图与决策等,在合适的时间,由恰当的人员共享具有正确格式的准确信息,并转化成科学的决策是认知域最重要的特征。

物联网技术使"人、信息、物理世界"高度一体化的理念得到了实现,并促进了认知域、信息域和物理域的链接与融合。在部队装备信息共享的物联网体系中,被采集的信息通过信息共享提供给信息使用者,再由信息使用者根据反馈信息对采集对象进行控制,形成一个信息共享的完整闭合回路。从战争领域的角度可以将物联网体系分为物理感知层次、网络传输网络层次和服务应用层次,如图2-1所示。

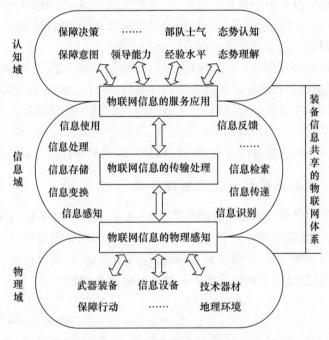

图2-1 部队装备信息共享的物联网体系与战争域的关系

(1)物理感知层次。物理感知层次是连接物理域和信息域的重要纽带,其主要功能是对物理域中的保障实体和保障行动信息进行感知与采集,主要包括各类感知、识别与传感等设备。在装备保障领域,物理域内活动的是各类作战、保障及网络通信平台设施,而信息域内活动的是装备的实力、战术技术性能、业务流程、保障人员交互等信息,物理感知层次通过信息采集设备,将物理域的实体活动转化成了可供物联网共享的信息。

(2)网络传输层次。网络传输层次的主要功能是为物联网内各层信息传输与共享提供通信服务,主要包括信息汇聚的感知网、信息传输与共享的各类通信网络及特殊业务应用的专用网络。网络传输作用于信息域,是物联网信息共享的手段,通过网络传输既可以实现信息的融合、共享、应用分析等,也可以实现装备保障态势的整体感知,为形成装备保障的认知提供必要条件。

(3)服务应用层次。服务应用层次的主要功能是对各类装备及保障信息进行加工、处理,并储存在服务器中,为各类保障应用提供信息支撑。服务应用层次是物联网链接信息域与认知域的平台,通过信息挖掘、云计算、虚拟现实技术等智能化决策手段,对存储在服务应用层的各类信息资源进行综合分析,并提出各类决策方案的量化评估指标,供决策人员进行科学决策。在这个过程中,装备保障人员通过信息分析的累积形成科学、理性的认识,是把信息域内的信息转化成认知域内的认知的过程;根据认知做出科学的决策,又是将认知域内的认知再次转化成物理域内的装备实体的保障行动的过程。

信息域是链接物理域与认知域的纽带,而物联网技术就是这个纽带的实现方式,通过信息把物理域中的保障实体和保障行动与认知域中的保障观念、保障经验、文化素养、决策水平联系起来,实现思维对行动的科学指导。部队装备信息共享的物联网的主要功能是通过物与物、人与物之间的通联,实现信息快速、有效、准确的传递,为装备信息管理与保障行动提供科学化的技术支持。

2.4.2 装备保障能力生成机理分析

探索基于信息共享的装备保障能力生成机理,在军事斗争准备中遵守与运用,对于装备保障能力更好地生成与发挥具有重要作用。形成装备保障能力需要充分挖掘各保障力量、保障要素、保障信息环境等潜力,通过信息共享来获取装备保障的信息优势,形成更为强大的装备保障能力,如图2-2所示。

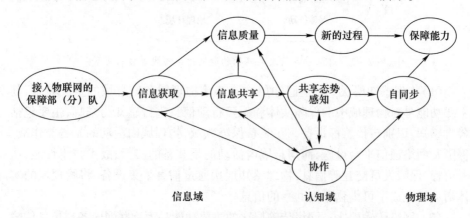

图2-2 基于信息共享的装备保障能力生成机理

在战场装备保障中,保障部(分)队通过物联网可以实现信息共享,同时还可以将自身获取的信息作为共享资源提供给物联网内的其他使用单位,其中信息获取、信息传输、信息共享都会影响信息的质量和共享态势感知的效果,共享态势感知使保障协同和自同步得以实现,从而大大提高了装备保障的信息优势,提高了装备保障指挥的效率,最终实现装备保障能力的提升。

通过物联网技术提高保障部(分)队在信息共享协作、信息质量以及态势感知等方面的能力,并以此提高装备保障效能。我军对体系保障能力研究起步较晚,虽然理论尚处于探讨之中,然而普遍形成的共识是生成体系保障能力关键在于利用信息系统的联通性、渗透性和融合性实现能力的聚合,核心在于突出信息的主导作用。

1. 装备保障信息融合

从系统论的角度分析,装备保障能力的生成是系统整体涌现性的表现。而装备信息系统产生整体涌现性的根源在于信息优势的集成,以信息作为主导,使各个保障要素相互关联、融合,以支持保障决策的科学性和精确性,从而最终形成更加强大的体系保障能力。信息力主导下的保障能力生成如图2-3所示。

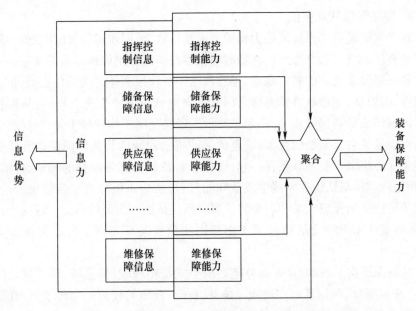

图2-3 信息力主导下的保障能力生成示意图

强有力的物联网技术支撑是生成体系保障能力的倍增器,通过物联网技术支撑的信息系统使分布在战场空间的各类保障实体(包括传感器、武器装备、保障物资、保障部(分)队、指挥人员等)被有效地联结起来,形成一个具备体系保障能力的整体。通过高度的信息融合,各类保障实体逐渐由被动式的命令保障向主动式的"感知与响应保障"方式转变,将装备保障指挥控制、储备保障、供应保障、维修保障等能力进行优化组合,形成精确、高效的保障行动,以及快捷的信息反馈方式,实现体系保障能力的生成。

2. 装备保障功能耦合

功能耦合是通过装备信息服务的综合运用,使体系保障能力各构成要素的主要功能彼此影响,相互联合起来,实现功能互补、效能倍增。依托信息服务系统,将实时感知、态势分析、指挥控制、精确保障以及战场机动等各组成要素的功能进行有机组合,保持功能上良好的整体性和周密的协调性,实现功能上的协调互补,使装备作战保障效能倍增。

功能耦合强调着眼于整体效益,将各种资源综合起来,使每个要素、环节都能高度协调、平衡发展,从而实现各种保障力量最大限度地黏合在一起,达成装备保障能力的最佳集成和聚合。融合集成是实现功能耦合、提高功能耦合水平的途径,具有低耗、高效的特点,这还需要从软技术方面着手,做好顶层设计。

3. 装备保障联动聚能

联动聚能是指体系保障能力构成要素整体联动、同步运行,使作战能力凝聚为一个整体,实现能力的聚合,并随时根据各种情况做出协调一致的反应。

各保障要素之间的整体联动,强烈依赖于各作战实体之间的信息流,信息的准确性、时效性、完整性等信息质量因素都会对认识域产生重大影响,从而作用于物理域形成装备保障能力,而信息质量因素又受制于物理域条件,同时物理域的活动信息又会反馈给信息域,信息的流动将物理域的装备保障活动和认知域的装备保障决策有效地联系在一起,通过对装备保障态势信息的感知、传输、存储、利用到理解与认识是实践形成认知的过程,从装备保障决策到信息传输,并作用于物理域的保障人员和各类装备器材是从认识到实践的转化。在这一过程中,各类实体和保障人员通过基于物联网的信息共享实现了装备保障能力的生成。

从更深层次上理解,体系保障能力的生成是物理域、信息域、认知域之间的一种"跨域耦合"的信息运作过程。信息运作过程中的任何一个环节出现问题,都会造成整个保障信息流程的混乱。图2-4描述了信息在信息化装备保障的作用域中循环运作的简单机理,旨在说明体系保障能力的生成是一个以信息为主导的"跨域耦合"的过程。

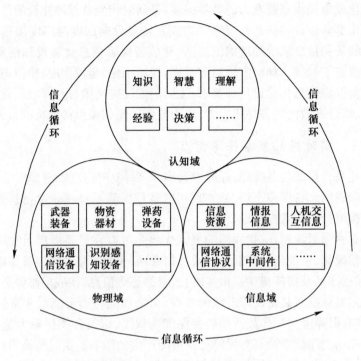

图2-4 域之间的信息循环

2.5 物联网装备保障应用需求

军队装备保障信息化建设的核心是运用信息系统,把各级各类保障力量、保障单元、保障要素有机地融合在一起,形成体系化的整体装备保障能力,而利用物联网技术将上述实体连接起来,实现保障对象、组织指挥机构、保障力量、保障要素之间的信息交流和共享,是有效提升体系保障能力的基本途径。在此基础上,构建一套时空统一、识别定位、计算处理、智能控制、信息共享等应用服务和运行机制,将全面增强装备状态感知、保障态势共享、智能指挥控制和精确可视保障等能力,有效提高装备保障效能。

在新一轮军事变革发展的趋势下,建立与发展精确保障、高效运行、快速反应的装备保障运行体系是打赢信息化战争,特别是取得局部战争胜利的重要保证。物联网发展的今天,构建完善的军事物联网体系已经成为我国提升军事保障能力的发展方向,日趋成熟的物联网技术为实现这一战略目标提供了切实可行的应用基础。提高装备保障信息化水平,转变装备保障能力生成模式,为我军打赢信息化战争提供坚强有力的装备保障,是新时代装备保障建设的战略任务。随着数字化部队建设和信息系统综合集成装备建设向深度与广度加速发展,大量信息化装备和信息系统陆续编配部队,对装备保障信息化建设和信息化装备维修保障奠定了基础。如何实现精细管理、视情维修、全域供应、模拟训练、智能指控等装备保障信息化建设目标要求,进而形成反应灵敏、指挥顺畅、管理科学、保障精确、综合高效的装备保障能力,成为装备保障领域亟待解决的重大课题。

2.5.1 实时感知装备保障需求

信息化联合作战装备保障,保障力量多元、保障空间广阔、保障时效性强,快速准确获取战场装备保障态势,是实现实时掌控保障态势、高效组织保障指挥、精确调控保障行动的前提条件。

与现有感知系统相比,物联网的最大优势是可以在更高层次上实现装备状态感知的精确化、系统化和智能化。通过物联网,实时采集战场装备保障需求信息,为作战指挥员及指挥机构提供实时、适量的态势信息,使战场态势更加透明。这些信息主要包括对装备保障现状的掌控、未来作战行动可能对装备保障提出的需求、现有保障能力对作战行动装备保障的程度,以及各类保障力量、保障资源所处的战场空间位置及其对保障行动可能产生的影响。实时而透明的装备保障态势,根据不同时节、不同层级的保障需求,产生包含各相关要素的状态、能力、需求详细信息的态势。从而使需求信息感知从传统的被动等待转变为主动获取,运用各种先进的信息采集、传输与处理技术,通过信息定制、推送服务,实时获取态势信息,有效保证态势信息的实时性和新鲜度,动态刷新保障态势。

2.5.2 精准调配装备保障资源

物联网可以把处理、传送和利用装备保障信息的时间,从以往的几小时乃至更长压缩到几分钟、几秒钟甚至同步,各汇聚节点将数据送至指挥机构,最后融合来自各战场的数据形成完备的战场态势图,给予指挥员新的电子眼和电子耳。在信息化战争中,信息的产生、处理、存储、传输和利用,决定着部队的行动、武器控制和战场态势。信息资源将成为信息化战争的重要物质基础,战争的胜负将主要取决于谁能实时控制和利用更多的信息资源。物联网在装备保障领域的广泛应用,可以在多种场合满足战场装备保障资源调控的实时性、准确性、全面性等需求,满足装备保障的"知己知彼"要求。

在装备保障业务上,各级业务管理部门通过各自业务管理信息系统与仓储、运输等系统的联网,以近乎实时的速度确定装备保障资源的位置和数量。根据部队装备保障资源消耗情况,适时制订采购计划和下发调拨补给计划,确保一线作战部队在更大范围内实现装备保障资源的调余补缺,最大限度地减少储备量,实现资源的精准调控。

2.5.3 有效调控装备保障行动

由于物联网技术可以实现物资装备之间的互联以及信息共享,这为精确化保障奠定了坚实可靠的基础,尤其是为战时指挥员快速定下决心、有效调控装备保障行动提供了可靠依据和参考。

物联网可以通过装备识别代码进行唯一性编码,从而实现对物品的实时追踪与信息共享。各级业务部门通过管理信息系统与维修、仓储、运输等系统的联网,对装备物资的运用快速做出决策,快速实施分配,准确掌握各类物资的静态和动态信息,以近乎实时的速度确定在用、在修、在运、在储等装备物资的准确地点和数量,运用物联网的实时追踪功能,将装备物资实现动态存储,更好地实现随时查找。同时,装备保障机构根据保障需求,适时制订调拨计划和维修方案,及时、就近征调最能满足需求的保障力量和保障资源,最大限度地实现前方需求与后方供给对接"零偏差",确保保障行动快速、精确实施,有效控制保障物资的准确性和可持续性,提高装备保障水平,发挥整体保障效益。

第3章　物联网装备保障应用系统架构及相关技术

现代战争是体系与体系对抗的具有鲜明智能化特征的信息化局部战争,呈现出作战力量多元化、样式多样化、时空一体化等特征。装备保障在战争中面临前所未有的挑战,及时精确的装备维修和装备物资供应是打赢信息化局部战争的关键。基于物联网技术,通过资源有机整合、要素高度集成、环节有效流畅,充分发挥装备保障的整体能力,实现装备保障横向一体、纵向一体和效益最大化,为现代战争提供精确高效的装备保障。

3.1　系统架构

根据物联网装备保障应用需求及作用机理分析,设计物联网装备保障应用系统架构。从物联网顶层结构设计出发,把物联网体系细分为采集层、接入层、承载层、支撑层和应用层,统一相关标准,建立安全防护体系,有利于解决目前各系统之间无法兼容和互联互通的难题,能有效提高系统的安全性、保密性和抗毁性,物联网装备保障应用系统架构如图3-1所示。

该系统架构重点分析了各物联网应用的共性技术特点和差异性,贯穿从感知层到接入层,网络层到支撑层,再到应用服务层的五层体系设计,更好地规范物联网从感知识别设备到网络传输手段,再到应用服务的立体发展,更好地体现统一系统架构下的融合衍生,产生更多的物联网应用服务,同时能够更好地为装备保障工作提供科学而全面的服务与相关决策,为解决应用场景多样化和分析决策等服务提供了有效的解决思路,同时实现了不同底层技术方案的组合和集成,屏蔽不同方案特别是感知层技术的差异性,并将各类感知信息按照统一的模式实现平台化、规范化,在统一的标准体系下推进装备保障的研究、开发、集成和应用。

装备保障涉及的装备类型品种多样、形态各异、性能不等,而且装备的业务流程复杂,既有存储又有运输,还有机动。因此,在装备保障体系中,为了对装备实现感知、定位、识别、计量、监控等,应用于装备保障需要信息采集技术、近程通

图 3-1 物联网装备保障应用系统架构

信技术、信息远程传输技术、海量信息智能分析和控制技术等相互配合与完善，其核心技术主要包括自动感知技术、自动监控技术、智能信息管理系统技术、云计算和大数据技术、数据挖掘技术等。借助这些先进的技术，实现装备保障物联网的多方面应用。

物联网技术应用于装备保障业务中,涉及装备的识别和状态的感知、感知信息的传输、平台的数据处理。

感知层属于物联网五层架构中的最底层,感知层通过二维码标签、RFID标签、摄像头、读写器、识别器、GPS/北斗定位、传感器、传感器网关等来识别装备并采集装备的位置、温度、湿度、振动、冲击、倾斜以及气压等需要被监控的状态、环境变量等。

感知层采集的数据通过无线网络和有线网络传输到上位机、数据中心、云平台。信息传输技术按照介质的形态可分为有线传输技术和无线传输技术。有线传输技术主要包含传统信息技术的一些光纤信息传输技术、同轴电缆、双绞线等,以及各种工业现场总线;无线传输技术是物联网传输技术中比较重要的环节,主要解决了传感节点"最后一千米"的问题。

信息采集到云端服务器/数据中心/上位机后,需要进行存储、数据加工、数据挖掘、大数据分析、故障诊断以及信息融合等,将需要的实时状态或者结果通过各种适当的展示技术展现出来,最终实现感知的信息为人所用。

3.2 感知层及相关技术

感知层是物联网系统的"感官系统",是物联网实现的基础。感知层的主要作用是通过感知技术采集各类基础信息,为系统提供最初的信息来源,将装备保障的物理域和信息域融合起来,真正实现物理世界认知层次的升华。

感知层的目标是为装备保障工作提供更加透彻、更为全面、真实实时的信息感知服务。感知层涉及的技术众多,主要包括传感器技术、射频识别技术、二维码、定位技术、生物特征识别等。

3.2.1 传感器技术

传感网络主要通过各种类型的传感器对物体的物质属性、环境状态、行为态势等静/动态的信息进行大规模分布式的信息获取与状态辨识,实现装备、资源和保障力量的身份识别与定位,以及战场、装备、环境等状态感知。针对具体感知任务,通常采用协同处理的方式对多种类、多角度、多尺度的信息进行在线或实时计算,并与网络中的其他单元共享资源进行交互与信息传输,甚至可以通过执行器对感知结果做出反应,对整个过程进行精准控制。感知层包括各种信息感知设备和智能感知子系统,包括无线传感器网络、无线多媒体传感器网络(Wireless Multimedia Sensor Network,WMSN)、射频识别、北斗/GPS等,主要采用的设备是装备了各种类型传感器(或执行器)的传感网节点和其他短距离组网设备(如路由节点设备、汇聚节点设备等),主要的功能和作用是完成信息采集和信号处理工作。

装备保障物联网应用感知层需要根据不同的装备类型设计不同的传感节点,传感节点根据装备的管理保障要求采集相应的状态信息、位置信息等。

传感节点由各环境参数传感器、输入输出(信号调理)、通信模块、处理器及供电电池等模块组成。每个传感节点可对对应类型装备的状态进行实时监测,并将检测到的数据传输到数据采集网关。传感节点原理如图3-2所示。

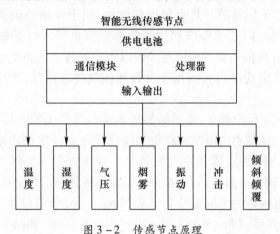

图3-2 传感节点原理

传感器是一种检测装置,能感受到被测量的信息,并能将感受到的信息按一定规律变换成为电信号或其他所需形式的信息输出,以满足信息的传输、处理、存储、显示、记录和控制等要求。它是实现自动检测和自动控制的首要环节。

智能传感器(Intelligent Sensor)是具有信息处理功能的传感器。智能传感器带有微处理机,具有采集、处理、交换信息的能力,是传感器集成化与微处理机相结合的产物。一般智能机器人的感觉系统由多个传感器集合而成,采集的信息需要计算机进行处理,而使用智能传感器可将信息分散处理,从而降低成本。与一般传感器相比,智能传感器具有以下三个优点:一是通过软件技术可实现高精度的信息采集;二是具有一定的编程自动化能力;三是功能多样而且成本低廉。智能传感器的主要功能如下:

(1) 具有自校零、自标定、自校正功能。
(2) 具有自动补偿功能。
(3) 能够自动采集数据,并对数据进行预处理。
(4) 能够自动进行检验、自选量程、自寻故障。
(5) 具有数据存储、记忆与信息处理功能。

（6）具有双向通信、标准化数字输出或者符号输出功能。
（7）具有判断、决策处理功能。

3.2.2 射频识别技术

物联网主要涉及电子标签、传感器、芯片及智能卡三大领域，而在对传感网技术的开发和市场拓展中，非常关键的技术是 RFID 技术。

RFID 系统主要由：电子标签（Tag）、读写器（Reader）和天线（Antenna）三部分组成。其中，电子标签芯片具有数据存储区，用于存储待识别物品的标识信息；读写器是将约定格式的待识别物品的标识信息写入电子标签的存储区中（写入功能），或者在读写器的阅读范围内以无接触的方式将电子标签内保存的信息读取出来（读出功能）；天线用于发射和接收射频信号，往往内置在电子标签和读写器中。

RFID 技术的工作原理是：电子标签进入读写器产生的磁场后，接收解读器发出的射频信号，凭借感应电流所获得的能量发送出存储在芯片中的产品信息（无源标签或被动标签），或者主动发送某一频率的信号（有源标签或主动标签）；解读器读取信息并解码后，送至中央信息系统进行有关数据处理。

RFID 按应用频率的不同可分为低频（Low Frequency，LF）、高频（High Frequency，HF）、超高频（Ultra High Frequency，UHF）、微波（Microwave，MW），相对应的代表性频率分别为低频 135kHz 以下、高频 13.56MHz、超高频 860～960MHz、微波 2.4～5.8GHz。目前，实际 RFID 应用以低频和高频产品为主，但超高频标签因其具有可识别距离远和成本低的优势，未来将有望逐渐成为主流。

3.2.3 二维码

二维码是指在一维码的基础上扩展出另一维具有可读性的条码，使用黑白矩形图案表示二进制数据，被设备扫描后可获取其中所包含的信息。一维码的宽度记载着数据，而其长度没有记载数据。二维码的长度、宽度均记载着数据。二维码有一维码没有的"定位点"和"容错机制"。容错机制在即使没有辨识到全部的条码或是说条码有污损时，也可以正确地还原条码上的资讯。二维码技术是在一维码基础上发展而来的。

二维码的种类很多，不同的机构开发出的二维码具有不同的结构以及编写、读取方法。常见的二维码有 PDF417 码、QR 码、龙贝码、汉信码、颜色条码、Quick Mark Code 等，其中具有我国自主知识产权的有龙贝码和汉信码等。

二维码的主要优点如下：

（1）高密度编码，信息容量大。可容纳多达 1850 个大写字母或 2710 个数字或 1108 个字节或超过 500 个汉字，比普通条码信息容量高几十倍。

（2）编码范围广。二维码可以把图片、声音、文字、签字、指纹等数字化的信息进行编码，用条码表示出来，可以表示多种语言文字，也可表示图像数据。

（3）容错能力强。二维码具有纠错功能：当二维码因穿孔、污损等引起局部损坏时，依然可以正确识读，损毁面积达 50% 仍可恢复信息。

（4）译码可靠性高。二维码比普通条码译码错误率百万分之二要低得多，误码率不超过千万分之一。

（5）可引入加密措施。保密性、防伪性好。

（6）成本低，易制作，持久耐用。

3.2.4 定位技术

定位技术作为物联网中的位置感知技术，是物联网感知装备、物资和人员的位置及其移动信息，进而分析其地理位置、相对位置、空间位置关系的技术。定位技术已广泛应用于装备保障领域，对提高装备保障能力，增强装备保障机动性能起到了至关重要的作用。定位技术包括卫星定位、无线电波定位、传感器节点定位、RFID 定位、蜂窝网定位等。

北斗卫星定位导航系统是我国自行研制的全球定位系统，将导航定位、双向数据通信和精密授时结合在一起，可提供北斗精密星历和卫星钟差、参考站精密坐标和速度、地球定向参数等，用于控制测量、地理信息采集、快速机动等领域。

3.2.5 生物特征识别

生物特征识别（Biometric Identification Technology）是利用人体生物特征进行身份认证。人的生物特征包括生理特征和行为特征。生理特征有指纹、手形、面部、虹膜、视网膜、脉搏、耳廓等，行为特征有签字、声音、按键力度、特定操作时的特征等。生物特征识别基于人的生物特征不同，并且可以通过测量或自动识别进行验证的理论基础，包括采集、解码、比对和匹配等过程。

随着信息技术的迅速发展，对人的身份识别的难度和重要性越来越突出，基于生物特征的身份识别具有稳定、便捷、不易伪造等特点，能够提高人员身份辨识的准确性，增强信息的安全性。

3.3 接入层及相关技术

接入层主要由基站节点或汇聚节点和物联网接入网关等组成，完成末端各节点的组网控制和数据融合、汇聚，或者完成末梢节点下发信息的转发等功能，实现自组织网络和协同信息处理,主要包括短距离传输技术、自组织网络技术、协同信息处理技术、分布信息处理技术、传感器中间件技术、异构网接入技术等。当末梢节点之间完成组网后,如果末梢节点需要上传数据,则将数据发送给基站节点,基站节点收到数据后,通过接入网关完成与承载网络的连接;当应用层和支撑层需要下载数据时,接入网络由收到承载网络的数据后,由基站节点将数据发送给末梢节点,从而完成末梢节点与承载网络之间的信息转发与交互。

3.3.1 无线传感网络

无线传感器网络是由大量静止或移动的传感器以自组织和多跳的方式构成的无线网络,以相互协作方式感知、采集、处理和传输网络覆盖地理区域内被感知对象的信息,并最终把这些信息发送给网络的所有者。

无线传感器网络具有众多类型的传感器,可探测包括地震、电磁、温度、湿度、噪声、光强度、压力、土壤成分、移动物体的大小、速度和方向等周边环境中的多种现象。潜在的应用领域可以归纳为军事、航空、防爆、救灾、环境、医疗、保健、家居、工业、商业等。

传感器网络实现了数据的采集、处理和传输三种功能。它与通信技术和计算机技术共同构成信息技术的三大支柱。传感器网络系统通常包括传感器节点、汇聚节点和管理节点。大量传感器节点随机部署在监测区域内部或附近,能够通过自组织方式构成网络。传感器节点监测的数据沿着其他传感器节点逐跳地进行传输,在传输过程中监测数据可能被多个节点处理,经过多跳后路由到汇聚节点,最后通过互联网或卫星到达管理节点。用户通过管理节点对传感器网络进行配置和管理,发布监测任务以及收集监测数据。

1. 传感器节点

传感器节点的处理能力、存储能力和通信能力相对较弱,通过小容量电池供电。从网络功能上看,每个传感器节点除了进行本地信息收集和数据处理外,还要对其他节点转发来的数据进行存储、管理和融合,并与其他节点协作完成一些特定任务。

2. 汇聚节点

汇聚节点的处理能力、存储能力和通信能力相对较强,它是连接传感器网络与 Internet 等外部网络的网关,实现两种协议间的转换,同时向传感器节点发布来自管理节点的监测任务,并把 WSN 收集到的数据转发到外部网络上。汇聚节点既可以是一个具有增强功能的传感器节点,有足够的能量供给和更多的 Flash 和静态随机存取存储器(Static Random Access Memory,SRAM)中的所有信息传输到计算机中,通过汇编软件,可很方便地把获取的信息转换成汇编文件格式,从而分析出传感器节点所存储的程序代码、路由协议及密钥等机密信息,同时还可以修改程序代码,并加载到传感器节点中。

3. 管理节点

管理节点用于动态地管理整个无线传感器网络。传感器网络的所有者通过管理节点访问无线传感器网络的资源。

由于 WSN 使用无线通信,其通信链路不像有线网络一样可以做到私密可控,因此在设计传感器网络时,更要充分考虑信息安全问题。手机 SIM(Subscriber Identification Module)卡等智能卡,利用公钥基础设施(Public Key Infrastructure,PKI)机制,基本满足了电信等行业对信息安全的需求。同样,亦可使用 PKI 来满足 WSN 在信息安全方面的需求。其主要体现在以下几个方面:

(1) 数据机密性。数据机密性是重要的网络安全需求,要求所有敏感信息在存储和传输过程中都要保证其机密性,不得向任何非授权用户泄露信息的内容。

(2) 数据完整性。有了机密性保证,攻击者可能无法获取信息的真实内容,接收者也不能保证其收到的数据是正确的,因为恶意的中间节点可以截获、篡改和干扰信息的传输过程。通过数据完整性鉴别,可以确保数据传输过程中没有任何改变。

(3) 数据新鲜性。数据新鲜性是强调每次接收的数据都是发送方最新发送的数据,以此杜绝接收重复的信息。保证数据新鲜性的主要目的是防止重放(Replay)攻击。

(4) 可用性。可用性要求传感器网络能够随时按预先设定的工作方式向系统的合法用户提供信息访问服务,但攻击者可以通过伪造和信号干扰等方式使传感器网络处于部分或全部瘫痪状态,破坏系统的可用性,如拒绝服务(Denial of Service,DoS)攻击。

(5) 鲁棒性。无线传感器网络具有很强的动态性和不确定性,包括网络拓扑的变化、节点的消失或加入、面临各种威胁等,因此,无线传感器网络对各种安全攻击应具有较强的适应性,即使某次攻击行为得逞,该性能也能保障其影响最小化。

(6) 访问控制。访问控制要求能够对访问无线传感器网络的用户身份进行确认,确保其合法性。

3.3.2 信息融合技术

信息融合是利用计算机的计算能力对由若干传感器采集的具有时空特性的数据在一定规则指导下进行自动的综合处理,以实现对特定任务的全面推理和评估的处理过程。信息融合将通过采集获取的数据信息进行分析,在保证一定数据质量的情况下,发现某些事物之间的联系和规律。

(1) 根据数据信息源之间的关系可以将信息融合分为:

① 互补融合。多角度、多方面、多方法地观测所采集到的数据信息并进行累加,得到比单一方法或角度更丰富、更完整的数据信息的过程。

② 冗余融合。当多个数据源提供了相同或相近的数据信息时,融合冗余的数据信息,从而得到较为精炼的数据信息的过程。

③ 协同融合。多个独立数据源所提供的数据信息,进行综合的分析,产生出一个更加复杂、更加准确的新的数据信息的过程。

(2) 根据数据信息抽象层次关系可以将信息融合分为:

① 数据级融合。直接对观测原始数据应用融合计算,由于底层数据饱含最多的信息量,使其融合结果失真度小,融合结果质量更佳。但由于是原始数据,在其中也存在大量冗余信息和不确定性,融合计算较为困难,是低层次的融合。

② 特征级融合。首先,完成对观测原始数据特征的选择;其次,对基于这些特征进行综合的分析。特征级融合可通过特征的约简来实现对数据的化简,利于高效计算,属于融合的中间层次。

③ 决策级融合。根据特定的原则所实现的高层次的优化决策推理过程。

物联网环境下的多源异构信息融合是在多传感器信息融合方法基础之上,进一步适应物联网的特点而发展起来的。物联网环境下的多源异构信息融合继承了多传感器网络数据融合的特点,还以解决多源异构等问题为主要目标。

物联网多源异构信息融合体系结构是对适应物联网特点的信息融合过程的全局性的诠释,具有重要的指导作用。从数据演化过程及功能来看,物联网信息融合可以分为四个阶段:采集原始数据、数据抽象、数据集成与融合、特征抽象。

1. 采集原始数据

物联网系统全面感知是以底层各类型感知设备对物理世界事物观测所产生的数据为起点的。这些数据往往只是针对某个物理现象或事件,如环境温度、大气湿度、车辆速度信号、重量信息等,特定感知设备产生的由模拟信号转化为数字信号,然后根据特定的原则,进一步解析为一个人类通用的量值。此时的数据还是比较粗糙的,在一般情况下,还不能完全体现出一些人类或机器可理解的含义。

这些数据往往以分布式的方式,由观测设备的部署者进行存储和维护。这些数据在通信网络内传输时,在保证可靠性前提下,可以根据某些特点进行网内数据的汇聚融合处理,这样可以降低网内数据传输量,有利于节省能耗,延长网络使用。为了保证信息融合的质量,原始粗糙数据在信息融合初期需要进行预处理,包括对数据的正确解析、过滤噪声数据、对数据的不完备性处理等。

2. 数据抽象

首先,针对特定应用服务的需求及采集到数据的特点,定制相应的观测语义描述模型,即模式层(Schema Level)。其次,按照相应的模式层描述模型,对物联网底层采集的原始数据进行元数据注释和关联数据的连接,以实例形式(Instance Level)与模式层描述模型完成映射,实现从观测原始数据到观测信息的抽象。面向观测的语义关联数据形式是数据抽象的结果。关联数据是以统一资源标识符(Uniform Resource Identifier,URI)命名的数据资源,并通过 HTTP 协议以资源的形式在互联网上访问的数据,通常以资源描述框架(Resource Description Framework,RDF)形式表示。这种关联数据形式的物联网数据通过关联关系不仅可以完成内部数据关联,还可以对外部的数据进行关联,使得物联网感知来的原始数据不只是孤立地存储在某个数据管理中的数据孤岛。它是实现物联网成为基于信息、资源相互连接的内容网络的基础,也为物联网信息融合提供一种通用且简单有效的分布式数据搜索与访问方式。

高层的语义描述模型(Semantic Description Model),可以使数据具有一定程度的机器可理解的含义。物联网数据是以时间和空间为特征的流数据形式,观测数据关联观测时间、地点以及其他有助于体现该观测数据实际意义的数据信息,有利于机器更好地理解所观察和监控的客观事物的实际情况。目前,在语义描述模型方面的研究包括:开放地理联盟(the Open Geographical Consortium,OGC)主要研究基于观测与测量的传感器网络数据通用模型构建;万维网联盟(World Wide Web Consortium,W3C)、语义传感器网络(Semantic Sensor Network,SSN)不仅提出了基于观测与测量的数据通用本体模型构建,而且构建了通用的传感器及传感器网络资源本体描述模型、物联网实体模型等。

3. 数据集成与融合

数据集成与融合阶段最重要的任务是能够实现多源数据集成、异构数据映射及数据融合计算。这部分工作耦合性非常强,经常因难以区分而被看作一个整体。

多源数据集成不仅包含对采集的关于客观世界的数据自身的集成,而且还包含与外部其他数据、信息、知识的无缝集成。与多传感器数据融合模型中配准与对准的目的有些类似,这里的多源数据集成能够通过与数据相关联的信息,如时间、空间及其他关联特征完成对所需多源数据的检索与汇聚。数据抽象后的观测关联数据是以资源形式存在的。

物联网数据在经过数据抽象以后,可能面临数据描述异构性的问题。数据描述的异构性是指在数据抽象时所使用的本体描述模型不同,产生的数据也不能互操作。目前,解决异构数据映射问题的研究:一方面,是对所有的物联网数据、服务及客观事物建立一个全局统一的资源描述模型,所有的物联网数据都使用统一的描述模型完成数据抽象,这样一来,物联网中的描述异构性问题就自然地迎刃而解了。这种方法的优点在于,它从根本上解决了描述模型的异构问题。然而,这种方法也面临诸多挑战:首先,这些描述模型都是基于某些个体即人,对某些客观事物及其规律的认识,易带有主观性,很难达成一致性意见;其次,各类物联网应用服务都具有各自特点和需求,建立一个能够包罗万象的描述模型是十分困难的;最后,对于现有的已开发的物联网大量应用而言,推广与实施也是十分困难的。另一方面,假定物联网数据由相应管理者各自定义描述模型,承认描述模型异构性的自然存在。在这种情况下,人们通常的解决办法有两大类:一是通过与更高级的描述模型相关联,使处于低级的多个描述模型之间建立映射关系,从而解决异构性问题;二是对本体描述模型进行分析,找出描述模型之间的相似点与一致点,去除不一致性,直接进行匹配与映射。这种方法,优点是易于推广,允许定义各自特定的描述模型,对物联网应用服务的开发限制较小;缺点是计算结果的质量难以保证,很多情况下,这些特定场景的计算精度取决于计算方法的选取、对多个不同描述模型的理解,以及对用来进行匹配计算的相关知识的选择。

数据融合是指采集的多源观测数据,能够通过相应智能处理算法进行融合计算,得到对这些数据值的适当分析、概括与估计。这个阶段的数据融合以算法为重点,以数据值计算为手段,与多传感器数据融合算法及功能相一致。物联网观测数据是以时空为特征的数据流,在应用服务时效性需求较高时,需要运用时效性好的融合算法,对所集成的数据进行近实时的融合计算。数量庞大的数据融合方法也是物联网中数据融合需要重点攻关的问题之一。

4. 特征抽象

特征抽象是指将基于观测语义描述的数据,结合所观测对象的领域知识进行推理,完成对观测事物或者其特征的抽象表示以及综合的情境感知。事物特征抽象是指根据所观测的事物或现象的特征对所观察的目标进行虚拟化表示。情境感知是基于上下文情境对所观测对象的全面抽象及综合态势分析。特征抽象与多传感器数据融合中的特征级融合与决策级融合的目的相类似,但这里的特征抽象主要通过基于领域知识的语义推理来完成。语义推理是语义技术所带来的逻辑推理能力。领域知识可以来自专家专门构建的"智件",也可以从互联网上的信息或历史数据中抽取相关知识,抽象得到的特征仍然是以关联数据形式存在的。

3.4 网络层及相关技术

网络层是核心承载网络,承担物联网接入层与应用层之间的数据通信任务,是数据传输的主要通道。网络层是物联网应用系统信息传递和处理的核心,物联网应用对于网络的复杂性和诸多安全因素考虑,在多重异构的承载网络之上,如移动通信网、卫星通信网、综合信息网、作战指挥网、无线广域网、战术互联网、野战地域网等。通过不同网元管理、业务分组管理、服务质量(Quality of Service,QoS)保障技术等,更好地结合物联网应用业务数据特点(短报文为主的数据业务和视频流媒体业务),通过物联网安全在网络传输上的特点,部署相应的差异化的网络安全服务。其主要功能是利用移动通信网络、无线军用网络、卫星通信网络等基础网络设施,对来自感知层的信息进行接收和发送,完成协议转换、异构网络融合等复杂处理,将数据安全、可靠、快速地传输到数据中心或感知层设备。

传感层感知获得了装备的状态参数、环境变量等信息后,通过有线和/或无线数据链路,及时将信息传输到装备管理保障数据中心。作为装备保障的信息传输层,需要有足够的安全措施,数据加密、防火墙、抗电子干扰等,要能够满足足够的安全性、保密性,防止窃听、干扰,不仅要满足和平时期维护保障的要求,更要满足战时恶劣条件下的可靠保障。

传输层主要分为有线和无线两种通信方式。有线通信技术可分为短距离的现场总线(Field Bus)和中、长距离的广域网(Wide Area Network,WAN)(包括PSTN(Public Switched Telephone Network)、ADSL(Asymmetrie Digital Subscriber Line)和HFC(Hybrid Fiber Coax)数字电视Cable类)两大类。无线通信技术主要有RFID、蓝牙(Bluetooth)、Wi-Fi、微波、超宽带(Ultra Wide Band,UWB)、3G/4G/5G等。

有线通信方式和无线通信方式对物联网产业来说同等重要,且有互相补充作用。有线通信技术相对成熟稳定,无线通信技术还在蓬勃发展阶段。随着网络及通信技术的飞速发展,人们对无线通信的需求越来越大,也出现了许多无线通信协议。本书对目前使用较广泛的蓝牙、802.11(Wi-Fi)和红外数据标准协会(Infrared Data Association,IrDA)无线协议分别进行阐述,比较它们在技术上的异同点,并讨论在选择、使用这些技术时应注意的问题,对较具发展潜力的新无线技术标准UWB、ZigBee、NFC也进行了阐述。

3.4.1 短距离通信

1. 802.11

802.11(Wi-Fi)定义的设备类型有两种:一种是无线站,通常是通过一台PC机加上一块无线网卡构成的;另一种称为无线接入点(Access Point,AP),它的作用是提供无线和有线网络之间的桥接。一个无线接入点通常由一个无线输出口和一个有线的网络接口(802.3 接口)构成,桥接软件符合 802.1d 桥接协议。接入点就像是无线网络的一个无线基站,将多个无线的接入站聚合到有线的网络上。无线的终端可以是 802.11 个人电脑存储卡国际协会(Personal Computer Memory Card International Association,PCMCIA)卡、PCI(Periphere Component Interconnect)接口、ISA(Industrial Standard Architecture)接口的,或者是在非计算机终端上的嵌入式设备(如 802.11 手机)。

最初的 IEEE802.11 规范是在 1997 年提出的,称为 802.11b,主要目的是提供无线局域网(Wireless Local Area Network,WLAN)接入,也是目前 WLAN 的主要技术标准,工作频率是 2.4GHz,与无绳电话、蓝牙等许多不需频率使用许可证的无线设备共享同一频段。起初,Wi-Fi 元件昂贵,兼容性不好,安全性也不能令人满意。随着时间推移,这些问题逐步得到解决,且随着 Wi-Fi 协议新版本,如 802.11a 和 802.11g 的先后推出,Wi-Fi 的应用越来越广泛。

802.11 定义了两种模式:Infrastructure 模式和 ad hoc 模式,在 Infrastructure 模式中,无线网络至少有一个和有线网络连接的无线接入点,还包括一系列无线的终端站。这种配置成为一个基本服务集合(Basic Service Set,BSS)。一个扩展服务集合(Extended Service Set,ESS)是由两个或者多个 BSS 构成的一个单一子网。由于很多无线的使用者需要访问有线网络上的设备或服务(文件服务器、打印机、互联网链接),它们都会采用这种 Infrastructure 模式。

802.11 最初定义的三个物理层包括了两个扩散频谱技术和一个红外传播规范,无线传输的频道定义在 2.4GHz 的 ISM 波段内,这个频段,在各个国际无线管理机构中,如美国的 USA、欧洲的 ETSI 和日本的 MKK 都是非注册使用频段。这样,使用 802.11 的客户端设备就不需要任何无线许可。扩散频谱技术保证了 802.11 的设备在这个频段上的可用性和可靠的吞吐量,这项技术还可以保证同其他使用同一频段的设备不互相影响。

802.11b 在无线局域网协议中最大的贡献就在于它在 802.11 协议的物理层增加了 5.5Mb/s 和 11Mb/s 两个新的速度。为了实现这个目标,直接序列扩频(Direct Sequence Spread Spectrum,DSSS)被选作该标准的唯一的物理层传输技术,这是由于跳频技术(Frequency Hopping Spread Spectrum,FHSS)在不违反美国联邦通信委员会(Federal Communications Commission,FCC)原则的基础上无法再提高速度了。这个决定使得802.11b可以和1Mb/s与2Mb/s的802.11b/s DSSS系统互操作,但是无法和1Mb/s与2Mb/s的FHSS系统一起工作。

尽管在物理层使用的技术上有很大差异,这一系列802.11协议的上层架构和链路访问协议是相通的。例如媒体介入控制(Media Access Control,MAC)层都使用带冲突预防的载波监听多路访问技术(Carrier Sense Multiple Access/Collision Avoidance,CSMA/CA),数据链路层数据帧结构相同以及它们都支持基站和自组织两种组网模式。

2. UWB

UWB是另一个新发展起来的无线通信技术。UWB通过基带脉冲作用于天线的方式发送数据。窄脉冲(小于1ns)产生极大带宽的信号。脉冲采用脉位调制(Pulse Position Modulation,PPM)或二进制移相键控(Binary Phase Shift Keying,BPSK)调制。UWB被允许在3.1~10.6GHz的波段内工作。它主要应用在小范围、高分辨率、能够穿透墙壁和地面以及身体的雷达与图像系统中。除此之外,这种新技术适用于对速率要求非常高(大于100Mb/s)的局域网(Local Area Networks,LANs)或公共访问网(Public Access Network,PANs)。

军事部门已对UWB进行了多年研究,开发出了分辨率极高的雷达。直到2002年2月14日,美国FCC才准许该技术进入民用领域。对于商业和消费领域,UWB还是新鲜事物。但据报道,一些公司已开发出UWB收发器,用于制造能够看穿墙壁、地面的雷达和图像装置,这种装置可以用来检查道路、桥梁及其他混凝土和沥青结构建筑中的缺陷,可用于地下管线、电缆和建筑结构的定位。另外,在消防、救援、治安防范及医疗、医学图像处理中都大有用武之地。

UWB的技术特点主要包括:

(1)传输速率高,空间容量大。据香农(Shannon)信道容量公式,在加性高斯白噪声(Additive White Gaussian Noise,AWGN)信道中,系统无差错传输速率的上限为

$$C = B \times \log2(1 + \text{SNR}) \qquad (3-1)$$

其中,B为信道带宽(Hz);SNR为信噪比。在UWB系统中,信号带宽B高达7.5GHz。因此,即使信噪比SNR很低,UWB系统也可以在短距离上实现几百兆至1GB/s的传输速率。例如,如果使用7GHz带宽,即使信噪比低至-10dB,其理论信道容量也可达到1GB/s。因此,将UWB技术应用于短距离高速传输场合(如高速无线个人局域网(Wireless Personal Area Network,WPAN))是非常合适的,可以极大地提高空间容量。理论研究表明,基于UWB的WPAN

可达的空间容量比目前 WLAN 标准 IEEE802.11.a 高出 1～2 个数量级。

(2) 适合短距离通信。按照 FCC 规定，UWB 系统的可辐射功率非常有限，3.1～10.6GHz 频段总辐射功率仅 0.55mW，远低于传统窄带系统。随着传输距离的增加，信号功率将不断衰减。因此，接收信噪比可以表示成传输距离的函数 $SNRr(d)$。根据香农公式，信道容量可以表示成距离的函数，即

$$C(d) = B \times \log_2[1 + SNRr(d)] \qquad (3-2)$$

另外，超宽带信号具有极其丰富的频率成分。众所周知，无线信道在不同频段表现出不同的衰落特性。由于随着传输距离的增加高频信号衰落极快，这导致 UWB 信号产生失真，从而严重影响系统性能。研究表明，当收发信机之间距离小于 10m 时，UWB 系统的信道容量高于 5GHz 频段的 WLAN 系统，收发信机之间距离超过 12m 时，UWB 系统在信道容量上的优势将不复存在。因此，UWB 系统特别适合于短距离通信。

(3) 具有良好的共存性和保密性。UWB 系统辐射谱密度极低（小于 -41.3dBm/MHz），对传统的窄带系统来讲，UWB 信号谱密度甚至低至背景噪声电平以下，UWB 信号对窄带系统的干扰可以视作宽带白噪声。因此，UWB 系统与传统的窄带系统有着良好的共存性，这对提高日益紧张的无线频谱资源的利用率是非常有利的。同时，极低的辐射谱密度使 UWB 信号具有很强的隐蔽性，很难被截获，这对提高通信保密性非常有利。

(4) 多径分辨能力强，定位精度高。UWB 信号采用持续时间极短的窄脉冲，其时间、空间分辨能力都很强。因此，UWB 信号的多径分辨率极高。极高的多径分辨能力赋予 UWB 信号高精度的测距、定位能力。对于通信系统，必须辩证地分析 UWB 信号的多径分辨力。无线信道的时间选择性和频率选择性是制约无线通信系统性能的关键因素。在窄带系统中，不可分辨的多径将导致衰落，而 UWB 信号可以将它们分开并利用分集接收技术进行合并。因此，UWB 系统具有很强的抗衰落能力。但 UWB 信号极高的多径分辨力也导致信号能量产生严重的时间弥散（频率选择性衰落），接收机必须通过牺牲复杂度（增加分集重数）以捕获足够的信号能量。这将对接收机设计提出严峻挑战。在实际的 UWB 系统设计中，必须折中考虑信号带宽和接收机复杂度，得到理想的性价比。

(5) 体积小、功耗低。传统的 UWB 技术无需正弦载波，数据被调制在纳秒级或亚纳秒级基带窄脉冲上传输，接收机利用相关器件直接完成信号检测。收发信机不需要复杂的载频调制/解调电路和滤波器。因此，可以大大降低系统复杂度，减小收发信机体积和功耗。FCC 对 UWB 的定义在一定程度上增加了无载波脉冲成形的实现难度，但随着半导体技术的发展和新型脉冲产生技术的不断涌现，UWB 系统仍然继承了传统 UWB 体积小、功耗低的特点。

3. ZigBee

ZigBee 与蓝牙相同,主要使用 2.4GHz 波段,采用跳频技术。但与蓝牙相比,ZigBee 更简单、速率更慢、功率及费用也更低。ZigBee 是一种高可靠的无线数传网络,类似于码分多址(Code Division Multiple Access,CDMA)和 GSM 网络。ZigBee 数传模块类似于移动网络基站。

ZigBee 是一个由可多到 65535 个无线数传模块组成的一个无线数传网络平台,在整个网络范围内,每一个 ZigBee 网络数传模块之间可以相互通信,每个网络节点间的距离可以从标准的 75m 无限扩展。

ZigBee 是一种无线连接,可工作在 2.4GHz(全球流行)、868MHz(欧洲流行)和 915MHz(美国流行)三个频段上,分别具有最高 250kb/s、20kb/s 和 40kb/s 的传输速率,它的传输距离在 10~75m 的范围内,但可以继续增加。作为一种无线通信技术,ZigBee 具有如下特点:

(1)低功耗。ZigBee 的传输速率低,发射功率仅为 1mW,而且采用了休眠模式,功耗低,因此 ZigBee 设备非常省电。据估算,ZigBee 设备仅靠两节 5 号电池就可以维持长达 6 个月到 2 年的使用时间,这是其他无线设备望尘莫及的。

(2)低成本。ZigBee 模块的初始成本在 6 美元左右,估计很快就能降到 1.5~2.5 美元,并且 ZigBee 协议是免专利费的。低成本对于 ZigBee 也是一个关键的因素。

(3)时延短。通信时延和从休眠状态激活的时延都非常短,典型的搜索设备时延为 30ms,休眠激活的时延是 15ms,活动设备信道接入的时延为 15ms。因此,ZigBee 技术适用于对时延要求苛刻的无线控制(如工业控制场合等)应用。

(4)网络容量大。一个星形结构的 ZigBee 网络最多可以容纳 254 个从设备和一个主设备,一个区域内可以同时存在最多 100 个 ZigBee 网络,而且网络组成灵活。

(5)可靠。ZigBee 采取了碰撞避免策略,同时为需要固定带宽的通信业务预留了专用时隙,避开了发送数据的竞争和冲突。MAC 层采用了完全确认的数据传输模式,每个发送的数据包都必须等待接收方的确认信息。如果传输过程中出现问题可以进行重发。

(6)安全。ZigBee 提供了基于循环冗余校核(Cyclic Redundancy Check,CRC)的数据包完整性检查功能,支持鉴权和认证,采用 AES-128 的加密算法,各个应用可以灵活确定其安全属性。

4. 蓝牙

爱立信在 1994 年开始研究一种能使手机与其附件(如耳机)之间互相通信的无线模块,4 年后,爱立信、诺基亚、IBM 等公司共同推出了蓝牙技术,主要用于通信和信息设备的无线连接。

蓝牙工作频率为 2.4GHz,有效范围大约在半径 10m 内。在此范围内,采用蓝牙技术的多台设备,如手机、微机、激光打印机等能够无线互联,以约 1Mb/s 的速率相互传递数据,并能方便地接入互联网。随着蓝牙芯片价格和耗电量的不断降低,蓝牙已成为许多高端掌上电脑(Personal Digital Assistant,PDA)和手机的必备功能。

作为一种电缆替代技术,蓝牙具有低成本、高速率的特点,它可把内嵌有蓝牙芯片的计算机、手机和多种便携通信终端互联起来,为其提供语音和数字接入服务,实现信息的自动交换和处理,并且蓝牙的使用和维护成本据称要低于其他任何一种无线技术。目前,蓝牙技术开发重点是多点连接,即一台设备同时与多台(最多 7 台)连接。

蓝牙产品涉及 PC、笔记本电脑、移动电话等信息设备和音频/视频(Audio/Video,A/V)设备、汽车电子、家用电器和工业设备领域。蓝牙的支持者们预言说,一旦支持蓝牙的芯片变得非常便宜,蓝牙将置身于几乎所有产品之中,从微波炉一直到衣服上的纽扣。

蓝牙在个人局域网中获得了很大的成功,应用包括无绳电话、PDA 与计算机的互联、笔记本电脑与手机的互联,以及无线 RS232、RS485 接口等。采用蓝牙技术的设备使用方便,可自由移动。与无线局域网相比,蓝牙无线系统更小、更轻薄,成本及功耗更低,信号的抗干扰能力更强。

蓝牙 4.0 是蓝牙 3.0 + HS 规范的补充,专门面向对成本和功耗都有较高要求的无线方案,可广泛用于卫生保健、体育健身、家庭娱乐、安全保障等诸多领域。它支持双模式和单模式两种部署方式。双模式中,低功耗蓝牙功能集成在现有的经典蓝牙控制器中,或者再在现有经典蓝牙技术(2.1 + EDR/3.0 + HS)芯片上增加低功耗堆栈,整体架构基本不变,因此成本增加有限。单模式面向高度集成、紧凑的设备,使用一个轻量级连接层(Link Layer)提供超低功耗的待机模式操作、简单设备恢复和可靠的一点对多点数据传输,还能让联网传感器在蓝牙传输中安排好低功耗蓝牙流量的次序,同时还有高级节能和安全加密连接。

蓝牙 4.0 具有超低的峰值、平均和待机模式功耗,使用标准纽扣电池可运行一年乃至数年、低成本、不同厂商设备交互性很好,且无线覆盖范围增强、完全向下兼容、低延迟(APT - X)等技术特性和优点,这些特性和优点更加趋向于物联网的应用需求。

5. IrDA

IrDA 成立于 1993 年,是致力于建立红外线无线连接的非营利组织。起初,采用 IrDA 标准的无线设备仅能在 1m 范围内以 115.2kb/s 的速率传输数据,很快发展到 4Mb/s 的速率,后来,速率又达到 16Mb/s。

IrDA 是一种利用红外线进行点对点通信的技术,它也许是第一个实现无线个人局域网(Personal Area Network,PAN)的技术。目前,它的软硬件技术都很成熟,在小型移动设备,如 PDA、手机上广泛使用。事实上,当今每一个出厂的 PDA 及许多手机、笔记本电脑、打印机等产品都支持 IrDA。IrDA 的主要优点是无须申请频率的使用权,因而红外通信成本低廉。它还具有移动通信所需体积小、功耗低、连接方便、简单易用的特点。由于数据传输率较高,适于传输大容量的文件和多媒体数据。此外,红外线发射角度较小,传输上安全性高。

IrDA 的不足在于它是一种视距传输,两个相互通信的设备之间必须对准,中间不能被其他物体阻隔,因而该技术只能用于两台(非多台)设备之间的连接,而蓝牙没有此限制,且不受墙壁的阻隔。IrDA 目前的研究方向是如何解决视距传输问题及提高数据传输率。

表 3-1 列出了以上三种短距离无线通信协议特性的比较。

表 3-1 短距离无线通信协议特性比较

特性	通信协议		
	IrDA	Bluetooth	Wi-Fi
发起时间	1993 年年中	1998 年年初	1998 年年中
传输介质	980nm 红外光	2.4GHz 射频	2.4GHz 射频
有效传输范围	定向 1m	10m	100m
最大数据传输率	16Mb/s	24Mb/s	600Mb/s
使用权	免费	需要资格	许可证费用
应用支持	数据,WLAN	音频,数据,WLAN	WLAN
主机协议栈容量 ROM	15~30kB	60~150kB	100~250kB

6. LSN 技术

大型网络(Large Scale Networking,LSN)感知网络适用于业务数据量小、系统实时性要求低、超低功耗、需要长距离传输的状态监控及异常报警类应用。

LSN 感知网络由 LSN 通信模块和 LSN 接收机设备组成,采用星形网络架构。LSN 通信模块提供与不同传感器的接口,集成为感知终端,采集周围信息并远距离回传到 LSN 接收机设备处,LSN 接收机设备可接收覆盖范围内的所有感知终端的上报数据,将感知网络感知的前端信息进行协议转换,通过以太网/3G/定制 IP 链路与其他网络连接,提供给众多行业的物联网应用。LSN 技术网络如图 3-3 所示。

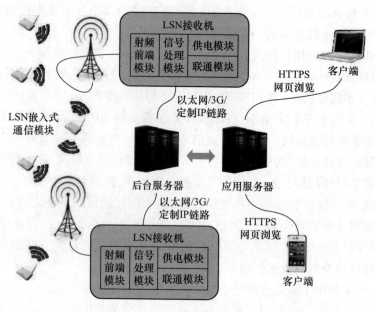

图3-3 LSN技术网络示意图

7. NFC技术

近场通信(Near Field Communication,NFC),即近距离无线通信技术,是一种短距离的高频无线通信技术,允许电子设备之间进行非接触式点对点数据传输(在10cm内)交换数据。

NFC技术的基本应用可分为以下4种:接触通过,如门禁管制、车票和门票等,使用者只需携带储存着票证或者门控密码的移动设备靠近读取装置即可;接触确认,如移动支付,用户通过输入密码或者仅是接受交易,确认该次交易行为;接触连接,如把两个内建NFC的装置相连接,进行点对点数据传输;接触浏览,一个内建NFC的设备可以无缝方便地浏览存储在另一个有NFC功能设备中的信息。

3.4.2 长距离通信

1. 3G/4G/5G网络

3G和4G相对于2G的主要区别是在传输声音和数据速度上的提升,其能够在全球范围内更好地实现无线漫游,并处理图像、音乐、视频流等多种媒体形式,提供包括网页浏览、电话会议、电子商务等多种信息服务,同时也要考虑与已有第二代系统的良好兼容性。

3G是第三代通信网络,目前国内支持国际电信联盟确定三个无线接口标准,分别是中国电信的 CDMA2000、中国联通的 WCDMA、中国移动的 TD-SCD-MA,GSM 设备采用的是时分多址,而 CDMA 使用码分扩频技术,先进功率和话音激活至少可提供大于 3 倍 GSM 网络容量,业界将 CDMA 技术作为 3G 的主流技术。原中国联通的 CDMA 现在卖给中国电信,中国电信已经将 CDMA 升级到 3G 网络,3G 主要特征是可提供移动宽带多媒体业务。

4G 通信技术是继第三代以后的又一次无线通信技术演进,其开发更加具有明确的目标性:提高移动装置无线访问互联网的速度——据 3G 市场分三个阶段走的发展计划,3G 的多媒体服务在 10 年后进入第三个发展阶段,此时覆盖全球的 3G 网络已经基本建成,全球 25% 以上人口使用第三代移动通信系统。在发达国家,3G 服务的普及率更超过 60%,此时就需要有更新一代的系统来进一步提升服务质量。

4G 通信系统部署在机载、高速舰载、巡航导弹等运动速度达到 250km/h 以上高速移动的平台上,数据传输速率可达 2Mb/s;部署在主战坦克、装甲车辆、自行火炮、防空导弹、大中型舰艇等运动速度为 60km/h 的中速移动平台上,数据传输速率可达 20Mb/s;对于机器人、作战人员等低速移动用户,数据传输速率可达 100Mb/s。由此可见,4G 通信系统为信息化战场提供了高速传输的信息通道,形成了信息优势和决策优势。

5G 是第五代移动通信,在很多性能方面优于 4G,5G 技术主要有超高速率、超大容量和超低延时等优势,在技术手段上,它拥有着更强大的带宽以及更快的连接速率,能同时连接更多的终端,推动物联网技术更快发展。另外,5G 技术降低了网络延时。可以说,5G 技术是未来新时代智能科技发展的基础,是未来抢占世界科技顶峰的重要依赖。中国继 4G 技术跟随于其他科技强国之后,5G 技术取得重大突破,已走在了世界的前列。美国声称一定要在世界各国之前首先实现 5G 技术的商业化、军事化,各国在这个方面的竞争可谓进入了白热化,争夺 5G 技术的背后是大国之间的较量,这不仅关系着未来国家的核心竞争力,甚至关乎着未来的国家安全。

5G 进入移动互联、智能感应、大数据、智能学习整合到一起的智能物联网时代。高速度、低功耗、低时延、万物互联,人与人、人与机器、机器与机器互联互通。5G 作为一张公共网络,在智能交通、智能家居、智能健康管理、工业互联网、智慧农业、智慧物流、社会服务等多个领域广泛开展服务,让人们生活更加方便,让社会公共服务得到全面改善。

2. 军事卫星通信

信息时代的到来和新军事革命的发展,战争对抗从传统的人员数量和机械化武器装备的规模对抗,转变为人员质量、信息化武器装备和信息化指挥控制体系的对抗,这正在对世界军事领域产生全方位、革命性的影响。而军事卫星通信系统的变革与发展在此次信息化变革中发挥着重要的作用。

军事卫星通信在现代军事行动中之所以作用越来越大,地位越来越重要,关键原因在于军事卫星通信可完成众多的军事任务,诸如转发话音和数据,传递图片和情报,提供定位信息、气象信息,对敌人导弹发射提供预警等,特别是在远程军事通信中更见其独特威力,它为指挥官提供灵活性、实时性、全球通信覆盖能力以及战术机动性均是其他通信手段难以实现的,英阿马岛战争、海湾战争、科索沃战争都充分体现了军事卫星通信的突出优越性。

军事卫星通信同现在常用的有线电缆通信、微波通信等相比,突出特点如下:

一是远,即指卫星通信的距离远。俗话说,"站得高,看得远",同步通信卫星可以"看"到地球最大跨度达18000余千米。在这个覆盖区内的任意两点都可以通过卫星进行通信,而微波通信一般是50km左右设一个中继站,一颗同步通信卫星的覆盖距离相当于300多个微波中继站。有线电缆的通信距离则取决于电缆铺设的长度和自然条件,受到各方面的局限性非常大。

二是多,即指通信路数多、容量大。一颗现代通信卫星,可携带几个到几十个转发器,可提供几路电视和成千上万路电话。

三是活,即指运用灵活、适应性强。它不仅可以实现陆地上任意两点间的通信,而且能实现舰与舰、舰与岸、空中与陆地之间的通信,它可以结成一个多方向、多点位的立体通信网。

四是省,即指成本低。在同样的容量、同样的距离下,卫星通信和其他的通信设备相比较,所耗的资金少,卫星通信系统的造价并不随通信距离的增加而提高,随着设计和工艺的成熟,成本急剧下降。

五是高,即指通信资费标准高于常用的电缆通信、微波通信,是其资费标准的10倍乃至几十倍。

六是好,即指通信质量好、可靠性高。卫星通信的传输环节少,不受地理条件和气象的影响,可获得高质量的通信信号。

七是差,即指在大型建筑内或山体等物体遮盖住设备本身时通信信号无或闪烁不定。

八是慢,由于通信卫星都处在地球同步轨道,距离地面36000km,在通话过程中时延现象明显,导致通话交流不畅。

3. M2M

M2M是一种以机器终端智能交互为核心的、网络化的应用与服务。它通过在机器内部嵌入无线通信模块,以无线通信等为接入手段,为客户提供综合的信息化解决方案,以满足客户对监控、指挥调度、数据采集和测量等方面的信息化需求。

通信网络技术的出现和发展,给社会生活面貌带来了极大的变化。人与人之间可以更加快捷地沟通,信息的交流更顺畅。但仅仅是计算机和其他一些信息技术(Information Technology,IT)类设备具备这种通信和网络能力。众多的普通机器设备几乎不具备联网和通信能力,如家电、车辆、自动售货机、工厂设备等。M2M 技术的目标就是使所有机器设备都具备联网和通信能力,其核心理念就是网络一切(Network Everything)。M2M 技术具有非常重要的意义,有着广阔的市场和应用,推动着社会生产、生活方式、军事应用新一轮的变革。

M2M 是一种理念,也是所有增强机器设备通信和网络能力技术的总称。人与人之间的沟通很多也是通过机器实现的,一类技术是通过手机、电话、电脑、传真机等机器设备之间的通信来实现人与人之间的沟通。另外一类技术是专为机器和机器建立通信而设计的,如许多智能化仪器仪表都带有 RS-232 接口和通用接口总线(General-Purpose Interface Bus,GPIB)的通信接口,增强了仪器与仪器之间、仪器与计算机之间的通信能力。绝大多数的机器和传感器不具备本地或者远程的通信和联网能力。M2M 应用系统构成主要包括:

(1)智能化机器。"智能化"就是使机器"开口说话",让机器具有信息感知、信息加工及无线加工的能力。

(2)M2M 硬件。M2M 硬件使机器可具备联网能力和远程通信的部件,进行信息提取,从不同设备内汲取需要的信息,传输到分析部分。

(3)通信网络。通信网络包括广域网(无线移动通信网络、卫星通信网络、互联网和公众电话网)、局域网(以太网、无线局域网、蓝牙、Wi-Fi)、个域网(Zigbee、传感器网络),通过上述网络将 M2M 硬件传输的信息送达指定位置,是出于 M2M 技术框架的核心地位。

(4)中间件。M2M 网关完成在不同协议之间的转换,在通信网络和 IT 系统之间建立桥梁。

3.5 支撑层及相关技术

支撑层包括公共软件服务、业务应用支撑服务、用户应用支撑服务等应用支撑子层和数据汇聚、数据存储、数据转换、数据分析等数据服务子层,采用智能处理技术、高性能分布式并行计算技术、海量存储于数据挖掘技术、数据管理与控制等多种现代化技术。支撑层中的算法模型、软件系统和存储资源等是物联网军事应用计算环境的主体,是物联网军事应用系统的重要组成部分,确保物联网适用于众多应用领域。同时,支撑层中的基础服务不仅运行在物联网的信息基础设施中,也将部署于各类具体的物联网应用系统等用户终端中,将信息基础设施及各类作战要素聚合成以物联网为中心的有机整体,形成"共性平台"支撑装备保障应用。

3.5.1 数据挖掘

数据挖掘一般是指从大量的数据中通过算法搜索隐藏于其中信息的过程。近年来,数据挖掘引起了信息产业界的极大关注,其主要原因是存在大量数据,可以广泛使用,并且迫切需要将这些数据转换成有用的信息和知识。

数据挖掘利用了来自以下领域的思想:①统计学的抽样、估计和假设检验;②人工智能、模式识别和机器学习的搜索算法、建模技术和学习理论。数据挖掘也迅速地接纳了来自其他领域的思想,如最优化、进化计算、信息论、信号处理、可视化和信息检索。一些其他领域的思想和方法也起到了重要的支撑作用,特别是数据挖掘需要数据库系统提供有效的存储、索引和查询处理支持。源于高性能(并行)计算的技术在处理海量数据集方面常常是重要的。分布式技术也能帮助处理海量数据,并且当数据不能集中到一起处理时更是至关重要。

数据挖掘的分析方法有:

(1) 分类(Classification)。

(2) 估计(Estimation)。

(3) 预测(Prediction)。

(4) 相关性分组或关联规则(Affinity Grouping or Association Rules)。

(5) 聚类(Clustering)。

(6) 复杂数据类型挖掘(Text、Web、图形图像、视频、音频等)。

3.5.2 大数据分析

大数据分析是指对规模巨大的数据进行分析。大数据可以概括为四个V,数据量大(Volume)、速度快(Velocity)、类型多(Variety)、真实性(Veracity)。大数据作为时下最火热的IT行业的词汇,随之而来的数据仓库、数据安全、数据分析、数据挖掘等围绕大数据的商业价值的利用逐渐成为行业人士争相追捧的利润焦点。随着大数据时代的来临,大数据分析也应运而生。

目前流行的大数据分析工具主要有:

(1) 前端展现:用于展现分析的前端开源工具有JasperSoft、Pentaho、Spagobi、Openi、Birt等;用于展现商用分析的工具有Style Intelligence、Cognos、BO、

Microsoft、Oracle、Microstrategy、QlikView、Tableau；国内的有国云数据（大数据魔镜）、FineBI 等。

（2）数据仓库：如 Teradata AsterData、EMC GreenPlum、HP Vertica 等。

（3）数据集市：如 QlikView、Tableau、Style Intelligence 等。

大数据分析主要有 5 个基本方面：

（1）可视化分析（Analytic Visualizations）。不管对数据分析的是专家还是普通用户，数据可视化是数据分析工具最基本的要求。可视化可以直观地展示数据，让数据自己说话，让观众听到结果。

（2）数据挖掘算法（Data Mining Algorithms）。可视化是给人看的，数据挖掘是给机器看的。集群、分割、孤立点分析还有其他的算法让人们深入数据内部，挖掘价值。这些算法不仅要能处理大数据的数量，也要有处理大数据的较高速度。

（3）预测性分析能力（Predictive Analytic Capabilities）。数据挖掘可以让分析员更好地理解数据，而预测性分析可以让分析员根据可视化分析和数据挖掘的结果做出一些预测性的判断。

（4）语义引擎（Semantic Engines）。由于非结构化数据的多样性带来了数据分析的新的挑战，就需要一系列的工具去解析、提取、分析数据。语义引擎需要被设计成能够从"文档"中智能提取有用信息。

（5）数据质量和数据管理（Data Quality and Master Data Management）。数据质量和数据管理是一些管理方面的最佳实践。通过标准化的流程和工具对数据进行处理可以保证一个预先定义好的高质量的分析结果。

3.5.3　故障诊断专家系统

专家系统（Expert System，ES）是人工智能（Artificial Intelligence，AI）技术的一个重要分支，其智能化主要表现为能够在特定的领域内模仿人类专家思维来求解复杂问题。专家系统必须包含领域专家的大量知识，拥有类似人类专家思维的推理能力，并能用这些知识来解决实际问题。

故障诊断技术是一门应用型边缘学科，其理论基础涉及多门学科，如现代控制理论、计算机工程、数理统计、模糊集理论、信号处理、模式识别等。故障诊断的任务是在系统发生故障时，根据系统中的各种量（可测的或不可测的）或其中部分量表现出的与正常状态不同的特性，找出故障的特征描述并进行故障的检测与隔离。故障诊断专家系统是将专家系统应用到故障诊断之中，可以利用领域知识和专家经验提高故障诊断的效率。

根据知识组织方式与推理机制，可将目前常用的故障诊断专家系统大致分为基于规则的故障诊断专家系统、基于模型的故障诊断专家系统、基于人工神经网络的故障诊断专家系统、基于模糊推理的故障诊断专家系统、基于事例的故障诊断专家系统、基于 Web 的故障诊断专家系统等。

1. 基于规则的故障诊断专家系统

在基于规则的故障诊断专家系统中,领域专家的知识与经验被表示成产生式规则,一般形式是:if <前提> then <结论>,其中前提部分表示能与数据匹配的任何模型,结论部分表示满足前提时可以得出的结论。基于规则的推理是先根据推理策略从规则库中选择相应的规则,再匹配规则的前提部分,最后根据匹配结果得出结论。

2. 基于模型的故障诊断专家系统

在基于模型的故障诊断专家系统中,领域专家的专业知识包含在建立的系统模型中,这种基于模型的诊断更多地利用系统的结构、功能与行为等知识。相比基于规则的故障诊断专家系统,这种诊断方式能够处理预先没有想到的情况,并且可能检测到系统存在的潜在故障,这类系统的知识库相对容易建立并且具有一定的灵活性。

3. 基于人工神经网络的故障诊断专家系统

神经网络只要求专家提出范例及相应的解,就能通过特定的学习算法对样本进行学习而获取知识。在基于人工神经网络的故障诊断专家系统中,知识表示不再是独立的一条条规则,而是分布于整个网络中的权和阈值。专家知识及经验的获取是利用领域专家解决实际问题的实例(样本)来训练获取,在同样输入条件下神经网络能够获得与专家给出的方案尽可能相同的输出。基于人工神经网络的故障诊断专家系统在知识表示、知识获取、并行推理、适应性学习、理想推理、容错能力等方面显示了明显的优越性。同时,实际应用中的大多数被诊断对象往往是复杂的非线性系统,无法得到其精确模型,甚至无法建模,由于神经网络的构建与训练不需要了解被诊断对象的精确模型,因而对于非线性被诊断对象,神经网络也具有明显优势。

目前,基于人工神经网络的故障诊断专家系统已成为研究的热点,已经应用于在线故障诊断、引擎自动管理系统、军舰动力系统故障诊断等方面。

4. 基于模糊推理的故障诊断专家系统

在基于模糊推理的故障诊断专家系统中,其知识表示采用模糊产生式规则。模糊产生式规则是将传统产生式规则"if 条件 then 动作(或结论)"进行模糊化,包括条件模糊化、动作或结论模糊化等。引入模糊的概念是为了更好地模拟人类的思维与决策过程,使计算机结果不再是简单的黑或白。

在模糊推理中建立模糊隶属度是一项重要工作,确定隶属度的方法有对比排序法、专家评判法、模糊统计法、概念扩张法等。采用专家评判法,由专家根据经验直接给出论域中每个函数的隶属度,形成隶属度表,这样给出的隶属度比较准确。计算机在进行模糊推理时,先从用户接口接收证据及其相应的模糊词,如"很""相当""轻微"等,然后通过模糊属性表查出条件模糊词的隶属度,由此进行推理得到结论。

5. 基于事例的故障诊断专家系统

基于事例的推理是利用以事例形式表示的以往求解类似问题的经验知识进行推理,从而获得当前问题求解结果的一种推理模式。一个有效的事例表示包括事例发生的原因或背景、事例的特点及过程、事例的解决方法和结果三部分内容。事例推理的关键步骤包括事例检索、事例重用、事例修改/修正和事例保留等。基于事例的推理避免了采用基于规则的推理方法进行知识获取时的瓶颈问题,利用相关事例扩大了解决问题的范围,简化了求解过程,解的质量也得到提高。

6. 基于Web的故障诊断专家系统

随着Internet的发展,Web已成为用户的交互接口,软件也逐步走向网络化。而专家系统的发展也顺应该趋势,将人机交互定位在Internet层次:专家、工程师与用户通过浏览器访问专家系统服务器,将问题传递给服务器;服务器则通过后台的推理机,调用当地或远程的数据库、知识库来推导结论,并将这些结论反馈给用户。基于Web的专家系统的结构,一般将其分为浏览器层、应用逻辑层、数据库层三个层次。

3.5.4 知识发现

基于数据库的知识发现(Knowledge Discovery in Database,KDD)和数据挖掘还存在着混淆,通常这两个术语被替换使用。KDD表示将低层数据转换为高层知识的整个过程。可以将KDD简单定义为:KDD是确定数据中有效的、新颖的、潜在有用的、基本可理解的模式的特定过程。而数据挖掘可认为是观察数据中模式或模型的抽取,这是对数据挖掘的一般解释。虽然数据挖掘是知识发现过程的核心,但它通常仅占KDD的一部分(15%~25%)。因此,数据挖掘仅是整个KDD过程的一个步骤,至于到底有多少步以及哪一步必须包括在KDD过程中没有确切的定义。然而,通用的过程应该接收原始数据输入,选择重要的数据项,缩减、预处理和浓缩数据组,将数据转换为合适的格式,从数据中找到模式,评价解释发现结果。

1. 知识发现的基本任务

(1)数据分类。数据分类是知识发现的重要内容之一,是一种有效的数据分析方法。分类的目标是通过分析训练数据集,构造一个分类模型(即分类器),该模型能够把数据库中的数据记录映射到一个给定的类别,从而可以用于数据预测。

(2) 数据聚类。当要分析的数据缺乏必要的描述信息,或者根本就无法组织成任何分类模式时,利用聚类函数把一组个体按照相似性归成若干类,这样就可以自动找到类。聚类和分类相似,都是将数据进行分组。但与分类不同的是,聚类中的组不是预先定义的,而是根据实际数据的特征按照数据之间的相似性来定义的。

(3) 衰退和预报。这是一种特殊类型的分类,可以看作根据过去和当前的数据预测未来的数据状态。通过对用衰减统计技术建模的数字值的预测,学习一种(线性或非线性)功能将数据项映射为一个数字预测变量。

(4) 关联和相关性。关联和相关性是指发现大规模数据集中项集之间有趣的关联或相关关系。关联规则是指通过对数据库中的数据进行分析,从某一数据对象的信息来推断另一数据对象的信息,寻找出重复出现概率很高的知识模式,常用一个带有置信度因子的参数来描述这种不确定的关系。

(5) 顺序发现。顺序发现通常是指确定数据组中的顺序模式。当数据的特定类型关系已被发现时,这些模式同关联和相关性相似。但对关系基于时间序列的数据组,顺序发现和关联就不同了。

(6) 描述和辨别。描述和辨别是指发现一组特征规则,其中每一条都显示数据组的特征或者从对比类中区别试验类的概念的命题。

(7) 时间序列分析。时间序列分析的任务是发现属性值的发展趋向,如股票价格指数的金融数据、客户数据和医学数据等。它是用来搜寻相似模式以发现和预测特定模式的风险、因果关系和趋势。

2. 知识发现的知识类型

(1) 广义型(Generalization)知识。广义型知识是根据数据的微观特性发现其表征的、带有普遍性的、高层次的概念、中观或宏观的知识。

(2) 分类型(Classification & Clustering)知识。分类型知识反映同类事物共同性质的特征型知识和不同事物之间的差异型特征知识,用于反映数据的汇聚模式或根据对象的属性区分其所属类别。

(3) 关联型(Association)知识。关联型知识是反映一个事件和其他事件之间依赖或关联的知识,又称依赖(Dependency)关系。这类知识可用于数据库中的归一化、查询优化等。

(4) 预测型(Prediction)知识。预测型知识是通过时间序列型数据,由历史的和当前的数据去预测未来的情况。它实际上是一种以时间为关键属性的关联知识。

（5）偏差型（Deviation）知识。偏差型知识是通过分析标准类以外的特例、数据聚类外的离群值、实际观测值和系统预测值间的显著差别，对差异和极端特例进行描述。

到目前为止已经出现了许多知识发现技术，分类方法也有多种，按被挖掘对象分，有基于关系数据库、多媒体数据库；按挖掘的方法分，有数据驱动型、查询驱动型和交互型；按知识类型分，有关联规则、特征挖掘、分类、聚类、总结知识、趋势分析、偏差分析、文本采掘。知识发现技术可分为基于算法的方法和基于可视化的方法两类。大多数基于算法的方法是在人工智能、信息检索、数据库、统计学、模糊集和粗糙集理论等领域中发展而来的。

典型的基于算法的知识发现技术包括或然性和最大可能性估计的贝叶斯理论、衰退分析、最近邻、决策树、K-方法聚类、关联规则挖掘、Web和搜索引擎、数据仓库和联机分析处理（On-line Analytical Processing，OLAP）、神经网络、遗传算法、模糊分类和聚类、粗糙分类和规则归纳等。这些技术都很成熟，并且在相关书籍文章上都有详细介绍。这里介绍一种基于可视化的方法。

基于可视化方法是在图形学、科学可视化和信息可视化等领域发展起来的，包括：①几何投射技术。几何投影技术是指通过使用基本的组成分析、因素分析、多维度缩放比例来发现多维数据集的有趣投影。②基于图标技术。基于图标技术是指将每个多维数据项映射为图形、色彩或其他图标来改进对数据和模式的表达。③面向像素的技术。其中，每个属性只由一个有色像素表示，或者属性取值范围映射为一个固定的彩色图。④层次技术。层次技术是指细分多维空间，并用层次方式给出子空间。⑤基于图表技术。基于图表技术是指通过使用查询语言和抽取技术以图表形式有效给出数据集。⑥混合技术。混合技术是指将上述两种或多种技术合并到一起的技术。

3. 知识发现过程

知识发现过程的多种描述，只是在组织和表达方式上有所不同，在内容上并没有本质的区别。知识发现过程包括以下步骤：

（1）问题的理解和定义。数据挖掘人员与领域专家合作，对问题进行深入的分析，以确定可能的解决途径和对学习结果的评测方法。

（2）相关数据收集和提取。根据问题的定义收集有关的数据。在数据提取过程中，可以利用数据库的查询功能以加快数据的提取速度。

（3）数据探索和清理。了解数据库中字段的含义及其与其他字段的关系。对提取出的数据进行合法性检查并清理含有错误的数据。

（4）数据工程。对数据进行再加工，主要包括选择相关的属性子集并剔除冗余属性,根据知识发现任务对数据进行采样以减少学习量以及对数据的表述方式进行转换以适于学习算法等。为了使数据与任务达到最佳的匹配,这个步骤可能反复多次。

(5) 算法选择。根据数据和所要解决的问题选择合适的数据挖掘算法,并决定如何在这些数据上使用该算法。

(6) 运行数据挖掘算法。根据选定的数据挖掘算法对经过处理后的数据进行模式提取。

(7) 结果的评价。对学习结果的评价依赖于需要解决的问题,由领域专家对发现的模式的新颖性和有效性进行评价。数据挖掘是 KDD 过程的一个基本步骤,它包括特定地从数据库中发现模式的挖掘算法。KDD 过程使用数据挖掘算法根据特定的度量方法和阈值从数据库中提取或识别出知识,这个过程包括对数据库的预处理、样本划分和数据变换。

3.6 应用层及相关技术

应用层及相关技术提供装备保障业务处理所需要的数据分析、展示、决策以及管理等物联网应用服务,如设备管理、应用服务管理、服务总线、网络管理、物联网信息持久化、安全管理、标识管理、权限管理、接口管理、行业用户管理、协同融合处理等;其次对传感网汇聚得到的信息进行分析管理,为承载的管理保障提供普适通用的服务,通过不同应用服务之间的消息以及服务的融合包括各类用户界面显示设备及其他管理设备,这是 IoT 体系结构的最高层,满足装备保障"快""准""精"的要求。制定战略选择方案,对整体目标的保障、对中下层管理人员积极性的发挥以及各部门战略方案的协调等多个角度考虑,选择自上而下、自下而上或上下结合的方法来制定战略方案。一方面能够为管理保障工作在公共管理方面得到物联网信息的有效辅助;另一方面可以融合衍生出更多合适的管理保障战略决策应用服务,丰富物联网应用服务的种类。应用层在利用支撑层各类服务的基础之上,提供广泛的物联网应用解决方案,实现装备日常管理、装备维修管理、装备储备管理、装备物流管理、装备训练管理等领域具体的物联网军事应用。同时,当需要完成对末梢节点的控制时,应用层能完成指挥控制指令生成和指令下发控制。

应用层的相关技术主要有软件服务技术、标准化技术等。其中,软件服务技术结合了自适应的连接和基于标准的接口来帮助构建灵活的框架结构。通过广泛地重用软件技术服务,使得物联网能支持业务需求,同时能根据需求的不断变化,动态地调整和完善自身。

标准是技术的固化,是衡量事物的准则。标准化技术解决的是面向软硬件、数据接口、网络平台,以及统一的物体身份标识和编码系统,让遍布战场的作战单元接入网络被识别、掌握和控制。各类协议标准如何统一是一个十分漫长的过程,这正是限制物联网装备保障应用发展的关键因素之一。

第4章 物联网装备保障应用信息共享服务

物联网技术在我军装备保障领域的应用还存在诸多问题,在整体设计上缺乏统一考虑,军用物联网建设"烟囱"现象较为普遍,无法实现广泛的互联互通,信息难以共享,浪费了大量的人力、物力和财力。分散和重复建设的物联网系统之间要实现广泛的装备信息共享,就必须按照开放性、可扩展性、安全性和抗毁性等要求对我军装备保障信息共享体系框架进行重新设计,建立一个统一的、可扩展的装备保障信息共享体系结构和服务架构。

4.1 信息共享总体架构

物联网是面向海量数据的,如何分析和共享这些数据是一个值得关注并急需解决的问题。构建一个物联网服务体系,通过封装物联网数据智能处理过程,成为数据服务的平台提供者,让物联网系统开发者能够通过标准开发的服务接口,实时访问真实的、可靠的物联网数据,并基于物联网服务平台提供的数据服务,构建自己的物联网应用。

基于物联网中间件的部队装备信息共享总体架构如图4-1所示,主要由信息读取设备、中间件、信息共享平台与基础设施、信息共享应用4部分组成。信息读取设备采集到装备的识别代码信息、日常管理信息、装备维修信息等,通过中间件完成采集数据的处理。中间件为数据传送提供了灵活的数据接口,有效解决了物联网各层负荷过重和设计上的难题,实现了采集信息的广泛共享。通过中间件把各类事件程序封装起来,读写器种类和数量发生变化时不需要对应用端进行修改,实现了多对多连接维护的简化,各系统高度集成和各无线子网的模块化接入,利用中间件技术还可以为物联网各应用系统提供实时和非实时信息共享。信息共享平台与基础设施是物联网平台内信息共享的基础,可以实现订阅/发布、广播、交互等各种装备信息共享方式,并为物联网内各应用系统提供技术和服务支撑。信息共享应用是根据部队装备保障业务需求,建立与之相适应的业务信息系统。

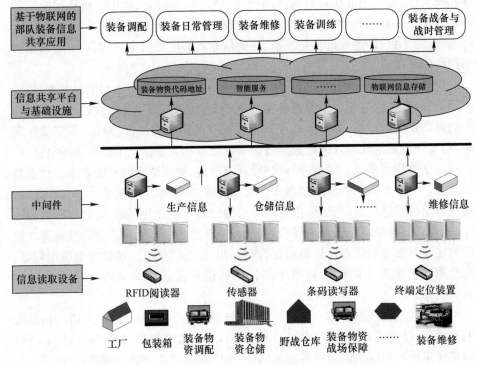

图4-1 基于物联网中间件的部队装备信息共享总体架构

4.1.1 物联网中间件

中间件作为独立于物联网体系架构的一种系统软件,可以将传感网、网络通信、智能应用三部分有效衔接起来,是物联网信息共享的关键。以中间件平台为基础,可以为采集的数据进行清理、筛选、整合和汇总,让有价值的数据进入中央系统,同时屏蔽各种错误与异常,避免给中央系统带来麻烦,并为上层的系统应用提供跨平台、分布式的环境,为用户提供一种开放、灵活、高效的开发和集成软件,以实现不同地域、不同系统、不同技术之间的信息共享。

物联网中间件具有以下特点:一是独立性。中间件的独立性对于庞大的物联网体系架构来讲是必需的,使物联网设计及系统维护的复杂性大为降低,并且使物联网系统应用开发和集成具有开放性和模块化接入等特点,给物联网应用带来了极大便利。二是数据流可追踪。物联网大量数据的源头是分布在不同地域的 RFID 装置、传感器、GPS 终端设备等,中间件可以实现对物联网内的各类物品识别、定位、追踪,并实现对物品数据的收集、过滤、整合与传递等。三是数据流可处理。中间件担负着数据传输和处理的功能,并能确保数据传输的一致性和安全性,同时还能实现数据流的设计与管理。四是标准化。物联网中间件的标准体系主要是为物与物之间提供通信服务的,要实现物联网系统内跨行业、跨系统、跨平台、跨地域的高度集成,各类信息能够广泛共享,必须有一套通用的中间件标准体系。

物联网中间件的作用是完成信息的处理与交互,实现广泛的信息共享,可以概括为:一是数据过滤。读取设备能够带来庞大的信息量,一方面这些庞大的冗余信息需要进行过滤;另一方面在采集过程中可能出现错误、漏读、不完整等现象,需要进行平滑处理。通过数据过滤不仅可以从大量信息中提取有用信息,以提高信息的利用价值,而且还可以减轻系统压力,提高信息的利用效率。二是数据聚合。阅读器采集的原始数据大多都是简单、零散的单一信息,中间件可以对这些原始数据进行聚合处理,把同一对象的分散信息合并起来,得到对象更为完整的信息,同时也可以根据关联信息分析,推断出复杂事件。三是信息传递。数据的过滤与聚合是信息传递的前提,信息的共享是将信息传递给各类应用程序、信息服务系统或中间件。利用中间件进行信息传递的方式也是信息共享的方式。

物联网是通过感知技术把物与物、人与物通过互联网相连接,并进行信息交换和通信,以实现对物的智能化识别、定位、跟踪、监控和管理的一种网络。物联网将现实世界与虚拟网络世界完美结合,其中物理的和虚拟的物具有身份标识、物理属性、虚拟特性和智能接口,物与物之间互联互通,与信息网络无缝整合。互联互通和在约束范围内提供与物相关的服务是物联网的内在要求。

物联网中间件即建立一个通用的服务平台,以实现对物的有效管理、交互和处理,确保提供与物相关的服务。中间件由物联网设备服务、数据服务总线、数据处理三个部分构成。从本质上看,物联网中间件是物联网应用的共性需求(感知、互联互通和智能),一方面,物联网中间件实现底层的感知和互联互通方面,现实目标包括屏蔽底层硬件及网络平台差异,支持物联网应用开发、运行时共享和开放互联互通,保障物联网相关系统的可靠部署与可靠管理等内容;另一方面,物联网中间件支持大规模物联网应用还存在环境复杂多变、异构物理设备、远距离多样式无线通信、大规模部署、海量数据融合、复杂事件处理、综合运维管理等问题。

1. 物联网设备服务代理

设备服务位于中间件逻辑的最底层,直接与设备进行交互,它注重设备的内部属性和系统功能,通过建立设备模型,统一封装和管理不同协议的交互设备,对外提供功能接口,实现异构设备的接入。数据使用者通过统一的接口与设备进行交互,如图4-2所示。

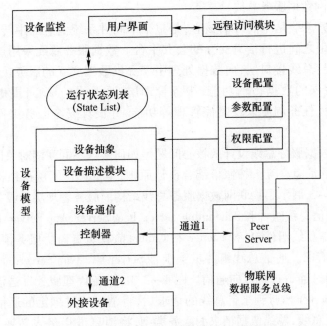

图 4-2 物联网设备服务代理的实现结构

物联网设备服务代理是中间件设备功能服务化的关键,其主要包括设备抽象、设备通信、设备监控和设备配置四部分。设备抽象基于本体论思想,采用多元本体建模,包含通用本体、领域本体和服务本体,运用可扩展标记语言(Extensible Markup Language,XML)对设备本体进行统一的描述和表示。

通用本体描述各外接设备的公共属性,为领域本体的构建以及领域本体间的集成提供一致性的语义描述;领域本体继承通用本体的概念和属性,基于设备类型对设备的静态信息和动态信息进行描述;服务本体则用于描述设备对外提供的服务接口,接口本身通过设备通信部分提供。设备通信的功能是将上层对设备服务的调用转换为针对具体设备的调用,并对来自不同类型设备的数据进行适配处理,从而得到统一的格式化数据,这一功能通过内置在其中的控制器实现。控制器与外界设备和物联网数据服务总线之间通过通道进行数据传输。采用集成通信的设备封装方式,将设备抽象和设备通信结合,组建为设备模型,以维护设备属性信息和运行状态列表(State List),并充当与设备通信的代理,数据使用者通过设备模型提供的接口与设备之间进行交互。设备配置提供参数配置和权限配置功能,采用"服务"驱动,以"Push"模式将配置数据发送至物理网数据服务总线。设备监控提供界面以呈现设备信息,用户可通过远程访问模块对设备进行远程访问。

2. 物联网数据服务总线

数据服务总线是中间件的核心,是整个中间件系统消息的中转和加工站,各物联网应用之间进行信息交互的公共平台。数据服务总线采用层次结构设计,分为三层:总线接口层,向数据处理引擎提供数据交互的服务接口;传输服务层,实现底层的数据传输功能;服务管理层,是总线的核心,提供请求与响应、数据转发、任务调度以及监控管理等功能,并设计安全服务组件应用于总线各层中。

物联网数据服务总线设计的核心问题是如何实现不同联网对象以及各物联网应用之间的消息交互。按照松耦合设计原则,本章设计了层次结构的数据服务总线,图4-3展示了物联网数据服务总线结构。服务管理层是服务总线的核心,主要由通信总线组件和Scheduling Server、Peer Server、App Server、Comm Server构成。通信总线组件包括Listener和Caller,前者负责监听服务请求,后者负责发送服务请求。通信总线组件贯穿于各Server中,不同Server的Listener和Caller之间通过通道进行双向通信。图4-3中,设备代理服务发送消息至Peer Server,Peer Server监听到来自总线的请求后,将消息通过绑定的通信总线组件Caller传递至总线;总线依据请求的服务类型,将消息进行格式转换,并传递至请求的Server的通信总线组件Listener;由Listener将消息格式转换为相应的应用系统能理解的格式。其具体处理过程为:当有请求消息通过通信总线组件Caller的封装后到达总线,Scheduling Server监听到总线上的消息后触发分配器。分配器负责负载均衡,维护App Server服务状态表,通过查询此表查找是否有可以工作的App Server节点。如果有,更新ChannelMap,建立Peer Server与Comm Server、App Server之间的映射;再通过Comm Server将消息传递至App Server;如果没有可用节点则等待一段时间后继续查找。Comm Server提供存储转发服务,内嵌消息管理模块,维护MicroChannelMap,建立设备终端与App Server间的映射,确保设备终端的数据能被App Server实时处理。App Server提供数据处理服务,内置服务引擎,会依据数据的内容将数据进行分类整合,最后由中间件按预先配置的流程决定哪些数据应当入库、哪些数据应发往应用系统。

3. 物联网数据处理引擎

数据处理提供一种可扩展的数据处理系统接口,可依据物联网系统的具体应用接入相应数据处理系统。数据处理引擎运用规则描述语言,把上层应用分解成动态执行的子过程,通过流程配置允许子过程绑定多个服务,并通过流程解析和流程执行来顺序或并行组合执行子过程,实现动态流程化操作。

物联网数据处理引擎在中间件与物联网具体应用的交互中起着关键作用。

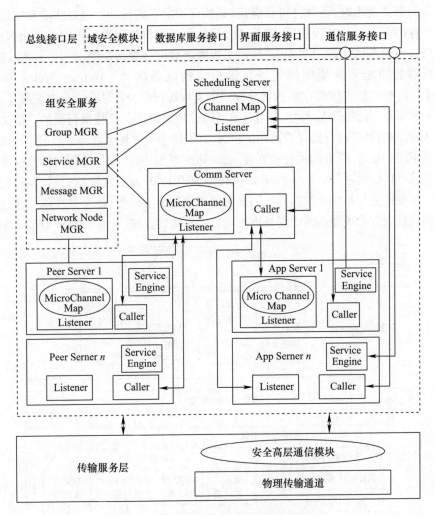

图4-3 物联网数据服务总线结构

物联网应用的丰富性使得单个服务的功能往往无法满足用户的需求,需要组合不同的服务来完成复杂的流程化工作。为详细地对服务进行描述,引入规则描述语言,将其作为引擎的输入,流程解析器和流程执行器是引擎的核心组成部分。基于事件-条件-动作(Event-Condition-Action,ECA)规则模型,规则描述语言采用"事件-条件-活动"的方式,将物联网应用的处理逻辑抽象为多个活动,以及活动间的控制依赖关系和数据依赖关系。本章中对活动的定义为由活动类型、输入参数和输出参数三个要素构成,而控制依赖关系为活动间的顺序、并发、选择、循环关系;数据依赖关系则为数据源和数据目的地间的映射。当定义的事件发生时,若条件得到满足,则执行预定义的活动。通过将活动组合为子过程的方式进行流程配置,将具体应用的业务逻辑从程序代码中分离出来,并允许替代服务的实现。图4-4展示了物联网数据处理引擎的结构。其中,流程解析器的功能为将规则描述语言解析为抽象语法树(Abstract Syntax Tree, AST),包含消息实体描述解析部分和规则文件解析部分。结合面向对象技术,通过构造可复用的编译基本类,采用递归下降法加以解析。流程执行器的功能为遍历 AST,调用各子执行器完成语句的执行,其中每个子过程可以动态绑定一个或者多个下层的服务,服务的执行相互独立,具体过程为:流程执行器内包括数据库执行器、消息队列执行器、Web Service 执行器和 TCP/IP 通信传输执行器,流程配置中的活动描述与相应子执行器中的语义处理函数建立映射;语义处理函数通过物联网数据服务总线提供的数据处理接口接入总线,运用总线的 Service Engine 组件

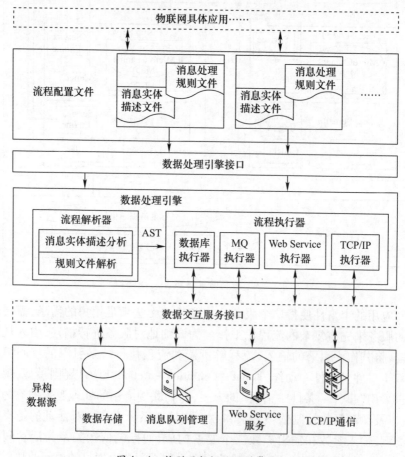

图4-4 物联网数据处理引擎结构

实现数据库应用、界面管理查询等功能。处理引擎向上层应用系统暴露获取流程配置文件、解析和执行三个接口,以此来实现具体应用系统的接入。

4.1.2 信息共享平台与基础设施

信息共享平台与基础设施是一个具有良好架构、可扩展性的软件体系和信息共享的硬件设施,主要包括装备物资代码地址、智能服务、物联网信息存储、全资可视的物联网基础设施等。

信息共享平台与基础设施以物联网中间件为基础,能够根据物联网不断变化的需求,提供信息共享的技术服务与支撑。为了提高信息共享平台的通用性,降低系统负担,信息共享平台是以 SOA 技术架构为支撑,位于感知层、网络层、应用层之间,主要为部队装备信息共享提供软硬件技术服务,同时能够为数据发布、订阅、查询、请求等服务的数据交互提供支持。

信息共享平台与基础设施作为一个开放的技术平台,可以为任意规模的装备保障机构提供信息共享服务;其良好的可扩展性能够为装备信息共享在各单位、各业务部门、各类实体装备物资的扩展应用提供保障。在信息共享平台内部,居于核心地位的是物联网服务器,它是物联网信息共享的数据中心,也是所有信息节点获取数据和提供数据访问的服务中心,服务器与各信息节点之间的信息交互主要通过其 Web Service 接口进行。

4.2 信息共享服务架构

结合物联网装备保障应用体系架构和信息共享体系架构,从物联网技术实现的角度出发,构建装备信息共享服务架构,为基于物联网技术的装备信息共享设计实现提供理论依据,部队装备信息共享服务架构如图 4-5 所示。

4.2.1 采集层的信息服务

信息的采集层对应的是物联网应用系统架构中的感知层,其服务主要包括物联网感知能力服务、信息可视化服务、定位与授时服务等,其主要功能是完成数据、文字、声音、频谱、图像等信息的采集获取任务。

(1)感知能力服务:主要有二维码、RFID、声控监测和频谱侦察等信息识别服务。

(2)信息可视化服务:是通过物联网系统提供的一种全程跟踪和监视的服务,其发展方向是各类可视化服务的整合。

(3)定位与授时服务:主要是对信息采集目标进行定位并授时。

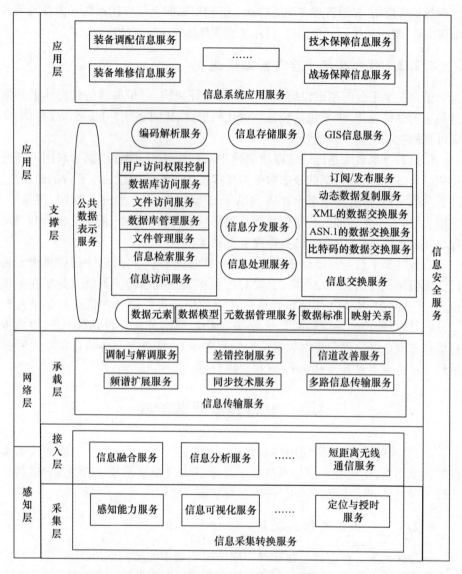

图4-5 部队装备信息共享服务架构

4.2.2 接入层的信息服务

接入层的信息服务主要包括信息融合、信息分析、短距离无线通信等服务，其主要功能是完成信息分类归纳、融合处理、综合分析、短距离通信等任务。

（1）信息融合服务：主要是对多源信息进行综合处理，得出更准确、可靠的信息，目的是获得信息的一致性解释或描述。

（2）信息分析服务：主要是对信息描述对象、信息种类、信息类型等进行综合分析，使信息更加有序化、条理化，以便传输、保存和使用。

（3）短距离无线通信服务：主要是采取频谱管理、无线自组网、拓扑及覆盖控制、网关与接入、传感网络等技术，完成对终端采集信息的收集、整理和上传。

4.2.3 承载层的信息服务

承载层的信息服务可以视为信息传输服务，主要有调制与解调服务、差错控制服务、信道改善服务、频谱扩展服务、同步技术服务与多路信息传输服务等，其主要功能是将信息从信源传递到新宿，实现信息共享。

（1）调制与解调服务：调制是把光纤、载波、卫星、移动等通信及广播、电视、雷达、导航、测控等信号置入载体，使信源产生的信号频谱与传输载体的频带相匹配，从而实现信息的传递；解调是与调制相反的过程，其目的是通过改变信息的信号波形来适应信息传输的系统。

（2）差错控制服务：通过利用编码的方法对传输中产生的差错进行控制的技术，解决通信接收端与发送端由于噪声干扰、信号衰减、多径衰落等因素导致的数据不一致的现象，其根本目的是降低误码率，提高数字信号传输的可靠性和准确性。

（3）信道改善服务：通过利用均衡技术与分集接收技术来控制和改善信号衰落，使信道获得较好的传输特性，其根本目的与差错控制服务相同，只是解决数据传输失真的角度不同。差错控制服务是通过编码控制数字信号，防止在传输过程中失真；信道改善服务是通过改善信道传输的技术，以减轻衰落来降低失真。

（4）频谱扩展服务：信号在传输过程中需要考虑被截获和干扰等问题，频谱扩展服务是通过特定的扩频函数把待传输信号扩展成宽带信号，经信道传输后，再进行频带压缩处理，获得所传信号，在这一过程中信号截获概率大幅降低，抗干扰能力明显增强。该服务还提供了高精度测距和多址接入功能，信息传输的保密性也得到了大幅提高。

（5）同步技术服务：是通过同步技术使信号在传输过程中保持确定的频率和相位关系，该服务不但可以改善信息传输质量，还可以降低信号干扰，增大信道传输容量。

（6）多路信息传输服务：是在一条公共信道建立两条以上的独立传输信道传输信息的服务，其主要目的是提高信道传输效率。

4.2.4 支撑层的信息服务

支撑层的信息服务主要包括元数据管理服务、信息分发服务、信息处理服务、信息存储服务、信息应用服务、信息访问服务、信息交换服务、编码解析服务、GIS信息服务、信息功能服务、公共数据表示服务等，其主要功能是通过高性能的计算整合各类信息资源，为应用层服务构建一个高效、可靠、稳定的信息服务和支撑平台。

（1）元数据管理服务：主要有数据模型、数据元素、数据标准、映射关系等，元数据管理服务描述了信息中的数据和数据源的关系、标准协议、整个数据架构的逻辑关系，并对公共数据模型和元素进行管理。

（2）信息分发服务：其主要目的是实现信息快速、有效的识别、访问和传递，基于物联网技术的部队装备信息共享对信息分发服务在分发属性控制、分发策略、确定优先等级、信息流程可追踪以及应用的灵活性和扩展性等方面具有较高要求。

（3）信息处理服务：主要有云计算、并行计算、海量数据挖掘、信息筛选等，为物联网智能决策和应用系统提供服务与信息支撑。

（4）信息存储服务：为物联网内的信息提供数据库、文件等各类存储服务，信息存储服务支持多系统信息共享，不同的信息存储类型需要不同的访问服务。

（5）信息应用服务：主要有信息管理服务、应用扩展服务、应用封装服务等。

（6）信息访问服务：主要有用户访问权限控制、数据库访问、文件访问、数据库管理、文件管理、信息检索等服务，可为多系统提供共享访问服务，并提供对信息透明访问的工具，是人机交互的重要组成部分。

（7）信息交换服务：主要有订阅/发布服务、动态数据复制服务、XML的数据交换服务、ASN.1的数据交换服务、比特码的数据交换服务等，其主要任务是为不同系统提供信息和数据交换能力。

（8）编码解析服务：其往往伴随着搜索技术服务，装备物资信息通过编码以格式化的形式存储在物联网系统中。信息共享时，先通过编码解析将装备物资代码转换为域名，再通过搜索技术找到信息源地址以获取相应信息。

（9）GIS信息服务：该服务对于战场装备动态保障极为重要，要实现精确保障必须要有与物联网系统相匹配的地理位置、属性、时间相一致的系统服务，这就是GIS信息服务的主要功能。

（10）信息功能服务：主要有注册、变更、设计、注销、审核、配置、隐私等服务。

（11）公共数据表示服务：主要包括关系和 XML 等模型以及 ASN.1 与比特的编码表示服务，其主要功能是描述数据的语法、语义，并为信息访问、信息交换等服务提供基础。

4.2.5 应用层的信息服务

应用层的信息服务主要是指各类信息系统应用服务，主要有装备的调配、维修、仓储、战场保障等信息服务，主要作用是为装备的调配、日常管理、维修、技术保障、经费管理、人力资源管理、法规制度建设、战场物资保障等活动提供信息共享服务。

应用层的信息服务建立在部队装备保障需求的基础上，不仅要从装备信息的管理内容和部队装备业务流程出发，构建统一的物联网业务信息系统，而且要根据装备保障需求的变化不断进行改进和完善，并对与之相应的各层技术服务进行调整，以实现部队装备信息价值和保障能力的最大化。可以说："应用层的信息服务建设是推动基于物联网技术的部队装备信息共享体系建设的关键。"

随着物联网技术在部队装备保障领域的应用拓展，应用层的信息服务实现了部队装备保障的智能、高效和精确，不仅大幅缩减了装备保障的经费和物资消耗，而且有效降低了装备保障的人力资源和物资浪费，实现了装备保障力量、保障方式、物资经费等的优化。同时，随着基于物联网的装备保障业务信息系统的日益完善，装备保障体制、保障力量、保障方式等都将发生深刻变革，在此基础上对装备业务流程进行再造，不但简化了装备业务流程，减少了保障力量配置，降低了装备保障工作量，而且大幅提高了信息优势的获取能力，为装备保障优势的形成奠定了基础。

4.2.6 信息安全服务

信息安全服务是基于物联网技术的部队装备信息共享体系中不可或缺的一部分，其内容主要有密码服务、物联网信息安全控制服务、物联网信息安全防范服务、入侵防御策略服务和隐私保护策略服务。

密码服务是通过信息加密来提高信息安全；物联网信息安全控制服务主要是通过数字签名、鉴别技术、访问控制计算等提高物联网信息安全等级；物联网信息安全防范服务主要是通过信息泄露防护技术、防火墙技术、病毒防范技术等手段来加强信息安全防范；入侵防御策略服务是通过路由设计和选择等方法使网络具有一定的抗攻击和自我修复能力；隐私保护策略服务是通过法律和技术措施来提高信息安全。

4.3 信息共享运行机制

基于物联网技术的装备信息共享体系效能的发挥关键在于信息共享运行机制，而装备信息共享运行机制主要依赖于装备信息共享组织体系的建设及应用系统的开发，并在此基础上通过各类信息共享模式和信息流实现信息共享，最后形成遵循一定规则的装备信息共享模型。

4.3.1 信息共享应用系统分析

装备信息共享的一个重要基础就是其组织体系，部队装备部门结构是按照军兵种部队分类的"金字塔"形式。在各军兵种内部，各级装备部门按照部门隶属及业务指导关系逐级接入上一级单位，并通过接入其内部的装备综合信息系统来实现与上下级单位以及其他同级单位之间的信息共享；各级装备部门都有与其任务相应的具体业务部门，各业务部门内部还有与其相应的业务信息系统，为本业务部门的信息共享提供支撑。

通过建立一个全军统一的基于物联网技术的装备保障综合信息系统，将各级装备保障部门的各业务系统集成起来，独立寻址的装备、器材、设备等可以广泛参与到装备保障的各类业务流程中，实现各级保障机构对所需信息的有效共享。

战略级装备保障机构接入全军装备保障综合信息系统，并通过全军装备保障综合信息系统实现对全军各级装备部门保障活动的动态监控与管理；各级装备保障机构可以通过本级的装备保障综合信息系统，实现对上级指示、下级命令和同级协调等信息快速、准确的传递，实现信息纵向和横向的广泛共享。分队及各类作战与保障平台既是信息利用的执行者，也是信息来源的采集者，更是物理域活动向信息域信息共享转换的关键环节。各级装备保障综合信息系统共同构成了一个装备信息共享系统体系，该体系是一个集合了装备部门各业务系统的综合集成体系。该体系主要由可靠的部队装备物联网、装备信息管理相关系统、装备保障信息共享中心和信息共享的系统组织架构四部分组成。

可靠的部队装备物联网是全军物联网建设的一个分支，它建立在一个可靠的、全军统一的物联网架构上，为装备信息共享提供基础支撑。

装备信息管理相关系统是建立在物联网基础上的调配保障信息系统、装备物流系统、维修保障信息系统、装备状态性能监测系统、战场全资可视系统、保障模拟训练系统等。其主要功能是根据装备保障的相关业务流程对装备信息进行管理与共享，各相关系统根据需要接入保障指挥信息系统或管理信息系统，或者同时接入两个系统中。

装备保障信息共享中心主要由保障信息融合中心、战役保障指挥中心、战斗保障指挥中心、前方保障基地、后方保障基地等组成。装备保障信息共享中心对各类保障信息进行综合分析后,利用智能决策系统工具提出最佳保障方案,并通过可靠的部队装备物联网实现保障信息的综合共享。装备保障信息共享中心必须具备开放性、可扩展性和模块化接入等特点,并能够根据战场装备保障需求快速开设。

信息共享的系统组织架构是由各级装备保障机构的保障指挥信息系统与管理信息系统共同构成的。根据"训管分离"的原则,各级保障指挥(管理)信息系统按照所属建制接入上一级保障指挥(管理)信息系统。各级保障指挥(管理)信息系统的主要任务是完成对本级及下级节点信息的汇总、处理和融合,储存在服务器中,并将处理后的信息上传给上级装备保障综合信息系统,同时将上级系统下发的信息传递给下级系统,为本级和上、下级保障机构提供信息共享服务。

建立在物联网基础之上的部队装备信息共享应用系统是装备保障信息化的重要基础,广泛的互联互通和信息共享能力,给装备保障体制、保障力量结构、部队装备业务流程、装备保障方式、装备物资管理等方面带来了深刻变革,使保障力量编成向小而精、装备保障向快而准、装备物资消耗向精准化等方向发展。同时,随着基于物联网技术的部队装备信息共享应用系统的建设发展,将使部队装备保障呈现出前所未有的新变化。

4.3.2 信息共享模式分析

在基于物联网的装备信息共享体系中,其信息共享模式分为纵向信息共享模式和横向信息共享模式两种。

1. 纵向信息共享模式

基于统一的物联网体系架构,装备信息纵向信息共享模式可以分为同部门业务系统内的信息集中共享模式和装备部门分层级共享模式两种。

(1) 同部门业务系统内的信息集中共享模式。这种信息共享模式是装备部门的各业务部门内部间的信息共享。在有隶属关系的业务系统内部,处于顶层的单位掌握的信息较多,处于底层的单位掌握的信息相对较少,各级业务部门可以实现自顶而下、自下而上、自中间向两头的信息共享。例如在军事行动中,战区装备保障机构可以通过战区装备保障综合信息系统中的装备物资数据管理系统,查询各级部队装备物资消耗和储备等情况;各保障单元/平台可以直接接入上一级部队装备保障综合信息系统,并通过该系统中的装备物资数据管理系统查询上级部门的装备物资储备和供应等情况；各级部队装备供应部门可以通过本级的装备保障综合信息系统中的装备物资数据管理系统查询下级单位的装备物资消耗和上级单位的装备物资储备供应等情况。同部门业务系统内的信息集中共享更多的是单个业务系统内的信息共享，以装备供应部门为例，如图4-6所示。

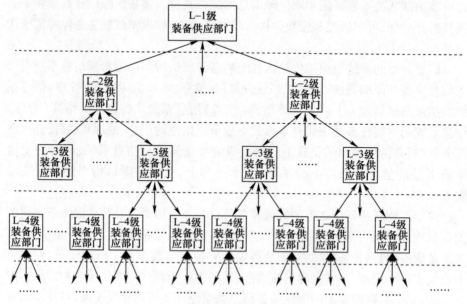

图4-6 同部门业务系统内的信息集中共享模式

在高度统一的部队体制中，装备保障业务更多的是一种"信息分析—决策—执行—反馈"的流程模式，信息流呈现出纵向集中流动的特点。在各业务部门日常的装备信息管理过程中，大量的装备及其业务流程信息都是以这种集中共享的方式服务于装备保障。其主要特点有：

① 集中共享模式适用于有隶属关系的同业务部门内部。

② 以统一的物联网综合信息系统为基础，建立部门业务应用的信息子系统，并通过该子系统将同部门内的各级业务部门的业务衔接起来，实现有隶属关系的业务部门之间信息纵向的共享。

③ 在纵向集中共享的业务信息系统中，每一级装备业务部门都要建立一个自己的信息管理中心，负责对本级业务信息的管理，同时也可以将共享的上下级业务部门的信息存储在本级信息管理中心的数据库里，为本级业务管理服务。

④ 由于装备信息管理与使用的保密性要求，各部门在接入业务信息系统时都要首先进行注册，认证后通过统一分配的用户和密码进行登录使用，并且严禁

将其他业务系统与本部门的业务应用系统进行随意连接。

（2）装备部门分层级共享模式。在这种纵向信息共享模式中,信息共享是通过部队层级的统一决策和协同执行来体现的,每一级部队装备部门都有一个装备综合信息系统,来实现对各业务子系统信息进行融合与管理,并有相应的数据库实现对各类信息资源的统一管理,便于装备部门统一分析、筹划、协调、安排,并协同完成各类装备保障任务。在装备部门的分层级共享模式中,装备部门按部队级别和隶属关系构成"金字塔"式的纵向共享结构。装备部门分层级共享是以各层级的每个部队的装备部门作为共享单位,通过部队装备保障物联网将各共享单位统一连接起来,其结构如图4-7所示。

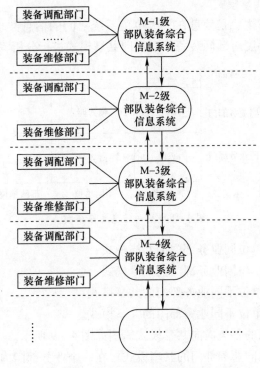

图4-7 装备部门分层级共享模式

装备部门分层级共享模式主要有以下特点：

① 在部队装备部门内部有一个装备综合信息系统,负责对各层级业务信息系统管理,并实现各类业务信息资源的集中管控,能够为各级装备保障提供一个综合的装备信息共享体系。

② 建立一个统一的全军装备物联网,并通过物联网中间件等技术实现信息系统一体化,确保跨地域的部队装备部门信息共享中心能够纵向互联互通,以实

现各级装备部门信息资源的纵向流通共享。

③ 在每个层级的部队装备部门中,各业务部门的信息子系统要接入本级装备综合信息系统,必须在本级装备综合信息系统的信息中心进行注册,统一分配网络地址和接口,并根据本级装备部门在部队装备信息共享组织体系的位置,授予相应的信息共享权限。

④ 纵向的信息共享涉及一个比较重要的问题是下级部门共享上级部门的信息,而上级部门的信息使用权限及信息的密级相对较高,在下级部门进行信息查询及访问时,必须进行身份验证,只有经过验证通过的下级用户才能对上级信息资源库进行查询访问。

2. 横向信息共享模式

横向信息共享主要是信息在平级单位系统之间的信息共享,根据部队单位和业务部门两个纬度对部队装备信息横向共享模式进行分析,如图4-8所示。

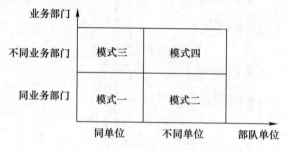

图4-8 横向信息共享模式

模式一:同一单位同业务部门的共享模式;
模式二:不同单位同业务部门的共享模式;
模式三:同一单位不同业务部门的共享模式;
模式四:不同单位不同业务部门的共享模式。

部队装备信息的各类横向共享模式简图如图4-9所示。

(1) 同一单位同业务部门的共享模式。在一个业务部门内,各业务机构/单元在完成相关业务时需要与业务部门内的其他机构/单元协调与配合,在这个过程中各业务机构/单元需要对业务部门内的信息进行共享,有时甚至要对其他机构/单元所采集或产生的业务信息进行实时共享。同一区域同一行业的共享模式不但实现起来相对容易,而且是装备保障协同的基础,以装备维修部门为例,其共享模式如图4-10所示。

同一单位同业务部门的共享模式主要特点如下:

① 在同一单位同业务部门内,本级装备业务信息系统既是部门内各机构/

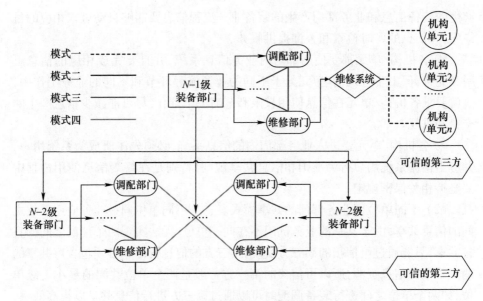

图4-9 部队装备信息的各类横向共享模式简图

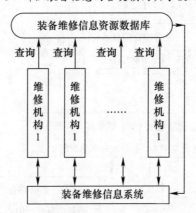

图4-10 同一单位同业务部门的共享模式

单元工作的平台,也是各机构/单元进行信息共享的基础,负责对部门内信息资源的统一管理。

② 同一单位同业务部门的信息共享往往实时性要求较高,随着可独立寻址的装备、器材、设备、物资等参与到装备业务流程中,需要对信息采集设备读取的数据进行及时处理,促进装备保障的协调推进,实现装备业务流程的简化和业务处理的高效。

③ 各机构/单元产生的业务流程信息都进入部门业务信息系统,所以对于部门业务信息系统来讲,要建立一个与其业务相适应的目录库。物联网感知层

产生的装备信息和业务部门产生的装备业务流程信息要能够自动进入相应的目录库,为信息的实时检索和查询提供服务。

④ 各机构/单元都要使用部门内业务信息系统,并且要完成相应的信息更新和完善,但由于各机构/单元处于不同的业务流程环节和不同的业务工作中,这就要求各机构/单元在信息使用权限和范畴上个性化,尽可能减少信息产生的交错和重复。

⑤ 各机构/单元要进入业务部门内的信息系统,必须先注册成为系统用户,并应当遵循系统用户行为准则和信息共享规则,特别是在终端信息使用过程中要坚持相关保密规定。

(2) 不同单位同业务部门的共享模式。它是不同单位同一业务应用系统之间的信息共享,由于共享的业务部门不在同一单位,无法实现两个部门之间的直接共享,只能通过可信赖的第三方实现,第三方的信息资源库必须包含可共享的两个单位的信息资源,所以可信赖的第三方一般是两个单位共同的最小上级单位,如两个单位之间进行装备调配时可以通过第三方进行信息共享以提高效率,其信息共享模式如图 4-11 所示。

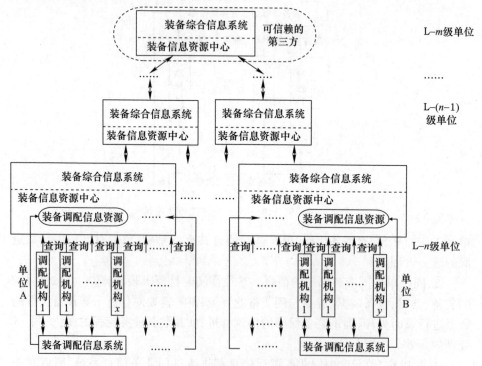

图 4-11 不同单位同业务部门的共享模式

不同单位同业务部门的共享模式主要特点如下：

① 不同单位同业务部门之间的共享主要依赖可信赖的第三方来实现，所以装备保障的物联网体系内各单位、各业务部门之间的系统能够互联互通和下级单位对上级单位进行无保留的信息资源提供是实现其信息共享的前提和基础。

② 不同单位同业务部门之间的信息共享是部队装备信息管理的一个重要方面，其信息共享是在部门内的业务系统内实现的，共享信息源于第三方的装备综合信息系统的信息资源库。

③ 通常上级单位拥有更高的信息访问权限，所以不同单位同业务部门之间通过第三方进行信息共享时需要申请注册，只有第三方平台确认用户为所属单位，才能根据用户等级及业务部门授予相应的访问权限。

④ 第三方能够为所有所属单位提供相应的信息共享服务，但并不是将第三方的信息库开放地提供给所属用户，而是根据用户单位的业务需求以及信息的密级进行设定，这既是提高信息共享效率的需要，也是提高信息共享安全的必要措施。

⑤ 第三方提供的信息共享通常实时性较低，但信息化条件下联合作战装备保障由传统保障向精确保障，乃至向感知与响应保障方向发展已经成为一种趋势，其中最主要的是提高相互协同的各单位之间的信息共享时效性，建立第三方信息管理分发机制将成为信息实时共享的一种主要措施。

（3）同一单位不同业务部门的共享模式。同一单位不同业务部门的共享是装备保障部门内不同业务部门之间的信息共享，本单位接收新装备后，各业务部门对自身装备信息系统进行完善就是一个典型事例。接收新装备后，调配保障人员要及时对调配保障信息系统进行信息更新，仓储人员可以通过共享调配保障信息系统内的新调配装备信息，完善更新仓库保障物资数据管理系统的信息，其他各系统人员可以通过信息共享快速完善本系统信息，并提供新的共享信息，不但大幅提高了工作效率，而且实现了本级单位内各业务部门对装备信息动态管理的一体化。同一单位不同业务部门的共享模式如图 4-12 所示，主要有如下特点：

① 在同一个单位内部建立一个装备综合信息系统，装备综合信息系统里的信息资源中心负责对各业务部门的信息资源进行分类统一管理。各业务部门需要共享单位内其他业务部门的信息时，可以在装备信息资源中心的目录库里查询信息目录，并实现信息共享。

② 装备综合信息系统里的信息资源中心由装备部门统一管理，单位内各业务部门负责本业务目录库更新完善。

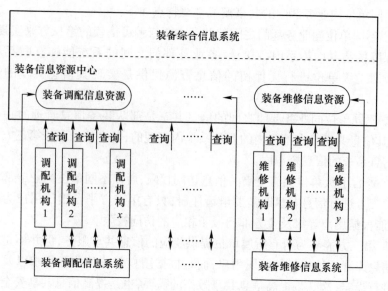

图4-12 同一单位不同业务部门的共享模式

③ 各业务部门之间进行信息共享需要通过装备信息资源中心来完成,装备综合信息系统不仅支持各业务部门之间的信息共享,而且支持多系统同时对装备信息资源中心内各业务部门信息资源的共享。

④ 各业务部门的信息资源不但提供给本级装备部门统一管理,而且还提供给自己的装备信息资源数据库,为同业务部门内信息资源共享做支撑。

⑤ 在同一单位内部,各业务系统集成在单位的装备综合系统上,各业务部门在进行跨业务部门信息共享时,首先进入自己部门的系统,经过用户名和密码的认证后可以实现对装备综合信息系统访问,从而实现对同一单位内其他业务部门信息资源的共享。

⑥ 同一单位不同业务部门之间的信息共享是遵循一定规则的,如通过传感器、RFID设备、定位系统终端等获得的信息经过加工处理后直接上传到哪一级,跨业务部门进行信息访问时需要进行认证和授权许可等都需要在系统中进行提前预设。

(4) 不同单位不同业务部门的共享模式。不同单位不同业务部门的信息共享是不同单位不同业务应用系统之间的信息共享,由于共享的单位既不是同一单位,也不是同一业务部门,必须通过可信赖的第三方来实现信息共享,以战时装备调配部门和装备维修部门之间的信息共享为例,实施战损装备的维修、补充、配件供给等是其业务信息共享的主要内容,共享模式如图4-13所示,主要特点如下:

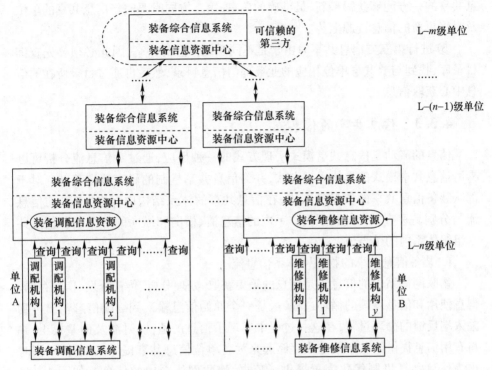

图 4-13 不同单位不同业务部门的共享模式

① 不同单位不同业务部门之间的共享同样依赖可信赖的第三方来实现,但其信息共享是依赖装备综合信息系统来实现的,这就对第三方的信息资源库建设和信息资源分类提出了较高要求,第三方必须能够提供一个完整的各级信息资源目录。

② 不同单位同业务部门之间的信息共享是部队装备保障发展的一个主要趋势,为了实现保障力量的优化,要求各保障单元之间,以及与作战单元之间能够实现快速的模块化接入,这种情况的信息共享都需要可信赖的第三方(临时编组产生的共同上级)作为信息共享的平台。

③ 在通过第三方进行信息共享时,为了适应保障单元的模块化编组及接入,信息共享单位在注册成功的基础上,每次登录必须进行身份认证,这是因为同样的保障单元在实施完保障后,可能会迅速编入另一个单位进行保障,当需要时会再次编入前一个单位,所以为适应这类灵活编组、快速接入的方式,共享单位不必每次接入都进行注册,但每次登录必须进行身份认证。

④ 通过第三方进行信息共享的单位必须与第三方签订有关信息资源共享的行为准则,要实时将更新的信息传递给第三方的信息资源库,以便需要进行信

息共享的一方能够获得最新、最准确的信息,第三方同时要监督信息共享的单位及时将更新的信息资源上传。

⑤ 进行第三方信息共享时由于是不同系统信息的共享,因此必须要先查询目录库,找到与要共享单位相应的业务部门信息目录,然后再通过目录所在的信息中心获取信息。

4.3.3 信息共享的信息流

信息的流动是信息共享模式实现方式的一种反应,通过对信息流分析可以弄清信息共享模式的具体实现方式,并为信息共享机制的研究奠定基础。对于部队装备信息共享的信息流来讲,在信息共享的体系结构内存在"三维的信息流",分别是垂直方向的物联网体系内的信息流、横向和纵向的部队装备信息共享组织体系内的信息流。

1. 装备信息共享的物联网体系信息流

物联网体系内的信息流是信息的采集获取、处理分析、传输分发、信息存储、信息使用和信息反馈的循环过程,这是一个原始信息输入到终端信息输出再到输入端反馈的循环过程,在这一过程中实现了信息的清洗、过滤及偏差校正,并将有用信息提供给共享单位或存储起来为各单位信息共享提供基础资源,同时也为信息共享机制优化完善提供了依据,物联网体系内的信息流如图4-14所示。

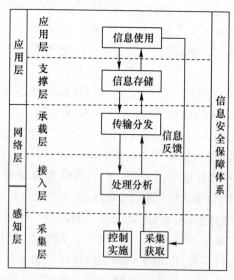

图4-14 物联网体系内的信息流

（1）信息采集获取：信息在采集层完成各类装备及装备业务流程等原始信息的采集获取。

（2）信息处理分析：对采集获取的信息进行分类、融合与分析，其作用是进行目标识别、定位、跟踪及各类业务流程信息的组织与分类。

（3）信息传输分发：为处理分析过的信息选择传输的方式、通道等，无论是实施共享还是存储在本级信息系统的数据库中都需要进行信息的传输，在局域网内统称有线传输和无线传输等，跨地域、跨单位等远距离传输通常采用有线、卫星等传输方式。

（4）信息存储：为传输分发的信息持续利用提供储存的方式和位置，信息存储是根据需要建立与各级单位相应的信息资源库，是信息共享的首要保障。

（5）信息使用：是对存储的信息提取利用或对采集的信息进行共享应用。

（6）信息反馈：将使用过的信息反馈到输入端进行比较，是校正信息管理和决策偏差的重要步骤，信息反馈也是信息实时更新和信息共享循环的重要基础。

在装备保障的物联网体系中，无论是采集后直接被共享的信息，还是采集后存储到数据库的信息，都要经过采集层和接入层来实现信息的获取与分析处理，实时共享的数据在经过分析处理后通过承载层直接进入本级系统，或者实现跨地域、跨单位、跨部门之间的远程信息共享，非实时共享的信息则直接进入本级系统的数据库，并通过分类处理后提供给本级综合信息系统的信息资源中心和同业务部门的上级业务信息系统，以支持基于信息共享的决策和依赖第三方进行信息共享等任务。

物联网信息共享发展的一个重要趋势是共享控制，即从物联到物控的拓展。信息在使用过程中产生的决策与控制信息经过支撑层处理后会自动存储起来，形成重要的信息资源；同时，处理后的信息通过网络层传输到达对装备管理与控制的接入层，信息在接入层根据目标进行分发，并在感知层通过设备终端的感知系统实现对装备的自动控制，从物联到物控的信息共享过程也是信息在物联网体系内从下到上后，再从上到下的逆过程。共享控制的产生推动了装备保障的"无人化"发展，通过物联网控制的机器乃至机器人将成为装备保障的新趋势，不仅可以实现装备保障的高度一体，而且可以实现对"核化生"等特殊环境的侦察、保障等任务。

2. 装备信息共享组织体系内的信息流

信息共享组织内的信息流在纵向上是从下向上地反馈信息，从上向下地传递信息指令，交互完成信息的双向流动；横向上是同级或同单位的信息系统之间的信息共享流动，各级保障机构既是信息的采集者，也是信息的使用者，还是信息共享节点的构建者,如图 4-15 所示。

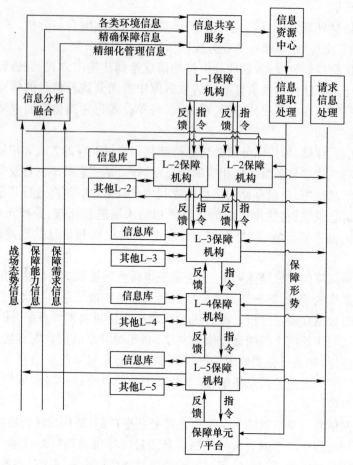

图 4-15　部队装备信息共享组织体系内的信息流

(1) 纵向的信息流。基于物联网的装备保障综合信息系统将各级保障机构采集到的保障需求信息、保障能力信息、战场态势信息通过归纳分类、信息融合、综合分析等方式进行分析处理,主要形成精细化管理、精确保障和各类环境等信息为信息共享提供资源支撑。同时,信息分类存储在各级装备综合信息系统的信息资源中心,由于各级装备保障机构(平台)的装备保障综合信息系统(信息系统)是按照隶属关系接入上一级的装备保障综合信息系统,所以各级保障机构(平台)可以通过装备保障综合信息系统实现装备保障态势等各类信息的共享。

各级保障机构根据上一级的指令信息和从装备保障综合信息系统中共享获

取的各类信息进行综合分析,制定科学的决策方案,并通过本级装备保障综合信息系统提出各类需求处理,同时以指令的形式将决策方案下发给下一级保障机构(平台),保障行动落实以后及时向上级保障机构反馈保障活动信息。

(2) 横向的信息流。装备保障活动不仅是联合保障的一部分,还是联合作战的一部分,各级保障机构需要与同级保障机构和作战机构之间密切配合、协调一致,这就需要各级保障机构在实施保障行动之前要把保障行动通过信息共享的方式传递给同级保障机构和被保障的作战机构,避免保障活动的混乱、无序,确保保障行动高效、准确、协调一致。同时,各级保障机构作为信息的采集者和信息共享中间节点的构建者,还必须把自身采集获取的信息、保障行动信息、上级机构的指令信息、下级保障机构(平台)的反馈信息储存在本级综合保障信息系统的信息库,为装备保障的信息共享提供重要的信息资源。

4.3.4 信息共享模型

从物联网信息应用的角度分析,装备信息共享的实现主要包括信息采集、信息管理、指挥控制、保障行动和评估反馈5个步骤。为了能够更加清晰准确地描述信息共享流程,在包括感知层、网络层、应用层的三层物联网体系结构基础上,将装备信息共享的物联网分为采集层、接入层、承载层、支撑层和应用层5个子层结构,从而构建一个五层的部队装备信息共享的物联网体系架构。在这个体系架构内,与信息共享实现步骤相对应的是信息采集、信息处理、信息控制、信息使用和信息反馈5个功能模块,以这5个功能模块为基础,按照IDEF0方法建模,如图4-16所示。

模型中部队装备信息的内容、流动过程、流动机制以及主要支撑技术如下:

I1:装备信息包括装备的识别代码、基本性能、数质量、储备、调配、日常管理、维修、战备与训练、装备经费与人员情况等相关信息。

I2:态势信息包括敌我双方装备部署、受损情况、战场位置、机动能力、战场环境、装备和弹药消耗、支援保障情况,以及根据敌我双方态势对战场装备保障行动预测等信息。

I3:保障资源信息包括仓储情况、物流运输能力、精确保障能力、维修资源及能力、各类计划与方案数据库、综合评估机制等信息。

M1:情报与决策支持主要目的是根据战场环境和作战需要选定信息采集的区域、时间、目标、手段等。

M2:信息优化重组是利用物联网技术对原始信息进行综合处理的一种手段,是提取有用信息的必要步骤,更是海量信息处理的必要措施。

M3:数据库建设与管理是为了更好地完成信息管理,确保信息共享的安

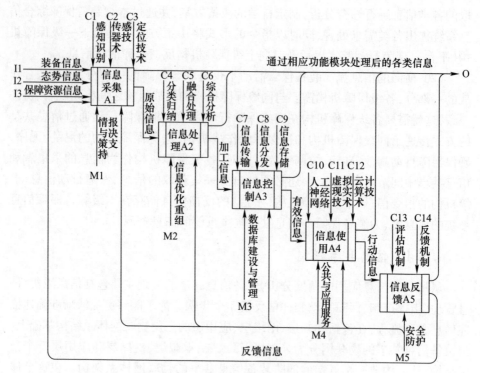

图4-16 装备信息共享的业务流程模型

全性。

M4：公共与应用服务是基于物联网技术的信息共享体系架构下的信息管理与应用功能，主要是解决海量信息中的共享问题。

M5：安全防护是在信息的采集、处理、控制、使用和反馈过程中采取各种技术手段，以提高信息的防泄露、防窃取、防攻击的能力。

O：通过相应功能模块处理后的各类信息是信息在共享流程中变化的重要体现。通过信息共享流程运行分析，既可以检验基于物联网的信息共享机制在运行过程中存在的各种问题，又有助于通过查找出的问题完善信息共享机制、各类标准协议，推动关键性技术问题的解决，从而形成部队装备物联网信息共享体系建设的良性循环机制。

部队装备物联网信息共享体系建设不仅涉及物联网的体系架构、中间件技术、传感网技术、通信技术、网络技术、发现与搜索技术、安全防护技术等，还涉及各类标准协议，以及信息共享的运行机制，这是一个复杂的系统工程。根据部队装备物联网信息共享流程，对部队装备物联网信息共享体系架构与运行机制进行分解研究，可以简化部队装备物联网信息共享体系从理论研究到设计实现的过程。

1. 信息采集模块

信息采集是信息共享的基础性工作,是物联网感知层的任务。信息采集的技术主要有感知技术、定位技术、识别技术等。基于物联网的信息共享体系可以采集装备、态势、环境、保障资源等相关信息,其主要类型有文字、图片、声音、电磁频谱等。结构设计和技术性能越先进的识别感知体系,采集的信息数量和质量越占优势。信息的采集不仅依靠感知设备完成,还可以通过侦察和情报人员利用自身携带的侦察与情报搜集设备直接获取,信息采集模块如图4-17所示。

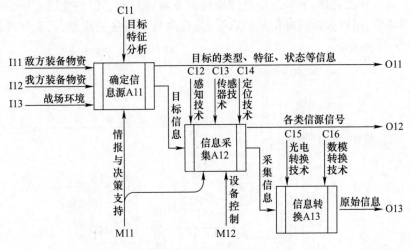

图4-17 信息采集模块

模型中信息采集功能实现及技术需求如下:

A11:确定信息源是根据情报与决策支持,通过目标特征分析对敌我双方装备及保障物资、战场环境等特征进行分析比对,确定信息源。

A12:信息采集是利用信息采集、识别、定位、传感等设备对确定的信息源目标进行信息采集。信息采集设备的布置、数量、抗干扰能力,以及设备的识别能力、存储、传输、能量消耗等性能因素是影响信息采集的完整性和真实性的重要因素。

A13:信息转换是伴随着信息采集而发生的流程,信息被采集后在动态的信息共享过程中,信息的所有权、使用权,信息资源符号、载体、记录方式都会随之发生转换,其中信息的所有权和使用权对研究基于物联网的部队装备信息共享更为重要。

M11：情报与决策支持是帮助确定信息源和信息采集的必要条件，根据情报分析，决策需要什么信息，系统就会通过对终端采集设备控制来采集相应信息。

M12：设备控制是指对终端信息采集、识别、定位、传感等设备的控制，是信息采集的关键，决定着能否采集到足够、准确、及时的信息，事关信息优势的形成。

2. 信息处理模块

信息处理是将采集到的原始信息通过分类归纳、融合处理、综合分析等技术手段进行加工处理，对有效信息进行提取、分类，并使其有序化，在此基础上对其进行汇集与转发处理，为海量信息处理与服务奠定基础。信息处理是信息共享的必要环节，可以大幅缩减信息检索时间、提高搜索信息的质量，信息处理模块如图4-18所示。

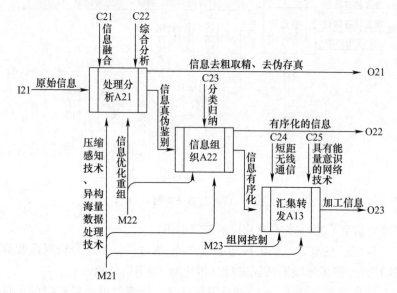

图4-18 信息处理模块

模型中信息处理功能实现及技术需求如下：

A21：处理分析是指对原始信息进行融合处理与综合分析，对采集的原始信息去粗取精、去伪存真，为信息传输提供真实可靠的信息源。

A22：信息组织是通过分类归纳，使信息有序化。信息组织主要有两个阶段，序化阶段是将无序的信息按照一定的方法使之有序化，优化阶段主要是针对某种目的对信息再次进行序化。

A23：汇集转发是通过短距无线通信，具有能量意识的网络技术等手段，将感知、识别、传感、定位等采集终端设备的信息简单处理后上传到传输网络中,或者实现信息从传输层到感知层的转发。

M21:压缩感知技术、异构海量数据处理技术是信息处理环节重要的支撑技术,可以有效解决信息在传感网中的感知、传输、容错、存储、处理等技术问题。

M22:信息优化重组是通过技术手段对信息进行融合、分析、序化和优化,方便信息使用者有效地利用信息。

M23:组网控制是利用 ZigBee 无线通信技术对各类信息采集与传感设备节点进行组网,并实现对其能量管理、拓扑管理、QoS 服务支持、移动控制、远程管理等。

3. 信息控制模块

信息控制是在信息共享体系中,利用信息传输、信息分发、信息存储等技术为信息使用提供条件。其中,信息传输技术可以限制信息传输中的"失真"现象,信息分发主要是为信息使用者提供及时、准确、高效的信息服务,海量的信息存储是物联网信息共享的基础,所以信息控制的能力决定了信息互联互通和信息利用的效率与效益,信息控制模块如图 4 - 19 所示。

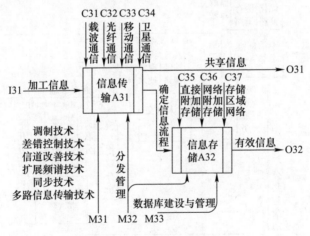

图 4 - 19 信息控制模块

模型中信息控制功能实现及技术需求如下:

A31:信息传输是对加工信息进行传输,其主要的传输手段有载波通信、光纤通信、移动通信、卫星通信等。

A32:信息存储是信息控制的重要组成部分,待传输的信息或经过传输的信息都需要储存,同时需要建立数据库对信息进行管理,物联网的网络信息存储主要有直接附加存储、网络附加存储和存储区域网络。

M31：调制技术、差错控制技术、信道改善技术、扩展频谱技术、同步技术、多路信息传输技术等是信息传输的重要技术，利用信息传输技术可以有效降低信息传输过程中的"失真"现象，提高信息传输的可靠性和准确性。

M32：分发管理是提供信息识别、传输与访问的有效方式。

M33：数据库建设与管理是为了更有效地对数据管理，更好地实现信息资源共享；对于军用物联网的数据库来讲，其安全管理至关重要，是军用物联网建设应当着重考虑的一部分。

4. 信息使用流程

信息使用是利用人工神经网络、虚拟现实技术、云计算技术等新型物联网技术，实现部队装备的调配、日常管理、经费管理、仓储管理、物流运输、退役报废、技术保障、维修保障、战场保障、法规制度建设等活动中的信息共享，信息使用的需求是信息共享机制不断完善的根本动力，其一般步骤是信息检索、人机交互和智能决策，信息使用模块如图 4-20 所示。

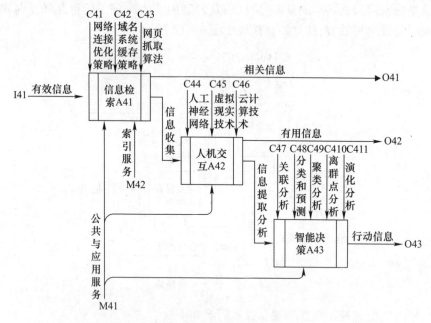

图 4-20 信息使用模块

模型中信息使用功能实现及技术需求如下：

A41：信息检索是通过网络连接优化策略、域名系统缓存策略、网页抓取算法等手段对信息进行搜索提取，是信息使用的前提和基础。

A42：人机交互是信息利用的关键，通过人工神经网络、虚拟现实技术、云计算技术等手段，对系统信息进行再生和表示，使系统信息转化成人所理解的知识。

A43：智能决策是在人机交互基础上，结合人的能力、经验、士气等因素，利用关联分析、分类和预测、聚类分析、离群点分析、演化分析等手段对系统信息形成的态势认知进行决策。

M41：公共与应用服务是信息使用的实现方式，根据装备保障指挥活动类型建立相应的公共与系统应用服务，方便信息使用。

M42：索引服务是利用索引技术建立一个搜索引擎，对需求信息进行查找；索引服务的成功与否决定着信息提取的准确性和信息利用的效率，是信息共享的关键技术之一。

5. 信息反馈流程

信息反馈是在信息使用后对信息效能的分析，以及对信息利用和效能评估的反馈。当信息被使用后，通过信息评估和信息反馈手段既可以检验信息使用的效果，又可以将信息使用的输出信息反馈给信息采集端，完成新一轮的信息共享；同时通过信息反馈还可以检验基于物联网的信息共享体系运行存在问题，有助于推动物联网应用向更高层次的智能物联网发展，信息反馈模块如图4－21所示。

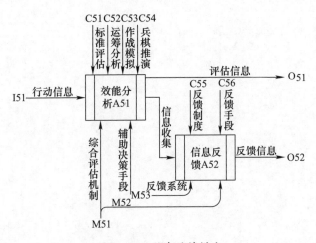

图4－21　信息反馈模块

模型中信息反馈功能实现及技术需求如下：

A51：效能分析是通过标准评估、运筹分析、作战模拟、兵棋推演等手段对行动信息的效能进行分析，同时与反馈后的信息效能分析进行对比，以提高信息利用的质量和信息系统管理的效能。

A52：信息反馈是及时发现信息系统管理偏差，有效进行协调控制的手段，也是对信息更新及动态利用的重要途径，好的反馈制度和反馈手段可以促进信息利用的螺旋上升，不断逼近理想的信息管理目标。

M51：综合评估机制是对信息使用过程中的效能和信息反馈的效果进行评估、比对，是信息利用效果的衡量方法。

M52：辅助决策手段主要是物联网技术手段下的辅助决策软件、平台、决策资源库等，可以对行动效果进行预先模拟、分析、评估，以便提前调整完善决策方案，从而提高信息的利用效能。

M53：反馈系统是用于解决信息反馈的应用系统，能够根据信息使用和效能评估，及时准确地进行信息反馈，提高信息利用的完整性和准确性是信息反馈的根本目的。

第 5 章　装备保障信息标识

只有对装备进行准确合理的信息标识,才能应用物联网技术获取装备的相关信息,完成处理、传送和交换等功能,从而实现对装备的有效控制和管理。装备保障信息标识主要包括装备识别、装备编目及装备分类编码等内容。统一的装备标识是装备资源一体化管理和实现信息资源共享的工具,可避免部门之间对装备的交叉管理,可澄清装备的互换性及替用性,减少装备品牌,避免装备在生存周期内各个环节所造成的浪费,促进装备信息交流,提高装备利用率,加强军队和生产部门之间、各部门之间的联系。指挥员可以据此安全准确地调动装备物资,缩短对装备物资及零部件需求和供应的决定时间。对装备部门来说,可为战备保证最佳库存数量,避免重复设计、制造,以获得可信的装备档案。

5.1　装备识别体系

装备识别是以军事装备的单件物品或最小包装为对象进行区分、标识、管理和服务的工作,用于唯一识别装备、物资、器材等身份及属性信息。由于装备数量巨大,在装备保障工作中,只有通过唯一识别进行区别和标识,才能使装备的论证、生产、试验、采购、调配、调拨、储存、使用、维修、退役报废等工作高效运行。装备识别体系建设的最终目标是要实现全军装备、物资、器材及其信息的唯一标识,为实现装备识别数据集中统管,装备态势数据实时可视,装备信息系统互联互通奠定基础。

5.1.1　装备识别体系的地位作用

建立装备识别体系,实现装备的唯一身份识别,对于加强我军装备管理、充分发挥装备使用效益、提高装备保障能力具有重要的作用。

1. 装备识别体系有利于促进装备信息化发展

装备信息化建设要求在全军统一的顶层规划设计下,建立一体化装备保障信息系统。当前,我军装备保障信息化建设取得了一系列成果,但在具体实施环节中还存在诸多有待研究解决的问题,装备信息的共享应用还存在一系列瓶颈和制约因素。其中,关键的因素是军事装备的唯一标识,这是解决"信息孤岛"问题、实现信息系统互联互通的基本条件。装备识别体系作为军事装备各类信息的纽带,对于优化数据结构、完善装备信息标准,加强全军装备信息系统顶层设计具有关键意义,为建立全军一体的装备保障模式奠定基础,是我军装备信息化建设的基石。

2. 装备识别体系有利于实现装备全寿命精确管理

通过装备识别,可对装备物资在论证、生产、采购、调配、调拨、储存、使用、维修、退役报废等环节的全寿命工作中做到管理准确定位,实时掌握装备状态,能够在任何时间、地点对物品和过程的智能化感知、识别和管理,提高装备物资统计信息的标准化和规范化水平,实现装备全寿命周期的追溯,加强装备的精确管理,减少不必要的库存和维护费用以及已有资产的重复采购,节约大量经费。

3. 装备识别体系有利于实现装备信息的共享应用

通过装备识别,为装备信息在各业务领域的应用提供基础性技术支撑,建立装备信息的统一标识,综合应用各种信息技术,实时掌握装备的态势信息,实现装备信息系统的互联互通,有利于突破各业务领域之间的信息壁垒,满足各业务系统对装备信息的需求,为信息的流转和共享分发提供基本依据。

5.1.2 装备识别体系存在的问题

目前,我军部分装备采用了唯一识别管理,由于缺乏统一标准,仍然存在以下问题,无法满足信息化发展对军事装备唯一识别的要求。

(1) 识别代码覆盖不全面。目前,我军只在部分装备上使用了唯一识别代码,如枪号、炮号、车号等,部分贵重的器材、弹药和设备使用了唯一识别代码,其他装备物资仅实现了品种识别。

(2) 识别代码管理职责不明确。由于装备识别代码尚未建立统一的管理制度,导致各军兵种、各类型装备的识别代码管理工作职责不一致,管理流程不统一,识别代码难以有效运用并发挥其应有的作用。例如,通用装备的唯一识别代码通常由承研承制单位赋予,空军装备唯一识别代码由空军装备管理部门赋予。

(3) 识别代码格式不统一。识别代码是装备物资管理信息化的基础,是装备信息的基本标识,需要在全局性规范的约束下,统一代码格式、统一标识方法,确保其唯一性和一致性。由于没有统一的编制标准,装备的编号方式存在差异,如部分装备的识别代码中都有生产年份要素,但生产年份的表示就有多种方式:

一是直接采用生产年度,二是采用生产年度的后两位,三是采用"生产年度 – 定型年度"。

为提高我军装备管理效率,增强装备全寿命管理能力,避免军事装备数量不准确、装备数据重复建设、装备信息共享困难等问题,有必要建设装备识别体系,建立相关制度,实现装备的唯一身份识别,对于加强我军装备管理、充分发挥装备使用效益、提高装备保障能力具有重要的作用。

首先,应引起各级装备机关和部门的高度重视,下定决心,明确职责,摸清装备基本信息,加强军事装备识别体系的统一管理,大力推进装备识别体系的应用,为装备精确化保障奠定基础。

其次,应从顶层设计入手,综合考虑各业务应用需求,完善装备识别体系相关标准和管理制度,建设军事装备识别管理平台,为军事装备识别体系的全面应用提供保障。

最后,各相关业务系统应及时调整数据结构和数据接口,满足装备识别体系建设与应用的要求,促进装备保障系统的互联互通与信息共享。

装备识别体系建设是装备信息化建设的基础性工程,能够为装备建立统一的身份标识,对促进装备信息的规范化、增强信息系统互联互通能力具有至关重要的作用。同时,军事装备识别体系建设极其复杂,涉及面非常广泛,工程量巨大,需要面向全军装备信息化建设的大局,从装备保障信息化发展需求入手,搞好顶层规划,设计管理流程,明确管理职责,从制度上确保装备识别体系管理工作顺利有效开展。

5.1.3 装备识别体系的基本构成

建立装备识别体系涉及部门众多,数据可靠性、一致性要求高,需要通过一系列技术手段和管理手段,只有建立完整的军事装备识别体系,才能保证装备识别工作的顺利进行。

装备识别体系主要由装备识别代码、数据标识、管理系统、查询与解析服务、法规标准等部分组成。其架构如图 5 – 1 所示。

1. 装备识别代码

装备识别代码是装备识别体系的核心,是指军队系统内唯一、寿命周期内不变的装备、器材、设备身份标识码,主要包括单装识别代码、器材识别代码和设备识别代码。装备识别代码既可以作为装备的唯一标识,也可作为装备信息的标识。装备识别代码采用分段式编码结构,采用装备属性中终生不变的信息作为其标识项,如装备承研承制单位的组织机构代码、生产日期、序列号等。为检验代码在使用过程中的读写错误,装备识别代码还应包含验证码,作为装备数据检

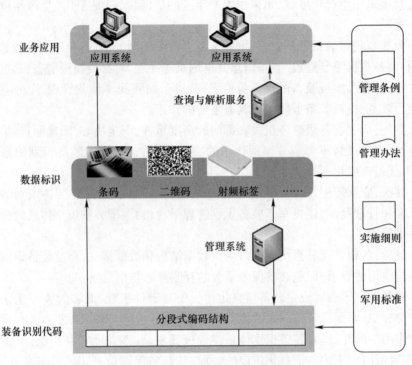

图 5-1 军事装备识别体系架构

测的依据。

2. 数据标识

数据标识可采用一维码、二维码、RFID 标签等数据载体,将装备识别代码及装备属性数据标注在装备上,便于采集装备信息,实现装备的自动识别。采用不同的数据标识方法,存储的数据内容可以不同,通过相应的法规标准应当严格规定各种数据载体、各类型装备的数据格式,提高数据标识的通用性。

3. 管理系统

建立装备识别代码管理系统,目的是加强装备识别数据管理,为各业务系统提供统一的装备识别数据基础。管理系统的主要功能包括:

(1) 实现装备识别代码管理过程控制,辅助完成装备识别代码的赋码、审核、上报、注销等管理过程。

(2) 建立装备识别代码信息资源库,实现装备信息的动态监控,为保障决策提供依据。

(3) 为业务系统提供装备基本信息,实现各系统的数据一致性,为数据共享与分发奠定基础。

4. 查询与解析服务

查询与解析服务为部队装备工作和装备信息系统提供装备识别代码查询与进行分析有关的服务,主要包括通过代码查询装备性能、属性、状态、分布等信息服务。

5. 法规标准

为加强装备识别工作管理,保证装备识别体系的正常运行,在现有的法规标准基础上,从顶层规划入手,建立一系列管理条例、管理方法、实施细则、军用标准等,形成完整的法规标准体系,明确有关机构职责,规范装备识别代码赋码、审核、使用、退出等过程。

（1）装备识别代码管理办法。装备识别代码管理办法制定的目的是规范装备识别代码管理工作,明确有关机构职责,规范装备识别代码赋码、审核、使用、退出等过程的管理工作流程和要求,为装备识别代码管理提供基本依据。

（2）单件赋码目录。单件赋码目录制定的目的是满足装备管理要求,实现装备识别代码的规范化和全军各军兵种装备识别代码的一致性,统一规范装备赋码方式,目录中规定的装备必须按件赋码。单件赋码目录主要包括弹药装备、装备零部件及维修器材、设备等目录。

（3）装备识别代码标示标准。装备识别代码标示标准制定的目的是规范装备识别数据标识,规范标识内容、方式和方法,提高装备识别代码及其属性数据的识别能力。

5.1.4 装备识别体系的运行机制

装备识别体系是装备信息化建设的重要基础,涉及部门广泛,需要严格管理,合理设计管理流程,明确各部门管理职责,以确保装备识别体系的有效运行,发挥应有的作用。

根据装备管理保障相关法规,装备识别体系的运行主要包括赋码、标注、验收、上报、审核、使用、服务和注销等过程,涉及军委机关、各军兵种、各级各类部队、装备的承研承制单位、驻厂军事代表机构或装备采购单位等,如图5-2所示。

1. 赋码与标注

赋码是装备识别代码产生和标示的过程。在当前装备订购体制下,存在多个单位同时订购同一承研承制单位生产的装备的情况,为保证装备识别代码的唯一性,在订购单位指导下,由承研承制单位负责赋码,并进行标注。

2. 验收与上报

验收是在装备赋码后,由驻厂军事代表机构或订购单位负责核对装备识别

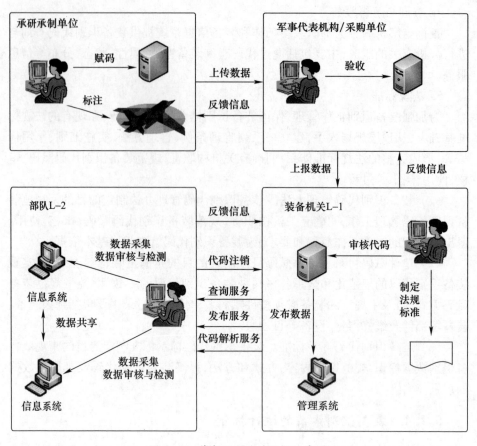

图 5-2 装备识别体系运行示意图

代码的有效性、唯一性。在装备识别代码验收合格后,由驻厂军事代表机构或订购单位负责将装备识别代码信息上传至装备机关。

3. 代码审核

装备机关装备识别体系管理机构负责对全军上报的装备识别代码进行重码、多码、缺码、码制不符等问题的分析,并对发现的问题及时反馈给赋码机构。

4. 代码使用

在装备履历书、装备信息登记表、装备信息系统等需要对军事装备及其信息进行区分的场合,应当使用装备识别代码作为装备标识或装备信息标识。例如装备信息采集、装备数据审核与检测、装备数据共享等过程。

5. 代码服务

为部队装备工作和装备信息系统提供装备识别代码服务,包括代码发布服务、代码解析服务和代码查询服务。

（1）代码发布服务：发布经过审核批准的新增代码、修订代码、注销代码情况。

（2）代码解析服务：为装备信息系统提供装备识别代码的一物多码、有物无码、码制不符等合法性分析服务。

（3）代码查询服务：提供通过代码查询装备性能、属性、状态、分布等信息服务。

6. 代码注销

为保证装备识别代码信息的准确性，应建立其注销机制，记录装备识别代码终结的过程，并及时上报装备识别代码注销信息。

5.2 装备编目

5.2.1 装备编目的概念

装备编目是借鉴图书编目的做法，采用标准化的方法，获取、处理和管理全军每一件装备、物资、器材信息，规范装备分类、命名和描述，实现装备数据采集、存储、标志和交换的统一过程。装备编目的目的是为装备信息系统提供一套统一的、科学的"共同标准"，用以规范业务、整合信息，实现不同信息系统之间的信息交换。借助于装备分类、命名和描述的规范，梳理出装备归属分类，并为实现装备信息化提供一种通用性语言，是装备保障信息化重要的基础性工具之一。装备编目系统是将全部装备信息经过一体化、标准化、数字化处理后的动态"装备电子百科全书"，是一个集政策法规、标准规范、信息系统、数据资源和配套的组织机构于一体的军用装备信息环境。

装备编目系统建设，是通过对装备进行合理的分类，为全军每一件装备、物资、器材统一赋予唯一的"装备识别代码"，并统一注册和管理每一件装备、物资、器材的名称、分类代码、所属单位等通用属性及战术技术指标、技术检查情况、使用情况、交接登记、修理登记等专用属性数据，构建包含"装备识别代码"、通用属性数据和专用属性数据的装备编目数据资源库。结合装备射频识别系统试点建设，实现"一装一码一卡"，为装备在采购、调拨、保管、保养、封存、启封、动用、使用、维修直至退役报废寿命周期过程的统一标识、自动识别、数据检索与交换提供支撑和服务。专项建设的目标是实现全军逐号装备"唯一标识"，装备编目数据"集中统管"，装备编目系统"服务全军"。装备编目系统是一体化指挥平台、装备管理业务应用系统的重要数据支撑，相互间能组织数据信息互换。其关系如图5-3所示。

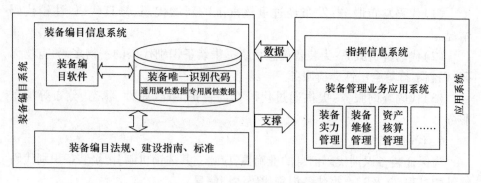

图5-3 装备编目系统与指挥信息系统关系

5.2.2 装备编目系统建设的必要性

1. 统一"装备识别代码",为联合作战装备信息互联互通奠定基础

建立装备编目系统,规范全军装备基础数据,实现各军兵种装备统一分类编码、统一定义描述,全军装备全寿命周期唯一标识,消除信息壁垒,打通信息环节,从根本上解决标准不统一、管理体制不统一以及代码管理不统一的问题,实现各系统之间的无缝链接,各军兵种部队之间装备信息充分共享,为形成基于信息系统的体系作战能力奠定基础。

2. 集中管理"装备信息",实现装备信息的一体化、标准化、数字化管理

一体化规划、管理和控制全部的装备信息,对全部的装备信息进行系统的类别划分、准确的定义描述、统一的标识赋码、精细的数据采集,所有信息都有明确、强制的技术和管理要求,以实现数据的标准化。建立基础信息和使用状态信息数据库,实现装备信息的全数字化,为装备管理信息化奠定基础。

3. 实现装备信息实时可控,为装备管理业务应用提供数据来源

装备编目系统通过记录技术检查情况、使用情况、交接登记、修理登记等装备信息,实现装备管理寿命周期中的过程和活动信息的动态实时可控,通过装备编目系统能够实现装备信息的实时查询、统计、发布等功能,为装备管理业务信息系统提供数据支撑,是实现装备平时精细管理、战时精确保障的重要基础。

4. 实现全军装备基础数据规范,为全军装备管理信息系统提供数据支撑

在装备管理过程中,各单位为满足自身业务需要制定了各自的装备编目规范,导致无法实现装备数据的全军共享。结合自主装备射频识别系统试点建设,全军编目系统建设用统一的、规范化的编目方法建立全军通用的装备信息交换语言,统一全军装备基础数据内容和数据格式,促进装备采购、调拨、保管、保养、

封存、启封、动用、使用、维修、退役报废等装备管理工作规范高效,保障装备全寿命管理的唯一性和精确性,为全军装备管理信息系统提供数据支撑。

5.2.3 国内外研究现状

军用物资编目系统起源于美国。1954年,美国国会通过了《国防编目和标准化法》,开始建立统一的联邦物资编目系统。经过60多年的建设,形成了由法律、政策、标准、系统四个层面组成的美军编目系统。建成了计算机化、网络化的联邦后勤信息系统(Federal Logistic Information System,FLIS),管理着美军现用700多万种物资和世界范围内的2400多万种物资及零备件的主要信息,为国防部和各军种的253个单位提供统一采集、传输、处理装备和军事物流信息方面的服务。

北约基于美军的技术标准建成了北约编目系统,北约所有成员国、中东部分国家、太平洋沿岸部分国家、俄罗斯等都已加入,目前管理了1600万个供应物资、3200万零件号、大于150万制造商和卖方。其标准规范已被接受为国际标准(编号ISO 22745)。

我军的编目建设也取得了一定的成果,但大多是针对物资编码的。我军物资编目活动起始于后勤的标准化工作,20世纪80年代末期通过了GJB 790—1989《全军后勤物资分类与代码编制规范》和GJB 791—1989《全军后勤物资分类与代码》,物资编目包含了约150万种,在1997年组织进行了修订;并在2010年通过了GJB 7000—2010《军用物资和装备分类》和GJB 7001—2010《军用物资和装备品种标识代码编制规则》,更新了物资与装备分类方法和编码结构,与国际标准保持一致,并组织后勤物资与装备的数据建设。

2005年,原总装备部完成了装备分类代码的编码工作,形成了《全军武器装备分类与代码》规范,支撑了装备实力统计业务并一直持续运行;2008年,完成了《装备维修器材、设备分类与编码》,组织了器材、设备的编码建设工作。另外,在原总装备部综合计划部各业务局、通用装备保障部各业务局原总装备部分管有关装备部门,也陆续进行了一些装备、器材、设备的编码工作。一般都局限在各自的业务范畴内,相互不一致,难以实现"互通",客观上也导致了业务信息系统"烟囱林立"的情况。

我军的装备编目建设的问题,其核心是分类方法不同、代码结构不同、覆盖装备的范围不同;各专业分头建立、分头管理,缺少专职维护机构,大部分数据没有及时进行更新维护,大多都是一次性工作。这些标准和建设成果存在交叉重复,没有及时维护,致使标准时效性、适用性不强。到目前为止,还没有形成装备编目系统的雏形。究其原因,一是对编目的认识存在局限性。因为长期以来我军认为"编目就是对物资与装备进行分类、给物资与装备进行编码",往往将其等同于编码工作,严重制约了编目系统建设的科学规划。二是在建设工作思路上存在偏差。装备编目系统的建设关键在于顶层设计、标准制定和数据建设,但很多研究单位仅仅重视软件开发来提高其研究成果的"含金量",其结果是随着成果鉴定的完成也就结束了其历史使命。三是缺乏整体规划。装备编目建设实质上是一个标准确立、宣贯和实施的过程,具有统一性和强制性。长期以来,各单位各自为战,自成体系,一直难以形成全军认可的统一标准。装备编目系统建设必须在统一规划的基础上,统一管理、集中建设,分散式的研究势必难以取得突破。

5.2.4 装备编目系统

装备编目系统体系包括政策法规、标准规范、数据资源和信息系统等部分,共同为指挥信息系统、各类装备管理应用系统提供数据支撑。

装备编目信息系统包括装备编目数据库和装备编目软件工具。装备编目数据库用于存储装备编目数据,包括装备名称、分类代码、所属单位、战术技术指标等固有属性,以及技术检查情况、使用情况、交接登记、修理登记等专用属性数据。装备编目软件工具具备装备编目数据的获取、统报、查询、分析以及运行维护等功能。

基于装备编目专项建设总体、政策法规和系列标准规范开发的装备编目信息系统,通过装备编目数据建设,构建装备编目数据资源库,在网络互联、安全保密等外围环境的支持下,结合自主装备射频识别系统专项建设,为开展战时装备保障指挥及平时各项装备管理业务应用提供支撑和数据服务。

(1)并置码。并置码有一定的柔性,能比较简单地增加"面"的个数,而不影响其他"面"的代码,便于计算机处理信息;使用时,可以截取部分代码,也可用全部代码。并置码的缺点:代码容量利用率低,可以组合的代码不能全部采用,不便于汇总。

(2)缩写码。缩写码的本质特性是依据统一的方法缩写编码对象的名称,由取自编码对象名称中的一个或多个字符赋值成编码表示。缩写码能有效用于那些相当稳定的、并且编码对象的名称在用户环境中已是人所共知的有限标识代码集。

缩写码的优点:编码对象的代码容易记忆,可以压缩冗长的数据长度;缺点:在每次增加代码值之后,不检查全部的缩写值,则新的缩写结果有可能重复,不能保证代码值的唯一性。

(3)矩阵码。通常所说的矩阵码是指用二维矩阵表示的编码体系。矩阵码以复式记录表的实体为基础。赋予表中行和列的值用于构成表内相关坐标上编码对象的代码表示。这种方法的目的是对矩阵表中的编码对象赋予有含义的代码值,这些编码对象在不同的组合中具有若干共同特性。矩阵码可有效地用于标识具有良好结构和稳定特性的编码对象。

矩阵码的优点:代码逻辑关系明确,易于编码,易于解释含义,利于多种代码系统的自动互换;缺点:编制代码较困难,需建立一定的逻辑关系。

(4) 组合码。组合码也是由一些代码段组成的复合代码,这些代码段提供了编码对象的不同特性,与并置码不同的是,这些特性相互依赖并且通常具有层次关联。组合码经常被用于标识目的,以覆盖宽泛的应用领域。

5.3 装备保障信息分类与编码

装备保障信息分类与编码是装备保障物联网系统建设和发展的基础性工作,实现全军装备信息的分类和编码,构筑数据共享的基础,解决信息数据交换格式不一致、不能信息共享的"数字鸿沟"等问题,对规范装备保障信息的采集、传输与处理,提高信息共享能力具有不可替代的作用,具有很好的推广应用前景。

5.3.1 信息编码的基本原则

编码既要方便计算机处理信息,同时还要兼顾手工处理信息的需求。因此,编码应遵循的基本原则包括唯一性、扩充性、简明性、合理性、适用性、规范性、完整性、不可重用性、可操作性和易于计算机管理。

(1) 唯一性:一个代码只能唯一地标识一个分类对象。

(2) 扩充性:必须留有备用代码,允许新数据的加入。

(3) 简明性:代码结构应尽量简短明确,占有最少的字符量,以便节省机器存储空间和减少代码的差错率。

(4) 合理性:代码结构应与分类系统相适应。

(5) 适用性:代码应尽可能反映编码对象的特点,适用于不同的相关应用领域,支持系统集成。

(6) 规范性:同一层级代码的类型、结构以及代码的编写格式必须统一。

(7) 完整性:所设计的代码必须是完整的,不足位数要进行补位。

(8) 不可重用性:出现人事、机构、物资等编码对象发生变动时,其代码要保留,但不得再分配给其他人员、机构等编码对象使用(即一个代码给一个对象,任何情况下,不得再给另一个对象使用)。

(9) 可操作性:代码应尽可能方便事务员和操作员的工作,减少机器处理时间。

(10) 易于计算机管理:代码最终是要输入代码系统中,因而所设计的代码必须易于计算机管理。

在上述原则中,有些原则彼此之间是互相冲突的,如一个编码结构为了保证可扩充性,就要留有足够的备用码位,而留有足够的备用码位,一定程度上就要牺牲代码的简明性。因此,在代码设计过程中必须综合考虑以求代码设计的最佳效果。

5.3.2 装备信息编码要求

信息编码工作是根据信息化建设需要用代码表达事物(概念)或其特征,并将其标识原则和方法以标准(规范)的方式进行发布和管理。该项工作是一项基础性工作,影响面广且深远,推进难度大,需要做好以下几点:

(1) 全军性的统一编码需要做好总体规划和顶层设计。信息编码解决的是数据层面的规范化问题,所以应该结合全军信息化的总体要求,进行统一规划和部署,实现各军兵种层面更广泛的协调和统一,为信息集成共享和资源整合优化铺平道路。在全军范围内实行统一的装备编码规范,对所有新装备统一按照新的编码方式进行编码,对于已经编码的装备,方便或有必要更改编码的可及时进行重新编码,必要性不大或经济代价较高的可以继续沿用老的编码,并提供多重查询方式,在装备的更新换代中逐渐实现全军装备编码的统一和规范。

(2) 编码的科学性和实用性要求必须群策群力。信息分类编码涉及设计、制造、管理、计算机、标准等多个学科和专业,各学科和专业相互交叉、相互渗透,所以一个编码方法往往需要计算机网络通信技术人员、专业领域工程技术人员和标准化工作人员共同研究确定,它不仅要反映信息组织管理的模式,而且要求具有科学性和实用性,需要有关单位、部门及专业人员通力协同工作来实现。

(3) 装备的综合化和集成化要求编码必须注重全过程和全方位。现代装备都是一个复杂的现代化、综合化、集成化的整体,装备的信息编码标准化范围涵盖从产品、零部件到原材料、设备、工装等各种制造物资,立项论证、研制生产、试验鉴定、使用维修直至退役报废的全过程,前端延伸到供应商,后端延伸到客户,具有全过程、全方位的显著特点,所以编码工作不能只从装备本身抓起,而要从生产装备的原材料、部件的统一编码抓起。否则装备交付部队以后面对维修、保障等基本问题仍然实现不了装备管理和保障的信息化。

(4) 编码工作要以追求代码统一为目的。在实际工作中,对具体事物(或概念)进行分类与编码时,往往有很多方法可选,这些方法各有其优缺点,在很难判断哪一种方法是最佳选择时,追求代码统一(唯一)成为主要目的。这时,应当尽快确定一种方法并立为标杆,形成标准统一发布使用。

5.3.3 信息分类方法分析

信息分类的基本方法有线分类法、面分类法和混合分类法三种。其中线分类法又称层级分类法、体系分类法;面分类法又称组配分类法。

1. 线分类法

线分类的基本原理:线分类法是将初始的分类对象(即被划分的事物或概念)按所选定的若干属性或特征(作为分类的划分基础)逐次地分成相应的若干层级类目,并排成一个有层次的、逐级展开的分类体系。在这个分类体系中,同位类类目之间存在并列关系,下位类与上位类类目之间存在隶属关系,同位类类目不重复,不交叉。这种分类方法可以用一棵树来表示,由于信息复杂程度不一样,每个类目继续划分的深度可以不一样,每个类目所依据的特征也可以不一样。

上位类:在线分类体系中,一个类目相对于由它直接划分出来的下一级类目而言,称为上位类。下位类:在线分类体系中,由上位类直接划分出来的下一级类目相对于上位类而言,称为下位类。同位类:在线分类体系中,由一个类目直接划分出来的下一级各类目,彼此称为同位类。

线分类的基本要求:由某一上位类划分出的下位类类目的总范围应与该上位类类目范围相等;当某一个上位类类目划分成若干个下位类类目时,应选择同一种划分基准;同位类类目之间不交叉、不重复,并只对应于一个上位类;分类要依次进行,不应有空层或加层。

2. 面分类法

面分类的基本原理:面分类法是为了克服线分类法的不足,适应信息管理的需要发展起来的分类方法,将所选定的分类对象的若干属性或特征视为若干个"面",每个"面"中又可分成彼此独立的若干个类目。使用时,可根据需要将这些"面"中的类目组合在一起,形成一个复合类目。"面"有严格的固定位置,具体位置根据实际需要确定,如图5-4所示。

面分类的基本要求:根据需要选择分类对象本质的属性或特征作为分类对象的各个"面";不同"面"内的类目不应相互交叉,也不能重复出现;每个"面"有严格的固定位置;"面"的选择以及位置,根据实际需要而定。

3. 混合分类法

线分类法和面分类法相结合称为混合分类法。一种典型的混合分类法是奥匹兹(Opitz)分类编码法,其主分类是面分类,但某些"面"内不是所有类目都可参加任意组配,而是有一定的隶属关系。奥匹兹分类编码法广泛地应用于工业

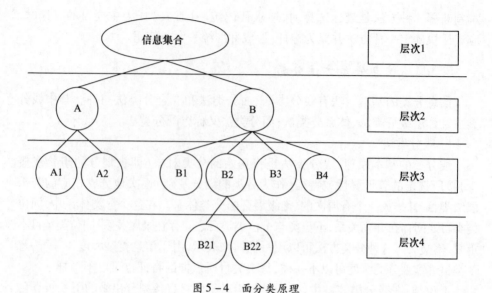

图 5-4 面分类原理

企业的成组技术加工体系。混合分类法综合了线分类法和面分类法的优点,摒弃了二者的缺点。

4. 三种分类法的比较

线分类法优点是层次性好,能较好地反映类目之间的逻辑关系;实用方便,既符合手工处理信息的传统习惯,又便于计算机处理信息。其缺点是结构弹性差,分类结构一经确定,不易改动;效率较低,特别是当分类层次较多时,代码位数较长,影响数据处理的速度。基于这种分类方法建立的国家标准有 GB/T 7653—2002《全国主要产品分类与代码》、GB/T 2260—2007《中华人民共和国行政区划分代码》等。

面分类法的优点是具有较大的弹性,一个"面"内类目改变,不会影响其他的"面";适应性强,可根据需要组成任何类目,同时也便于计算机处理信息;易于添加和修改类目。其缺点是不能总分利用容量,可组配的类目很多,但有时实际应用的类目不多,难于手工处理信息。基于这种分类方法建立的国家标准有 GB/T 12403—1990《干部职务名称代码》等。

混合分类法优点是分类结构具有很大的弹性;线面混合分类可以充分利用容量,效率高;部分能够反映类目之间的逻辑关系。其缺点是组配结构复杂。基于这种分类方法建立的有 Opitz 分类编码法,其主分类是面分类法,在每个"面"内采用了线分类法。

综上所述,线分类法适用于分类规则层次性清晰、有逻辑性要求,且编码数据量大的信息分类;面分类法适用于分类规则复杂、无共性,且编码数据小的信息分类;而混合分类法则是根据实际需要将线分类法和面分类法组合使用,使用过程中,一般是高层的定性信息(门类、大类、小类)分类适合使用线分类法,定量属性往往处于类别的较低层次,适合应用面分类法。

5.3.4 装备信息分类

1. 按照信息产生渠道分类

按照信息的产生渠道,装备信息可以分为科技情报信息、指挥控制信息、装备状态信息。科技情报信息是通过研究、分析或总结所获得的研究报告、情报资料、图书文献、图纸图表等信息;指挥控制信息是通用装备保障活动中用于指挥、协调、汇报的命令、指示、请示、报告等信息;装备状态信息是装备保障过程中实时获取的装备技术状态、保障需求、资源情况、地理位置等信息。

2. 按照装备寿命周期分类

按照装备寿命周期,装备信息可以分为获取阶段信息、继生阶段信息和其他信息。获取阶段信息包括装备需求信息、论证信息、方案信息、研制信息和定型信息;继生阶段信息包括初装信息、使用信息、维护信息、退役信息和报废信息;其他信息是指除去装备获取阶段和继生阶段装备自身信息以外的信息,如人员信息、机构信息和环境信息等。

3. 按照信息作用与用途分类

按照信息的作用与用途,装备信息可以分为决策信息、辅助信息。决策信息是用来为决策者进行决策时用到的信息;辅助信息既包括军事装备全寿命过程中不直接用来决策的信息(如装备技战术指标等),还包括其他的信息(如人员信息等)。

4. 按照信息的加工程度分类

按照信息的加工程度,装备信息可以分为一次信息、二次信息和三次信息。一次信息是指未经过加工或粗略加工的原始信息,如军事装备的技战术指标等信息;二次信息是指在一次信息基础上加工整理而成或经过一定处理后形成的信息,如军事装备在列装后经过一定修理后产生的信息等;三次信息是指在二次信息基础上或者是通过作战之后产生的一些有关装备改进或反馈回来的信息,如改装信息等。

5. 按照信息运动状态分类

按照信息的运动状态,装备信息可以分为固有信息、动态信息。固有信息是指一般情况下不变化或变化很少的信息,如装备的名称、固有的属性等信息;动态信息是指随着时间的推移,会发生变化甚至每时每刻都在变化的信息,如装备经过一段时间后其技战术性能会出现明显的降低等相关信息。

5.3.5 装备信息分类体系

为便于信息管理,按照装备保障功能域划分,装备信息分类如图5-5所示。

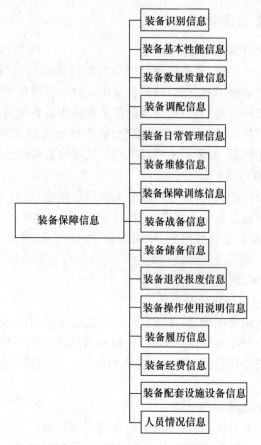

图5-5 装备信息分类

(1)装备识别信息:主要包括单装识别代码、器材识别代码和设备识别代码。

(2)装备基本性能信息:主要包括装备、器材、设备的名称、型号、生产厂家、结构尺寸、系统组成、用途、定型信息,以及战术、技术、保障指标(参数)和配套情况等。

(3)装备数量质量信息:主要包括装备的编制数量、现有数量、分布情况、技术状态、质量状况、完好率(在航率),以及器材的消耗标准、应配数量、现有数量、分布和消耗情况等。

（4）装备调配信息：主要包括装备分配、换装、调整计划信息，以及装备、器材、设备的申请、分配、调拨供应、换装、调整、交接和实力增减情况等。

（5）装备日常管理信息：主要包括装备的动用、使用、封存、启封、保管、保养、定级、登记、统计、点验、责任管理、安全管理、检查考评和爱装管装教育等。

（6）装备维修信息：主要包括装备维修规划计划、维修实力、维修改革、技术检查、大修、中修、小修情况和装备维修费部队计领标准等。

（7）装备保障训练信息：主要包括装备保障训练计划、情况报告、等级评定、经费保障、场地、器材和教材情况等。

（8）装备战备信息：主要包括装备战备计划、保障力量、战备设施设备、战备储备、动员、战备教育、战备值班、战备演练、战备检查、等级战备转进和战备资料情况等。

（9）装备储备信息：主要包括储备装备、器材、设备的结构、比例、储备标准、储备单位、掌管单位，以及品种、型号、数量、质量状况、保管和分布情况等。

（10）装备退役报废信息：主要包括装备、器材、设备的退役报废申请，退役报废计划、处理计划和实施情况，待退役、报废装备、器材、设备技术鉴定和退役报废装备调整情况等。

（11）装备操作使用说明信息：主要包括装备、器材、设备的技术说明书和使用维护说明书等。

（12）装备履历信息：主要包括装备、器材、设备的型号、编号、出厂号码、装备识别代码、基本性能，以及在接装交付、动用、使用、封存、启封、保管、保养、定级、登记、统计、点验、修理、改装、储存、退役报废、安全管理等装备管理活动中产生和积累的相关信息。

（13）装备经费信息：主要包括装备经费预决算、装备经费供应保障、装备实物资产计价核算管理、装备经费银行账户、装备财务人员基本情况和装备、器材、设备价格情况等。

（14）装备配套设施设备信息：主要包括装备配套设施的功能用途、技术状态、完好状况、适用范围、布局分布、建筑时间等情况，以及装备配套设备的名称、型号、功能、数量、质量、生产时间情况等。

（15）人员情况信息：主要包括从事装备工作人员的姓名、身份证件名称、身份证件号码、职务衔级、工作经历、专业资格、技术等级、培训经历情况等。

5.3.6 装备保障信息编码规则

1. 编码方法研究

装备保障信息的编码方法以预定的应用需求和编码对象的性质为基础，选择适当的代码结构。在决定代码结构的过程中,既要考虑各种代码的编码规则,又要考虑各种代码的优缺点及适用对象,选取合适的代码表现形式,研究代码设计所涉及的各种因素。

代码的种类很多,按其性质可分成无含义代码、有含义代码。代码种类及名称如图5-6所示。

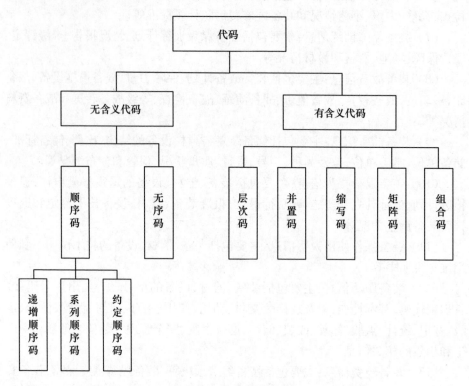

图5-6 代码种类及名称

(1) 无含义代码。无含义代码是无实际含义的代码。此种代码只作为编码对象的唯一标识,只起代替编码对象名称的作用,而不提供有关编码对象的其他任何信息。顺序码和无序码是两种常用的无含义代码。

从一个有序的字符集合中顺序地取出字符分配给各个编码对象。顺序码一般作为以标识或参照为目的的独立代码使用,或者作为复合代码的一部分使用,后一种情况经常附加有分类代码。

顺序码有递增顺序码、系列顺序码和约定顺序码三种类型。

① 递增顺序码:编码对象被赋予的代码值,可由预定数字递增决定。用这种方法,代码值不带有任何含义,相类似的编码对象的代码值不做分组。递增顺

序码的优点是简明,能快速赋予代码值;缺点是不能表达编码对象的分类或分组。

② 系列顺序码:首先要确定编码对象的类别,按各个类别确定它们的代码取值范围;其次在各类别代码取值范围内对编码对象顺序地赋予代码值。系列顺序码只有在类别稳定并且每一具体编码对象在目前或可预见的将来不可能属于不同类别的条件下才能使用。系列顺序码的优点是代码简短,使用方便,易于管理,易于添加,对编码的顺序无任何要求;缺点是当系列顺序码空码较多时,不便于计算机处理,不适用于复杂分类体系的编码。

③ 约定顺序码:只有在全部编码对象都预先知道并且编码对象集合不会扩展的条件下才能使用。在赋予代码值之前,编码对象应按某些特性进行排列,再顺序用代码值表达,而这些代码值本身也应是从有序的列表中顺序选出的。约定顺序码的优点是编码对象容易归类(不存在可多处归类的现象),容易维持并可起到代码索引的作用,便于检索;其缺点是编制代码时,需要一次性地给新的编码对象留有足够空位,有时为了保证新增加编码对象的排列次序,而原有空位又不多时,需要重新编码。

无序码是将无序的自然数或字母赋予编码对象。此种代码无任何编写规律,是靠计算机的随机程序编写的。无序码既可用作编码对象的自身标识,又可作为复合代码的组成部分。

无序码的优点:容易并且快速赋予代码值或者自动生成,可充分利用代码的最大容量;缺点:如果要排除代码的重复,需要用某种预先设定的运算法则产生随机数。

(2) 有含义代码。有含义代码是具有某种实际含义的代码。常用的有含义代码有层次码、并置码、缩写码、矩阵码、组合码等。下面主要介绍层次码和并置码。

① 层次码。层次码是以编码对象集合中的层级分类为基础,将编码对象编码成为连续且递增的组(类)。位于较高层级上的每一个组(类)都包含并且只能包含它下面较低层级全部的组(类)。这种代码以每个层级上编码对象特性之间的差异为编码基础,每个层级上的特性必须互不相容。

细分至较低层级的层次码,实际上是较高层级代码段和较低层级代码段的复合代码。层次码通常用于分类的目的。层级数目的建立依赖于信息管理的需求。层次码较少用于标识和参照的目的,非常适合于诸如统计目的、报告货物运转、基于学科的出版分类等情况。

层次码的优点:能明确地表明编码对象的类别,代码本身有严格的隶属关系,每一个层级的代码都有一定的含义;代码结构简单、容量大,同时便于计算机汇总。层次码的缺点:代码结构弹性差,当个别类目上的代码改变、删除或插入时,可能影响其他代码;当层次较多时,代码位数较长。

②并置码。这种方法的编码表达式可以是任意类型(顺序码、无序码)的组合。并置码非常适用于具有若干共同特性的商品分类或是制造业的零部件成组。应用代码段应做出描绘,如何种产品、何时何地生产,零部件的加工要求、组装顺序等。

并置码的优点:代码结构具备组合码的优点,代码值容易赋予,有助于配置和维护代码值;缺点:不能充分利用理论上的容量。

2. 装备信息编码总体结构

面向信息共享的信息编码标准体系包括框架和标准具体内容,而信息编码方法(即确定什么样的编码结构)则是标准的核心内容,因为信息需要共享,编码要统一,编码统一靠的就是统一的编码结构。编码结构在编码管理系统中呈现为编码规则,也就是指编码到底多长,分多少段,每段代表什么含义。从信息资源的角度来讲,编码长度也是我军装备的一种资源,码位越长就越能清楚描述编码对象的特征属性,但会降低工作效率,提高管理复杂性和管理成本。码位越短则越难将编码对象描述清楚,这样容易引起编码和管理的混乱。因此,确定统一、合理的编码结构是信息分类编码工作的核心内容。

由于单一流水号只能标识信息,不能很好地描述信息的相应特征,所以采用流水号作为编码的方式基本不再使用,一般根据描述信息的分类层次需要,将编码结构设为几个码段。

本书设计的编码总体结构是在前面建立的信息编码标准体系框架基础上,对职能域下的每一个编码对象域按大类、中类、小类、细类层次划分,如表5-1所示。

表5-1 编码总体结构

职能域	大类	中类	小类	细类
标识码(1位字母)	编码对象对应的编码规则			
	分类码(根据规则定长)		顺序码(自动生成)	
装备识别信息(A)				
装备基本性能信息(B)				
装备数量质量信息(C)				
装备调配信息(D)				
装备日常管理信息(E)				
装备维修信息(F)				

续表

职能域	大类	中类	小类	细类
标识码(1位字母)	编码对象对应的编码规则			
	分类码(根据规则定长)			顺序码(自动生成)
装备保障训练信息(G)				
装备战备信息(H)				
装备储备信息(I)				
装备退役报废信息(J)				
装备操作使用说明信息(K)				
装备履历信息(L)				
装备经费信息(M)				
装备配套设施设备信息(N)				
人员情况信息(O)				

3. 装备信息编码结构类型

常用的编码结构主要有链式结构、树式结构、矩阵结构、混合结构和柔性编码结构。

（1）链式结构：也称线性结构，其码段与码段之间是并列关系，每一码段的代码有其固定不变的含义，与前后码段没有关系。

链式结构的优点是具有较大的弹性，一个面内的类目改变，不会影响其他的"面"；适应性强，可根据需要组成任何类目，同时也便于计算机处理；易于添加和修改类目。

链式结构的缺点是不能充分利用容量，可组配的类目很多，但有时实际应用的类目不多，难于手工处理信息。

（2）树式结构：也称层次结构，在形成编码后，其码段与码段之间也呈现出按顺序线性排列，但是它的每个码段与上一个码段是隶属关系，在同一个码段上的码值跟随着上一个码段码值的变化，整个编码系统呈现一种树状结构。

树式结构的优点是层次性好，能较好地反映类目之间的逻辑关系；使用方便，既符合手工处理信息的传统习惯，又便于计算机处理。其缺点是结构弹性较差，分类结构一经确定，不易改动；效率较低，当分类层次较多时，代码位数较长，影响数据处理的速度。

（3）矩阵结构：码段之间存在一种矩阵关系，整个编码采用矩阵方式把各个码段连接起来。矩阵结构如图 5-7 所示。

矩阵结构信息量为 $Q = Mn$。其中，M 是码段总数，n 是每个码段集合的

| 码段1 | 码段2 | …… | 码段n |

图 5-7 矩阵结构

基数。

（4）混合结构：由于在应用中各种结构均有各自的优缺点，在实际应用中，往往会灵活采用多种结构来满足编码的不同需求。

（5）柔性编码结构：对于整个编码系统无固定的码段，描述的事、物复杂，码段就多，反之则少，这样就解决了部分定长码位的缺点。

随着信息化技术的深入推广和应用，编码技术的发展趋势呈现由刚性向柔性发展，也就是说编码结构由固定模式转向柔性模式。

第6章　物联网装备保障应用数据基础

物联网由于对应的业务应用不同分别对应设置了各种应用的传感网,因而针对各种应用产生了各种各样的数据源,如结构化的关系数据库和面向对象数据源、半结构化的超文本标记语言(Hyper Text Markup Language,HTML)/可扩展标记语言(Extensible Markup Language,XML)、无结构文本、文档数据源及多媒体数据等,这些数据源结构不同,语义各异,它们之间可能存在着各种差异和冲突。另外,各个厂商生产传感器时定义的数据包格式的标准不同,采集的数据文件存在着各种数据表示格式。从数据采集的角度来看,传感网采集的数据分布在各自定义的本地数据服务器中,互相独立,互不干扰,它们组织方式各异,存在着异构性。从数据库应用的角度来看,网络上的每一个站点也是一个个数据源,每一个站点的信息不同并且组织方式不一样,它们都是异构的,因此构成了异构数据的大环境。从传感器生产厂商的角度来看,由于传感网感知的数据格式还没有达成一致标准,导致采集的数据结构不同,语义各异,存在着异构性,在多集成环境下给多应用系统之间数据采集、转换和统一处理带来很多问题与挑战。异构数据采集及融合系统必须解决这些冲突并把这些异构数据源最终转化为一种统一的全局数据模式,以供用户的透明访问和使用,用户在对数据源进行访问时,仿佛操作一个数据源。因此,异构数据采集不仅需要为感知的数据定义统一的数据表示格式,还要为标准的数据格式提出统一的数据生成及解析方法。

在解决物联网应用所面临的数据采集和融合问题时,必须研究各种标准,并选择一种能够体现传感器特性的数据格式表示方法。数据融合又涉及数据处理的两个过程:数据集成及数据融合。数据集成侧重于数据的聚集,是数据处理的初级阶段;数据融合作为数据集成的高级阶段,着重于对不同数据源中不一致的数据进行分析处理,融合成一种统一的信息知识体。数据集成侧重于对不同数据源数据的集合,而数据融合侧重于通过数据优化组合导出更多有效的信息。异构数据集成及融合问题并不是一个新的研究领域,早在20世纪70年代中期,就有解决多数据库集成问题的方法,那时主要是采用全局模式的集成方法。此后Mcleod等提出了联邦数据库系统的概念,由于缺乏必要的标准,联邦数据库系统只能在一定的限制条件下实现。此外,G. Wiederhold 最早提出了基于中介器/包装器的集成方法构架,这种构架能够同时集成结构化数据源和非结构化或半结构化的数据源。除了上述方法,比较典型的还有数据仓库,该方法把各个数据源复制到同一处,这样用户就可以访问数据仓库,如同访问一般数据库一样。但由于数据仓库系统昂贵的投资费用、项目实施周期长、成功率风险大等原因制约了数据仓库在中、小型企业或数据积累少的企业解决异构数据源整合和集成需求的应用。在物联网应用中,由于大量传感器的布局和持续采集形成了海量数据,如果不能解决好统一标准存储和融合解决方案,将导致数据处理时间长、反馈信息慢、选择数据源不充分、反馈信息不完整等问题,物联网平台难以开发实现多业务应用。

物联网业务平台中存在着各种异构的信息系统,数据集成及数据融合的研究就是针对分布在异构数据源的数据进行抽取、转换、集成与融合,建立一个稳定的数据处理环境,为用户提供统一信息存取接口。异构数据源之间数据转化的方式有:①对于数据采集时存在的数据格式标准不同导致的异构问题,可以定义统一格式进行异构数据源数据的集成,XML 格式是现在最流行的半结构化语言,1998 年 W3C 创建 XML 后,很快就因 XML 解决了在不同系统中转换和表示数据的问题而广受欢迎。②针对数据库存在的异构性,可以使用数据库中间件,数据库中间件是介于访问客户端与服务器之间的中介结构,通过合理的构建,能够完成异构数据源的相互转换。数据库存在的异构性还可以通过将结构化查询语言(Structured Query Language,SQL)请求得到的数据转化为 XML 文件,再将 XML 文件的数据文件转化成 SQL,将数据导入数据库的方式解决,或者使用数据库系统中自带的转换工具,但由于都是针对各个数据库紧密耦合的软件,通用性不高。③虚拟数据库方式,将包含在各个数据源中的信息集合描述成一个全局的视图。当用户提出一种请求语言来访问系统并对全局视图中描述的数据进行操作时,请求解析器负责将该请求语言解析成对应各本地数据库源的子请求,并将这些子请求转换成本地数据源能够直接执行的格式,在对应的数据源中执行请求,最后融合子请求结果并处理请求结果中可能的冲突和不一致性,将结果转化成用户需求的格式传输给用户。④物化视图方法。物化视图是缓存的结果集,它存储为具体表。对查询能够做出更快的响应,因为它们不要求每次都用资源动态构建视图,在信息集成查询系统中,它们将对应请求的查询视图计算后直接物理存储,以空间换取时间,大大缩短了查询时间。但是物化视图虽然对查询能做出更快响应,却常常有些过时,因为从视图缓存到被访问,底层数据可能已经发生改变,而物化视图却未及时更新。如果数据源数据不是经常改变,但请求查询的速度很重要,就可以考虑物化视图。在研究过程中,必须选择一种通用性好、效率高、实时的方案来解决用户多样化的请求。

近年来,数据集成及数据融合在许多商业应用及科学研究中都变得非常重要。它集成了网络上多数据库及异构数据源,为用户提供异构数据源统一的查询视图。对数据集成的方案在电子商务中基于 XML 的数据库中间件异构数据库数据转换方法,实现了由关系数据到 XML 数据的转换与集成。

物联网异构数据集成及融合技术也要考虑到物联网数据的特性,如数据的海量性、数据的高度冗余性、低数据耦合性等。总之,该课题研究已经成为物联网信息处理部分的研究热点,虽然国内外相关技术的研究层出不穷,但还未形成一个处理物联网数据信息的统一平台,我们要在结合国内外先进技术方案的基础上进行创新,实现一种适合装备保障物联网业务平台的异构数据集成及数据融合方案,从而在建立一个稳定的信息处理环境的同时方便物联网更多业务应用的扩展。

6.1 数据元素

数据元素是数据共享和共同持有的最小单元,是通过定义、标识、表示以及允许值等一系列属性描述的数据单元,是数据库中表达实体及其属性的标识符。在特定的语义环境下被认为是不可再分的最小数据单元。

数据元素一般由三部分组成:

(1) 对象类。思想、概念或真实世界中事物的集合,它们具有清晰的边界和含义,其特征和行为遵循同样的规则。

(2) 特性。对象类中的所有成员共同具有的一个有别于其他的、显著的特征。

(3) 表示。描述数据被表达的方式。

对象类是人们希望研究、收集和存储其相关数据的事物,如手枪、高炮、雷达等。特性是人们用来区分和描述对象的一种手段,如型号、姓名、大小等。表示与数据元素的值域关系密切。

一个数据元素的值域是指数据元素的所有允许值的集合。数据元素中的值域有两种类型:一种取值是固定的,即取值是可枚举的。例如,"修理等级",其取值包括大修、中修、小修。另一种是概括的,即数据元素取值是非可枚举的,其取值可能是有限的,但是无法列出全部值。例如,"员工年龄",其取值范围可能是 1~200。数据元素的组成如图 6-1 所示。

在实际使用过程中,有些数据元素是成组出现的,称为"数据元素组"。例如,"装备单价"表示装备购买所需金额的多少,但这并不完整,缺少对单价级别的描述,应注明是"元"还是"万元"。这时,"装备单价"和"金额单位"就构成了

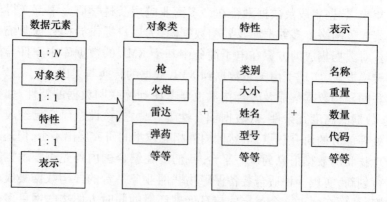

图 6-1 数据元素的组成

"数据元素组",二者成组出现才有意义。其中,以"装备单价"为主数据元素,以"金额单位"为辅数据元素。

6.1.1 数据元素概述

1. 数据元素结构模型

图 6-2 给出了数据元素的结构模型。

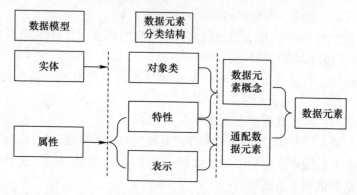

图 6-2 数据元素结构模型

(1) 数据元素概念(Data Element Concept):在数据元素的结构模型中,数据元素概念是一个整体,它是一个抽象意义上的数据元素,由一个对象类和一个特性组成。数据元素如果脱离值域,将只是一个数据元素概念。在数据分类中,数据元素概念是非常有用的,由于数据元素的对象类已经确定,再加上表示,才能使数据元素概念变成真正有意义的应用数据元素。

(2) 通配数据元素:由特性与表示组成,具有抽象意义。由于特性和表示已经确定,所以它具有通配性,再结合具体的对象类,就能构成具体的有意义的数据元素。

（3）数据元素：由数据元素概念结合表示或由通配数据元素结合对象类组成。

数据元素由数据元素概念和表示两部分组成。数据元素与数据元素概念之间存在多对一的关系，也就是一个数据元素必须对应一个数据元素概念，而一个数据元素概念可以对应多个数据元素，换句话说，多个数据元素可以共享同一个数据元素概念。

数据元素与数据元素表示之间是一对一的关系，也就是一个数据元素需要一个表示。当数据元素的概念模型相同而表示不同时，表明这是两个不同的数据元素。

在数据元素概念中对象类和特性之间是一对一的关系，即一个对象类需要且只需要一个特性，一个特性只描述一个对象类，当一个特性和一个对象类建立关联时产生一个数据元素概念。

同实体关系类的数据模型相比，模型中的实体相当于数据元素中的对象类，而实体的属性相当于数据元素中的特性和表示。

2. 数据元素的定义

数据元素定义的目的是用描述、解释或者使其含义明确而清晰的词或者句子定义某个数据元素，准确而且无歧义的数据元素定义是保证数据共享的最为关键的特性之一。值域定义了数据元素所包含的完整的值的集合，域中每个数据值须符合该数据元素的定义。

本章提供了数据元素定义的通用方法。有一些是数据元素定义所必须符合的规则，有一些则是指南，但是没有规定语法要求，这些一般由数据元素的注册机构规定。对应于数据元素在语境/上下文中有多个名称，注册机构可选择在语境/上下文中允许多个定义。在多个定义的情况下，每个定义须表达准确的含义，使得该数据元素的值没有歧义。

（1）数据元素定义规则。下列规则是数据元素定义须遵守的：

① 唯一性。按照规则，在数据出现的任何注册机构中，对于特定的语境/上下文，数据定义应是唯一的。每个定义应与注册机构内其他定义区分，以确保特异性的维护。定义中表示的一个或多个特性应区分其概念与其他概念。

值得注意的是，由于注册系统的复杂性和多样性，注册机构注册了具有相同定义的多个应用数据元素，每个都有其来源语境/上下文。这些数据元素应链接到包含相同数据值的定义好的合适的数据元素上。

② 表明概念，不使用排除法。定义不应使用"概念不是什么"进行构造。

③ 描述性的短语或句子。用描述概念本质特性的短语或句子进行定义，用

同义词的方式或者相同的词来定义名称是不够的。

④ 没有嵌入的定义。

（2）数据元素定义指南。下面列出构造数据元素定义时遵循的一些原则性的指南，这些指南不是必需的，只是数据元素定义的参考：

① 表明概念内在的含义。

② 准确且无歧义。

③ 简明。

④ 能够单独存在。

⑤ 没有嵌入的基本原理、功能用法、域信息或者规程信息。

⑥ 避免循环推理。

⑦ 对相关定义使用相同的术语和一致的逻辑结构。

3. 数据元素的命名

根据数据元素值域的取值和定义，创建数据元素的名称。数据元素的名称不能作为数据元素的标识符，只能作为使人们引用数据元素的指定符。数据元素的定义是提供全面理解数据元素的一个属性，注册机构标识符、数据元素标识符和版本标识符共同唯一地标识了一个数据元素。

每个数据元素须至少具有一个名称，每个名称需用一个语境/上下文进行标识。每个语境/上下文（如数据元素名称的来源）可具有其自己的命名约定。形成数据元素名称的规则依赖于数据元素的注册系统。根据数据元素的使用目的，一个数据元素可以有多个名称。

（1）名称语境/上下文。某个注册机构可能使用的名称语境/上下文包括：

① 继承：沿用过去使用的名称。

② 标准：标准中使用的名称（如国际标准、国家标准、行业标准等）。

③ 源系统名称：提交数据元素进行注册所创建的名称。

④ 注册系统：由注册机构进行注册、分配给数据元素的唯一名称。

根据其语境/上下文，一个数据元素的多个名称可以是相同的或者不同的。语境/上下文中的名称经常与该语境/上下文中的定义关联，这些定义须指明与注册系统定义相同的数据元素的准确概念，即使这些定义以不同的术语进行定义。

（2）命名规则。注册机构应对注册系统中的每个名称语境/上下文规定命名规则。对于其他来源提供的数据元素名称，命名规则不完全一致（如在应用系统中的数据元素名称）。

① 命名规则的范围：确定命名规则适用的界限。

② 创建名称的机构：数据元素注册机构创建命名规则。

③ 来源和术语的语义规则:传递所表达的含义。每个注册系统应规定名称中使用的相关词语。数据元素的名称成分可来自对象术语、特性术语、表示术语和限定符术语。

④ 名称成分顺序的语法规则:定义数据元素名称成分的顺序排列。应规定注册系统的特定语法规则,如表示类的词一般作为名称的最后一个成分。

⑤ 词汇规则:涉及推荐的和不推荐的术语、同义字、缩略语、长度等,注册机构可选择规定该方面的规则。

⑥ 名称的唯一性:每个注册机构确定语境/上下文中的数据元素名称是否应唯一。因为用户通常依赖数据值指示的名称,限定符可用于区分注册系统中类似的数据元素(如水平收集方法代码和垂直收集方法代码,邮政地址国家名称和地理地址国家名称)。

(3) 命名规则举例。下面是美国环境数据注册系统的命名规则示例:

① 范围:该命名规则的使用范围是该注册系统。每个数据元素须分配一个"注册名称"。

② 机构:环境数据注册系统的机构。

③ 语义规则:数据元素名词包含一个指示值类型的术语。例如,一个表示国家标识符域的数据元素应在其名称中包含术语"国家"。特许和限定符用于区分不同的数据元素名称,表示类术语应是数据元素名称的最后一个成分。

④ 名称唯一性:对于该注册系统,注册机构内的名称应是唯一的。

按照美国环境数据注册系统的命名规则,数据元素名称应反映出逻辑实体(即对象)和标识数据类型的属性(即特性)。尽管实体在名称中不是必需的,但属性(即数据类型)是必需的。该例中数据元素的名称还应包括表示类术语,如名称、测量、总计、编号、代码、数量、文本等。

4. 数据元素的标识

数据元素注册标识的规则如下:

(1) 在一个注册机构的注册系统中,每个数据元素应有一个唯一的数据标识符(Data Identifier,DI)。

(2) 注册机构标识符(Registration Authority Identifier,RAI)、数据标识符和版本标识符(Version Identifier,VI)的组合,构成数据元素的唯一标识。

注册机构标识符、数据元素标识符和版本标识符构成了注册数据元素标识符。数据元素标识符由注册机构分配,数据元素标识符在一个注册机构的范围内必须是唯一的。

每个注册机构可以决定其各自的分配方案,因此不能保证用某注册机构的数据元素标识符能对一个数据元素进行唯一标识。例如,如果两个注册机构都用连续的6位号码,就会有一组数据元素有相同的DI,而且不同的数据元素完全有可能具有相同的DI。相反,如果同一个数据元素在两个机构注册,就有两个DI。因此,一个数据元素的标识不仅需要DI还需要RAI。

如果数据元素的特定属性改变了,就应产生并注册数据元素的新版本,在这种情况下就需要VI来完成对数据元素的唯一标识。数据元素的版本管理包括下列各项:

(1)根据数据元素的定义、表示、格式或者相关值域变更的情况,记录数据元素版本。

(2)对标准数据元素所做的全部变更要求文档记录。

(3)根据相关文档、应用或者标准的变更情况,可对版本变更进行评审。

(4)通过增加版本号码,指示新的数据元素版本。这是数据元素新的物理记录,注册系统应继续保存旧版本的记录。

一个注册数据元素标识符是信息系统、组织或其他希望共享一个特定数据元素(但不能利用相同的名称和语境/上下文)的参与者之间交换数据的关键。当注册数据元素标识符与建立多于一种自然语言的语境/上下文有关联时,注册数据元素标识符也有助于语言的翻译,并且对由不同的注册机构管理的数据元素集合之间是一个参考。

5. 数据元素基本属性

任何事物都是通过属性来描述的。数据元素是一个事物,既然是事物就需要属性来描述,也可将描述数据元素的属性称为数据元素的元数据。为了有效实现和增进不同信息化系统的数据共享和交换,在GB/T 18391.3—2009《信息技术 元素据注册系统(MDR)第3部分:注册系统元模型与基本属性》中对数据元素的基本属性进行了描述,分别是标识类属性、定义类属性、关系类属性、表示类属性、管理类属性。数据元素的基本属性主要有以下几类:

(1)标识类:用于数据元素标识的属性。

(2)定义类:描述数据元素语义特性的属性。

(3)关系类:描述数据元素之间的关联以及数据元素和分类方案、数据元素概念、对象、实体之间的关联的属性。

(4)表示类:描述数据元素表示特性的属性。

(5)管理类:描述数据元素管理和控制特性的属性。

数据元素的基本属性是指数据元素基本模型中对象的基本特性,"基本"是指这些属性的使用频率较多,通常用它们来描述数据元素。基本属性还指对具体的数据元素,可根据实际情况附加其他属性;或者对于某些数据元素,有些基本属性是可选的。基本属性的约束如下:

必须的(M):总是要求的。

条件的(C):在一定条件下要求的。

可选的(O):允许但不是必需的。

图6-3中描述的模型使用了两种准则对数据元素的属性进行分组,分在同一组的属性共同拥有相似的基数和逻辑相关性。

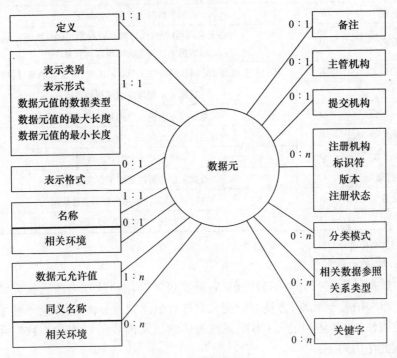

图6-3 数据元模型

(1)基数型。每一个数据元素规范都可能包含0或1(0:1),1且仅仅是1(1:1),0或多(0:n),1或多(1:n)个列于基本属性表中的属性事件。

例如,一个数据元素规范可能包含0或1个"主管机构"属性,但要求有1且仅仅是1个"定义"属性;可能包含0或多对"相关数据参照"与"关系类型"属性,但要求有1或多个"数据元素允许值"属性。

(2)逻辑相关性。属性除了有相似基数类型外,还可能彼此依赖,也就是说,某种属性在没有其他属性存在的情况下不可能存在。

例如,如果属性"同义名称"和"相关环境"两者有一个存在,那么它们两者就都应当存在。类似地,如果属性"相关数据参照"和"关系类型"两者有一个存在,那么它们两者就都应当存在。另外,即使属性"相关数据参照"和"同义名称"有相同的基数类型(0:n),它们也不能相互依赖而存在,从而它们不能分在同一组。

数据元素属性应依照一种标准方式来注册和控制,以便数据元素在信息交换中保持一致性。数据元素属性的常规描述符如表6-1所示。

表6-1 数据元素属性的常规描述符

属性描述符	约束	描述符含义
名称	M	赋予数据元素属性的标记
定义	M	数据元素属性的描述,可使一种数据元素与其他数据元素属性清晰地区别开来
约束	M	显示一个数据元素属性是始终还是有时出现(即含有的值)的描述符
条件	C	数据元素属性应该出现的环境
最多实例数	O	规定数据元素属性可以拥有的最多实例数目
数据类型	M	为表达属性值而规定的特定值集合的描述符
最大长度	O	存储单元最大数目的规格
字符集	C	数据元素的属性是用字符来注册的
语言	O	数据元素的属性是用一种语言注册的
备注	O	与属性应用有关的注释

注:约束中可分为"必选"(M)、"条件选"(C)、"可选"(O)。

6. 数据元素的分类

对数据元素进行分类的目的包括:分类可帮助用户从众多的数据元素中找出某个单一的数据元素;方便对数据元素进行数据管理分析;通过继承使原本借助其他属性(如名称和定义)不能完整表述的语义内容得以表达。数据元素分类的主要作用如下:

(1) 派生和形成抽象数据元素与应用数据元素。
(2) 确保适当属性和属性值的继承。
(3) 从参照词汇表中派生名称。
(4) 消除歧义。
(5) 辨识上位类、同位类和下位类的数据元素概念。
(6) 辨识数据元素概念和数据元素之间的关系。
(7) 辅助模块化设计的名称和定义的开发。

数据元素的分类方案一般包括关键字、主题词表和分类法。

(1) 关键字:作为基本属性可对对象类、特性、表示、数据元素和数据元素概念等进行分类。
(2) 主题词表:能够把数据元素和数据元素概念关联起来。
(3) 分类法:是基于概化或特化以及集、子集和集隶属关系的数学概念的概念或分类单元的层次结构。分类法中的分类单元可能与已分类的数据注册成分相关联,即对象类、特性、表示类和数据元素概念。

6.1.2 装备保障数据元素编制

装备保障数据元素是装备保障业务活动中涉及的所有数据单元,它具有装备保障领域的特点,是装备保障领域数据标准化中表示概念的最小定义。

数据元素编制是形成数据元素的过程,主要步骤包括提取、命名、标识、定义和属性填写。

1. 提取

装备保障数据元素来源于数据采集、存储和信息管理系统中的各类数据源。数据元素主要从用户视图、逻辑数据模型和数据模型中进行提取,应遵循以下原则:

(1) 存在性原则。数据元素中保存的应该是管理需要的且有来源、可直接获取的数据。

(2) 基础性原则。选作数据元素的对象应该是不可再分解的实体或属性。

(3) 可记性原则。能用规定的格式描述或记录下来。

(4) 独立性原则。不能从其他数据元素中导出。

(5) 多维度原则。不同的数据登记口径,应建立不同的数据元素。

2. 命名

数据元素命名是赋予数据元素中文名称的过程,应遵循以下规则:

(1) 唯一性原则。在装备保障语义环境下数据元素名称应该唯一。

(2) 规范性原则。数据元素的名称应符合 6.1.3 节 2 中"(3)数据元素名称"的要求。

(3) 直观性原则。数据元素的名称应直观地表示数据元素的内涵,方便理解、认知和使用。

(4) 专业性原则。数据元素的名称应反映数据元素所承载数据的基础特性。

(5) 简捷性原则。在满足以上原则的前提下,数据元素的名称应简捷。

3. 标识

数据元素标识是拟制数据元素助记符的过程,应符合 6.1.3 节 2 中"(2)助记符"的要求。

4. 定义

数据元素定义是建立区别于其他数据元素的文字性描述的过程,应满足以下要求:

(1) 具有唯一性(在出现此定义的任何数据字典中)。
(2) 用单数形式阐述。
(3) 要阐述其概念是什么,而不是阐述其概念不是什么。
(4) 用描述性的短语或句子阐述。
(5) 仅可使用人们普遍理解的缩略语。
(6) 表述中不要加入不同的数据元素定义或引用下层概念。

5. 属性填写

数据元素属性填写是根据数据元素属性描述要求,采集和填写数据元素属性的过程,应满足以下要求:
(1) 填写数据元素的属性时,应获得最新的数据元素目录为依据进行填写。
(2) 标准属性填写应准确、完整。
(3) 数据元素的类型选择应符合管理和信息处理的要求,能规范化的要规范化。
(4) 对使用不同的数据登记和统计口径的数据,计量单位要描述清楚。

6.1.3 装备保障数据元素属性与描述要求

1. 描述内容

GB 18391《信息技术数据元的规范和标准化数据元的基本属性》中将数据元素基本属性划分为标识类、定义类、表示类、关系类和管理类 5 类,共计 22 个基本属性。电子政务、卫生、交通等行业在这些基本属性的基础上,结合自身行业数据元素特点与需求,对各自数据元素基本属性进行了扩展与修改,如电子政务将其数据元素标识类属性中的名称细分为中文名称、英文名称和中文全拼三部分。

在 GJB/Z 139—2004《数据标准化管理规程》的指导下,并参考 GB 18391 系列标准以及各行业的应用情况,确定装备保障数据元素属性为 5 类 19 个,具体如表 6-2 所示。

表 6-2 数据元素属性列表

序号	属性类别	数据元素属性名称	选用要求	表示格式
1	标识类	数据元素标识符	M	A3/An4/A
2		助记符	M	A/An2..30
3		数据元素名称	M	s2..40
4		数据元素的同义名称	O	s..40
5		语义环境	C	s..80

续表

序号	属性类别	数据元素属性名称	选用要求	表示格式
6	定义类	数据元素定义	M	s..1000
7	表示类	数据元素值的数据类型	M	s6..20
8		数据元素值的表示形式	O	s..20
9		数据元素值的表示格式	O	s..15
10		数据元素的值域	M	s..200
11	关系类	关键字	O	s
12		关系类型	C	s
13	管理类	提交机构	O	s..20
14		提交日期	O	YYYYMMDD
15		注册机构	M	s..40
16		主管机构	M	s..40
17		注册状态	M	s8
18		版本标识符	M	s..10
19		数据元素附加说明	O	s

注:M—总是要求的;C—在一定条件下要求的;O—允许但不是必需的。

虽然装备保障数据元素属性分类依然保持五类,但对于每类下面所包含的具体属性按装备保障信息的特点进行了重新划分。为便于数据元素的组织与管理,在描述装备保障数据元素属性的同时,对属性的表示格式进行了明确规定,因此,数据元素值的最大长度、最小长度两个属性已经没有实际意义,没有进行定义,而是保留了通常约定的其他6个必选属性。

2. 详细说明

(1) 标识符:用于在数据集内唯一标识一个数据的元素,一个数据元素有且只有一个统一标识符,一个统一标识符只能标识一个数据元素。数据元素标识符通常采用字母数字混合码,结构示例如下:

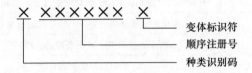

其中:

① 种类标识码:用单个固定字母表示。

② 顺序注册号:用阿拉伯数字表示。

③ 变体标识符:用一位大写英文字母(不包括"I"和"O")表示。

(2) 助记符:以拼音缩写为主构成的数据元素标识符,一般用在数据库模型和程序中标识数据元素。助记符通常采用由大写字母开头、后跟大写字母、"_"和数字。

一个数据元素对应一个助词符,一个助记符只能标识一个数据元素。通常情况下,助记符由数据元素的每个中文名字字符的第一个拼音字母缩写而成,重名时,可附加数字或使用最后一个汉字的第二、三个字母的方式消除重名。

(3) 数据元素名称:精练表达数据元素概念的中文词组或短语,数据元素命名规则如下:

数据元素名称 = 对象类词 + 特性类词 + 表示类词

其中,对象类词表示数据元素所属的事物或概念,在数据元素名称中具有支配地位。一个数据元素需要有一个且仅有一个对象类词。特性类词表示数据元素的对象类显著的、有区别的特征,是数据元素名称所必需的成分,在数据元素概念可以完整、准确、无歧义表达的情况下,其他词可以酌情简略。表示类词描述数据元素有效值集合的格式。当表示类术语与特性类术语有重复或部分重复时,可从名称中将冗余词删除。通用表示类术语如表6-3所示。

表6-3 通用表示类术语

表示词	含义
名 称	表示一个对象称谓的一个词或短语
代 码	替代某一特定信息的一个有内在规则的字符串(字母、数字、符号)
说 明	表示描述对象信息的一段文字
金 额	以货币为表示单位的数量,通常与货币类型有关
数 量	非货币单位数量,通常与计量单位有关
日 期	以公元纪年方式表达的年、月、日的组合
时 间	以24h制计时方式表达的一天中的小时、分、秒的组合
日期时间	完整时间表达格式,即DT15,YYYYMMDDThhmmss的格式
百分比	具有相同计量单位的两个值之间的百分数形式的比率
比 率	一个计量的量或金额与另一个计量的量或金额的比
标 志	又称指示符,两个且只有两个表明条件的值,如是/否、有/无等
时 长	两个时点间的时间长度

例如:"装备维修日期","装备"属于对象词,"维修"属于类别词,"日期"属于表示词。

"装备维修经费结算日期","装备维修经费"属于对象词,"结算"属于类别词,"日期"属于表示词。

(4)数据元素的同义名称:表示同一个数据元素的多个名称,一般与使用环境或传统有关。当存在同义名称时,该项目数据需要填写。每个不同的同义名称,都有其唯一对应的助记符。

(5)语义环境:当数据元素名称的使用需要进行范围限定时,需要描述此项。

(6)数据元素定义:准确、简练地表示一个数据元素的本质特性并使其区别于所有其他数据元素的描述。

(7)数据元素值的数据类型:表示数据元素取值集合的类型。数据元素值的数据类型包括字符型、布尔型、数值型、日期型、日期时间型、时间型、二进制型,如表6-4所示。

表6-4 数据元素值的数据类型

数据元素值的数据类型	表示符	描述
字符型	S	通过字符形式表达的值的类型,可包含字母字符(a~z,A~Z)、数字字符等(默认 GB 2312—1980《信息交换用汉字编码字符集 基本集》)
布尔型	L	又称逻辑型,采用0(False)或1(True)表示的逻辑值的类型
数值型	N	通过0~9数字形式表示的值的类型
日期型	D	采用 GB/T 7408—2005《数据元和交换格式 信息交换 日期和时间表示法》中规定的 YYYYMMDD 格式表示的值的类型
日期时间型	DT	采用 GB/T 7408—2005《数据元和交换格式 信息交换 日期和时间表示法》中规定的 YYYYMMDDThhmmss 格式表示的值的类型(字符 T 作为时间的标志符,说明日的时间表示的开始)
时间型	T	采用 GB/T 7408—2005《数据元和交换格式 信息交换 日期和时间表示法》中规定的 hhmmss 格式表示的值的类型
二进制型	BY	上述无法表示的其他数据类型,如图像、音频、视频等二进制流文件格式

(8)数据元素值的表示形式:数据元素表现形式的名称或描述,如"数值""代码""文本"等。

(9)数据元素值的表示格式:用标准代码标识符表示数据元素值编排格式和长度的表示方法。数据元素值的表示格式中标识字符含义如表6-5所示,长度描述规则如表6-6所示。

表6-5 数据元素值的表示格式中标识字符含义

名称		标识符	说明
字符型表示法	标准型	A	全部为英文大写字母(A~Z)
		a	全部为英文小写字母(a~z)
		n	全部为阿拉伯数字(0~9)
	混合型	Aa	英文大写字母或小写字母
		An	英文大写字母或阿拉伯数字
		an	英文小写字母或阿拉伯数字
		Aan	英文大写字母、小写字母或阿拉伯数字
数值型表示法	十进制整数	I	无小数位
	十进制小数	D	有小数位
日期时间型表示法	日期型	YYYYMMDD	日期表示(年月日)
		YYYYMM	年月表示
		YYYY	年份表示
	日期时间型	YYYYMMDDHHMMSS	全日期时间表示
		YYYYMMDDHHMM	日期小时分表示
		YYYYMMDDHH	日期小时表示
	时间型	HHMMSS	全时间表示
		HHMM	小时分钟表示

表6-6 数据元素值的表示格式中长度描述规则

类别	表示方法
固定长度	在数据类型表示符后直接给出字符长度的数目
可变长度	(1)可变长度不超过定义的最大字符数,在数据类型表示符后加".."后给出数据元素最大字符数目; (2)可变长度在定义的最小和最大字符数之间,在数据类型表示符后给出最小字符长度数后加".."后,再给出最大字符数
有若干行	按固定长度或可变长度的规定给出每行的字符长度数后加"X",再给出最大行数
有小数位	按固定长度或可变长度的规定给出字符长度数,在","后给出小数位数。字符长度数包含整数位数、小数点位数和小数位数

数据元素值的表示格式示例:

① AN18:固定长度为18个字符(字母或数字)长度的字符。

② AN2..100:可变长度,最短为2,最大为100个字符。

③ N2:固定长度为2个字符(数字)长度的字符。

④ AN..40×3:最多3行,每行最大长度为40个字符(字母或(和)数字)长度的字符。

⑤ N..3:最大长度为3位数字。

⑥ N2..4:最小长度为2位,最大长度为4位数字。

⑦ N5,1:最大长度为5位的小数格式(包括小数点),小数点后保留1位数字。

⑧ N5..7,1:最小长度为5位,最大长度为7位的小数格式(包括小数点),小数点后保留1位数字。

⑨ N5..8,..2:最小长度为5位,最大长度为8位的小数格式(包括小数点),小数点后保留最多2位数字。

(10) 数据元素的值域:一组数据元素允许值的集合,可采用穷举法或参考法表示:

穷举法:罗列所有可选值的内容,适用于可选值较少或可完全列举的情况。例如:数据元素"人的性别代码"的值域,根据GB/T 2261.1—2003《个人基本信息分类与代码 第1部分:人的性别代码》,可取如下枚举值:0 未知/1 男/2 女,9 未说明。

参考法:用一个参照对象来限定可选值的范围,适用于可选值较多或职能定性描述的情况。在使用参考法时,应优先采用现有标准为参照对象。例如:数据元素"人员出生地代码"的值域可表示为"由 GB/T 2260—2007《中华人民共和国行政区划代码》规定的代码集合"。

(11) 关键字:用于数据元素检索和管理的一个或多个有意义的字词,关键字宜包括对象类词、特性词、表示词等。

(12) 关系类型:表示当前数据元素与其他相关的数据元素之间关系的一种描述。表6-7给出了数据元素关系类型的表示格式。

表6-7 数据元素关系类型的表示格式

关系名称	关系标识符	关系描述
派生关系(Derive-from)	DF	描述了数据元素之间的继承关系,一个较为专用的数据元素是由一个较为通用的数据元素加上某些限定词派生而来的
组成关系(Compose-of)	CO	描述了整体和部分的关系,一个数据元素由另外若干个数据元素组成
替代关系(Replace-of)	RO	描述了数据元素之间的替代关系
连用关系(Link-with)	LW	描述了一个数据元素与另外若干数据元素一起使用的情况

(13) 提交机构:对数据元素提出增补、变更、取消、删除的机构或部门的

名称。

（14）提交日期：对数据元素提出增补、变更、取消、删除的日期。

（15）注册机构：经授权对数据元素进行注册管理的机构或部门的名称。

（16）主管机构：负责职能范围内数据元素所包含数据有效性的职能部门名称。

（17）注册状态：数据元素在其注册的生命周期内所处状态。注册状态有"草案""标准""废止"。

（18）版本标识符：版本标识符是注册机构赋予的反映数据元素演变过程的标识符。版本标识符的变更通常与定义、值域、代码表、数据登记统计口径的变更有关。在历史数据的永久保存时，不同版本的数据元素通常保存在独立的数据集中。跨数据集使用数据，需要带数据元素的版本号。

（19）数据元素附加说明：需要对数据元素进行的其他说明。

6.1.4 装备保障数据元素提取

数据元素提取的一个最重要原则就是共享性原则，共享性是指其他应用系统或职能域对某数据元素有需求，不具有共享性的数据不能提取为数据元素。数据元素设计的根本目的是便于进行交互数据的管理，而交互数据是从业务流程中得来的。因此，数据元素的提取离不开对相应领域业务流程的分析。为装备保障数据元素的提取提供一个方法论指南是确保提取数据元素具有科学性和互操作性的关键。

数据元素的提取有两种方法，分别是自上而下提取法和自下而上提取法。自上而下提取法一般适用于待建应用系统数据元素的提取，它是在业务流程和功能分析的基础上，通过业务建模，确定所关心的数据对象；自下而上提取法一般适用于已建应用系统数据元素的提取，它主要是根据自身数据库系统的实体－关系图进行数据元素的提取。装备保障数据元素的提取运用信息资源规划方法论，采取自上而下与自下而上相结合的设计方法，其工作思路是：

（1）确定装备保障的工作主题，进行业务建模。

（2）以业务为主线，进行用户视图收集与规范化。

（3）从用户视图提取数据元素。

（4）从现有信息系统中提取数据元素。

1. 业务分析与建模

按照信息工程方法论，通过组成结构树、职责执行流程图、业务协作流程图、信息表单关系图（简称"一树三图"）的模式来梳理业务，建立业务模型。之所以要进行业务分析，就是为了按信息工程的思想方法来重新认识管理工作，以便能系统地、本质地、概括地把握业务的功能结构。

(1) 组成结构树。组成结构树用于描述具体业务中的组织分工,除描述组织的组成关系外,分工组成结构还可以十分精细地描述分工情况,描述岗位担负的工作职责、展开描述履行职责的工作步骤等。结构树中的每个层次由行为单元节点组成,这些单元的基本类型依次为"机构→部门→工作岗位→岗位职责→活动步骤",其中"机构、部门、工作岗位、岗位职责"还可称为组织单元或活动主体,它们构成了结构树的层次关系。

(2) 职责执行流程图。职责执行流程图是用来描述每个工作岗位自身如何完成其具体工作职责的,它通过顺序执行、条件分支、循环执行等逻辑单元形成执行工作步骤的逻辑流程。

(3) 业务协作流程图。业务协作流程图用于描述部门或岗位之间的工作协作流程,从宏观角度来描述部门、岗位之间的工作交接过程。在业务协作流程图中,明确了各活动间所传递的业务数据表单及其状态(待审、待批、已审等)。

(4) 信息表单关系图。如何对业务过程中涉及大量的信息表单进行有效的组织与管理,是业务建模过程中必须重点研究的工作。在本书中,通过建立信息表单内容清单来描述业务协作流程中出现业务信息表单及表单中的每一信息项目,而用信息表单关系图来描述信息表单栏目之间的计算关系、函数关系。

2. 用户视图收集与规范化

装备保障数据需求分析采用面向数据的思想方法,以业务模型为主线和坐标,从用户视图入手,分析各管理层次业务工作的信息需求,并采取有效手段进行信息需求的规范化。

用户视图是一些数据的集合,它反映了最终用户对数据实体的看法,包括单证、报表、账册和屏幕格式等。采用这一思路进行数据需求分析,可大大简化传统的实体 – 关系(Entity – Relationship,E – R)分析方法,有利于贴近用户,发挥业务分析员的知识经验。

(1) 用户视图收集。首先,将用户视图分为三大类:输入类、存储类和输出类。每个大类下分为单证/卡片、账册、报表和其他四个小类,如图 6 – 4 所示。

用户视图收集时,按照岗位职责、业务流程进行划分,以使收集的用户视图尽可能做到全面、准确,同时也可以使得用户视图保持原有语境/上下文环境等信息。

用户视图收集过程中,需要对每一用户视图的数据项逐一进行登记。这是一个复杂的分析综合和抽象的过程,同时用户视图中的数据项要做到"基本数据项",而非复合数据项。为确保用户视图中的数据项能准确保留其语境/上下文等重要信息,在实际用户视图收集过程中,应做好以下几点:

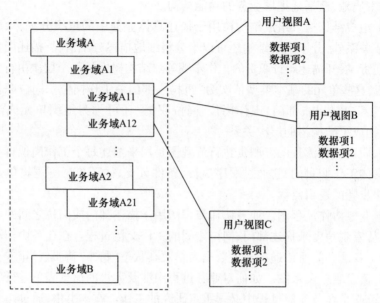

图6-4 用户视图分类组织

① 对用户视图进行统一、规范的编码标识。
② 清晰、准确地描述用户视图的意义和用途。
③ 明确说明用户视图的生存周期。
④ 数据项命名、说明准确,尽可能多地收集其他属性信息。

(2) 数据结构规范化。以单证、报表、账册等形式收集上来的用户视图中往往存在一些比较复杂的表格,在进行用户视图登记时不能简单地照抄,必须按照数据结构规范化的理论,对各种不规范用户视图做规范化处理,这样对于数据元素的提取是非常必要的。

三范式(Three Normal Form,3NF)是指如果一个数据结构的全部非主码数据项都完全依赖于主码,而不依赖于其他的数据项,那么这个数据结构就复合三范式要求。数据结构规范化工作的主要内容是将复杂的用户视图按照三范式的要求进行规范化处理。对这些用户视图的分析和规范化处理,实际上是一个工作量庞大的数据流梳理基础工作,对全面把握信息需求有重要意义,为数据元素的提取做好了充分准备。

3. 数据元素提取

用户视图收集与规范化处理之后,所要做的工作是从用户视图中抽取数据项,形成数据元素。因用户视图中对于数据项的描述通常只包括名称、编码,有的数据项还包括单位、简单的定义说明。这些属性不能准确地描述一个数据元素,需要进行数据元素标准化处理。

在从用户视图中提取数据元素时应重点做好以下两项工作:

(1) 用户视图与数据项命名、说明的规范性检查。由于面对众多业务域、业务过程和业务活动进行用户视图的收集与标准化,不可避免地存在一些在用户视图、数据项的命名、定义说明等方面的问题。此时,需要对不准确、不规范的内容进行修订,如果发现有不完整的地方,则需要进行及时的补充。

(2) 同名数据元素筛除。同一个数据元素在用户视图中的分布情况是不同的,可能出现在多个视图中,也可能出现在一个视图中。此时,应将重复定义的数据元素予以删除。此外,多人协同作业,抑或是同一个人在不同时间、不同环境下对同一事物的定义可能存在差异,想表达的是同一个事物,却用了不同的描述,此时,应进行认真、细致的甄别,对异名同义、同名异义的数据元素进行重新修正。

一般地,出现频度越多的数据元素,越有可能是共享的数据元素,把它们识别列出是有意义的;而出现频度很低的数据元素,特别是出现频度为1(即只在一个用户视图中出现)的数据元素,很可能是孤立的数据元素,或者是命名不当的数据元素,在交叉复查时要引起注意。

4. 从现有信息系统中提取数据元素

根据业务建模结果,并从用户视图中进行数据元素的提取并不能保证数据元素的全面性,而现有业务系统已运行较长时间,证明了它的实际使用价值。因此,在现有系统中也包含着大量的数据元素,只不过没有进行标准化处理。从这些信息系统中进行数据元素的提取,是对装备保障数据元素编制工作的有益补充。

该项工作的开展需要各业务系统设计开发人员的积极配合,但并不是要这些设计开发人员从各自的系统设计文档中提取全部的数据元素,而是将提供的本业务范围内的数据元素与本系统的设计文档进行比对,并对数据元素进行补充或提出修改意见。该项工作的过程如图6-5所示。

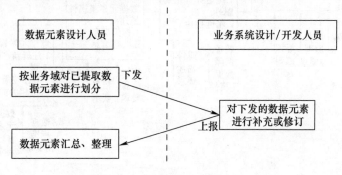

图6-5 从信息系统提取数据元素的过程

6.1.5 装备保障数据元素标准化

数据元素标准化是指对数据元素的总则、定义、描述、分类、标识和注册等制定统一的标准,并加以贯彻、实施的过程,它对数据元素本身及其属性进行规范,使不同用户对同一数据有一致的理解、表达和标识,为实现和增进跨系统与跨部门的数据共享创造基础条件。根据需要开发信息交换用的数据元素,并经一定的组织程序进行批准,就成为标准数据元素。数据元素的标准化具有以下意义:

(1) 精简冗余数据,精炼核心数据。装备保障各应用系统的后台数据因源自不同开发小组的数据标准,使其数据的命名、类型和格式不尽相同,数据冗余现象严重,通过对数据元素实施标准化,可以将现有数据简练为具有核心数据的最少集合,就像所有化学物质都是由化学周期表中的 100 多种化学元素构成的。

(2) 消除信息孤岛,夯实共享基础。信息资源整合的最大效益来自挖掘信息的潜在价值。软件工程中强调"高内聚、低耦合"的理论,实施数据元素标准化从源头上消除了数据不一致带来的"信息孤岛"问题,有利于减少系统间数据转换接口,并有效实现系统和数据的高效融合。

(3) 提高数据质量,提升数据环境。对不一致的数据进行元素化,进而对数据元素进行标准化,可以提高数据的质量。当一个部门的所有数据都按数据元素标准进行表示时,可以形成该部门稳定的高质量的数据环境。

数据元素标准化的目的是使人们对数据和信息有共同的理解与一致的表示,提高数据的完整性和准确性,减少转换数据,提高信息系统的互操作性,为信息交换和数据共享奠定基础。装备保障数据元素标准化技术路线如图 6-6 所示。

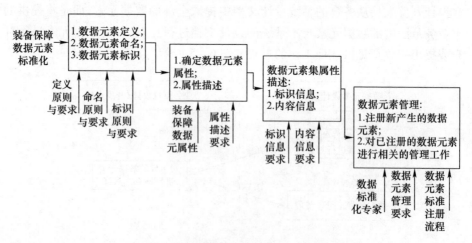

图 6-6 装备保障数据元素标准化技术路线

6.2　装备保障元数据

元数据即"说明数据的数据",是关于数据和信息资源的描述性信息。它不仅具有按一定标准、格式组织数据,便于管理、查询、检索的功能,而且保存了数据的获取时间、更新日期、质量、格式等信息,使人们能有效地评价、比较和操作数据,为数据共享、异构数据的远程访问提供基础。它屏蔽了数据存储与管理的细节,数据的使用者只需了解元数据库中的信息就可以完全掌握数据库中的数据情况。随着 Internet 和 Web 的迅速发展,元数据技术逐渐成为异构信息共享和互操作的核心与基础,成为分布式信息计算的核心技术之一。通常把元数据按其用途分为技术元数据和业务元数据。技术元数据是描述关于数据仓库技术细节的数据,这些元数据应用于开发、管理和维护数据仓库,主要包括:数据仓库结构的描述;业务系统、数据仓库和数据集市的体系结构和模式;汇总用的算法;由操作环境到数据仓库环境的映射等。业务元数据是从业务的角度描述数据仓库的数据,提供了良好的语义层定义,业务元数据使业务人员能够更好地理解数据仓库分析出来的数据,主要包括多维数据模型、业务概念模型和物理数据之间的依赖。

元数据与数据元素在名称上十分相近。元数据是关于数据的结构化数据,通过数据元素使得数据在经历了时间的推移后,对于用户依然具有可理解性和共享性。GB/T 18391.1—2009 ~ GB/T 18391.6—2009 是这样描述元数据的:一个组织的数据元素必须具备元数据。这些元数据将便于用户理解和共享该组织的数据。实际上,数据元素的属性就是数据元素的元数据。

由于元数据也是数据,可以用类似数据的方法在数据库中进行存储和获取。如果提供数据元素的组织同时提供描述数据元素的元数据,将会使数据元素的使用变得准确而高效。用户在使用数据时可以首先查看其元数据,以便能够获取自己所需的信息。

6.2.1　元数据的作用

装备元数据的主要作用有以下几点:
(1) 确定一套装备数据的存在性及其位置。
(2) 确定一套装备数据的质量对某种应用的适应性。
(3) 确定获取一套装备数据的手段。
(4) 确定成功地转换一套装备数据的方法和途径。
(5) 确定一套装备数据的存储与表达方法。

（6）确定一套装备数据的使用方法等。

6.2.2 元数据的设计

设计元数据的目的是为数据集成提供一套通用的描述语言及规范，具体到装备管理信息系统数据库，是为装备管理部门以及各级装备管理机关提供一个获取、应用装备管理信息系统数据库中的各种数据的导航字典，实现装备管理信息系统数据库的数据共享，应用元数据实现对数据集的全面描述、编目及网络信息交换。

1. 元数据编码原则

元数据标准中各元素的选择应基于数据集的可用性、适用性、如何获取和使用该数据集四个方面。装备管理信息系统数据库集成元数据标准必须在充分理解 ISO/TC2110 等国际标准，以及我国近几年在元数据标准研究和建设过程中所取得的理论与实践成果的基础上，结合各级装备管理信息系统数据库建设和应用状况、数据集成需求以及信息服务与决策需求，兼顾实用性、科学性、扩展性、灵活性，面向信息集成与共享，支持属性数据与空间地理信息的融合，不仅为各级管理部门采集、处理、检索、归档、编目、发布提供标准规范，而且也能支持其他各部门、组织和个人的相关信息的访问。

2. 元数据总体结构

装备保障管理数据库元数据包含在为描述属性数据和业务内容数据而定义的 11 大类描述元素中，用于描述传统属性数据库和空间数据集各方面的特征，为数据的集成与共享提供方便。它包括标志信息、数据质量信息、数据集表示信息、数据集结构信息、发行信息、元数据说明信息、引用信息、时间范围信息、联系信息及数据集参照信息等。其中，标志信息是任何数据集的基本信息，数据集生产者可以通过标志信息对有关数据集的基本信息进行详细描述，是用户获取数据途径的概要说明。数据质量信息是对数据集质量进行总体评价的信息，数据集的用户根据数据质量信息确定数据集是否适合自己的应用要求。数据集表示信息是决定用户访问数据集所需要的支撑软件和数据转换的方法，使用户快速方便地对数据进行进一步的处理或分析，是增强数据集可用性与易用性的重要因素。数据集结构信息是关于实体的结构、属性的类型和属性值域等方面的信息。通过数据集相关的实体和属性信息，数据集生产者可以描述数据集中各实体的名称、标识码以及含义等内容，数据集的用户可以由此了解数据集中所含属性的名称、含义等信息。

3. 元数据分层结构

根据重要程度可将装备保障管理数据库数据集数据归为两类，即必需的数据元素和可选的数据元素。所有必需的数据元素组成装备保障管理数据库数据集元数据的核心层,而所有可选的数据元素组成其可选层。描述装备保障管理数据库数据集中特定数据资源的扩展数据元素构成其特定扩展层,用户扩展的数据元素则构成其任意扩展层。

(1) 由元数据标准规定的、必需数据元素组成的、具有强制性的元数据数据元素的集合构成支持装备保障管理数据库集成的核心元数据层,是装备保障管理数据集实现互操作的基础。核心元数据层中的数据元素具有最大的通用性,一般来说,对于任意一个装备保障管理数据库数据集都是必要的。

(2) 装备保障管理数据库集成的可选元数据层是指由元数据标准中的可选数据元素组成的集合,可以看作对元数据核心层的扩展。用户在确定核心层以外的数据元素时要尽可能地选用可选集中的数据元素。

(3) 装备保障管理数据库集成的特定扩展元数据集中的数据元素是特定领域中为解决数据共享与数据集成的特殊需求而设计的元数据元素。在局部的数据集和特定的用户群或开发者之间实现有限的共享和互操作。

(4) 装备保障管理数据库集成的任意扩展层是数据集及其元数据的使用者或开发者根据自身的需要所确定的元数据扩展数据元素的集合。因为任意扩展层的数据元素互操作性差,适用范围小,会降低数据集的共享性与集成度,对于能用特定扩展层描述的属性,应尽量采用特定扩展层中的数据元素。

6.3 信息资源规划

信息资源规划(Information Resource Planning,IRP)是从全系统管理的目标和要求出发,从信息的采集、加工、存储、传递到使用全过程所涉及的业务工作模型、信息资源的信息结构、信息基础标准和信息系统结构模型进行的全面规划。

信息资源规划重点解决信息的标准化问题,即解决信息元素(信息元素的识别与定义)标准化问题、信息组织结构标准化问题和信息分类编码标准化问题。这三个问题在信息资源规划中归结为五项基础标准:①数据元素标准;②信息分类代码标准;③用户视图标准;④概念数据库标准;⑤逻辑数据库标准。

通过这五项基础标准,用户就可以在统一的信息结构、统一的信息标识方式下进行信息系统的开发和建设,可以采用统一的后台数据库管理不同用户的信息,从而形成统一的信息资源为全局信息管理服务,在这种环境下,每个系统的用户都在为信息资源提供信息,也在利用信息。所以说,信息资源规划是信息化建设的基础工程和先导工程。

6.3.1 信息资源规划业务

1. 业务梳理与建模

需求分析阶段的第一项工作是业务梳理。按照信息工程方法论,采用"职能域-业务过程-业务活动"这样的三层结构来梳理业务,建立业务模型的过程就是进行业务流程优化(Business Process Improvement,BPI)的过程,其结果就是改进的新业务流程的清晰表述。

需求分析阶段的第二项工作是基于用户视图的数据流分析。

用户视图(User View)是一些数据的集合,它反映了最终用户对数据实体的看法,包括单证、报表、账册和屏幕格式等。威廉·德雷尔(William Durell)主张基于用户视图做数据需求分析,认为"数据流"实际上就是用户视图的流动。

用户视图的分析过程,就是调查研究和规范化表达用户视图的过程,包括掌握用户视图的标识、名称、流向等概要信息和用户视图的组成信息。用户视图的规范化不仅包括上述用户视图的登记和组成分析,更重要的是按照数据结构规范化的理论,对各种不规范用户视图做规范化处理。尤其是系统分析设计人员按照数据结构规范化理论,对需要存储的用户视图结构做标准化的"范式"重新组织,为数据库的规划设计做好准备。

2. 系统功能建模

信息资源规划第二阶段的系统建模,首先是在业务模型的基础上建立系统功能模型,这实际上是用户功能需求的定型。系统功能建模主要解决"系统做什么"的问题——使领导、业务人员和信息技术人员对新系统的功能框架有统一的、明确的认识。

系统功能建模的主要资料是前面所做的业务梳理/业务模型,并非所有的业务过程和业务活动都能实现计算机化的管理,经分析可以发现:

(1) 有些业务过程、业务活动可以由计算机自动进行。

(2) 有些业务过程、业务活动可以人—机交互进行。

(3) 有些业务过程、业务活动仍然需要由人工完成。

将能由计算机自动进行处理的、人—机交互进行的过程和活动,按"子系统—功能模块—程序模块"组织起来,就是系统功能模型(Function Model)。

系统功能建模的第一步是定义子系统——简明描述子系统的目标和主要功能;第二步是定义程序模块——简明描述主要功能;第三步是定义程序模块——对相应的业务活动做计算机化可行性分析后,形成程序模块,并对部分程序模块做必要的简明描述(程序概述、程序类型和处理逻辑概要)。

3. 系统数据建模

数据库设计是为了获得支持高效率存取的数据结构,在信息资源规划第二阶段展开数据建模工作,就是数据库设计最重要的前导性工作。数据建模要解决新系统数据环境建设的基本问题——系统的数据框架。

数据建模过程是从用户视图到主题数据库,从数据流程图到 E-R 图,从数据实体到基本表的研究开发过程。数据建模的依据资料及成果之间的关系如图 6-7 所示。

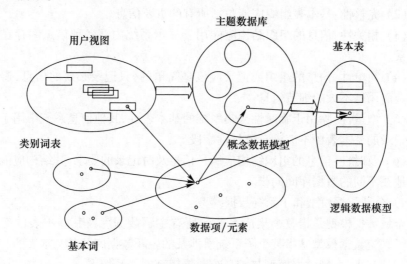

图 6-7 数据建模的资料、过程和结果

1) 主题数据库

主题数据库(Subject Database)是詹姆斯·马丁(James Martin)于 20 世纪 80 年代提出的信息工程方法论(Information Engineering Methodology,IEM)的核心概念,主题数据库的特征是:

(1) 面向业务主题组织数据的存储,不是面向单证报表建库。

(2) 实现信息共享,而不是信息私有或部门所有。

(3) 数据一次一处输入系统,不是多次多处输入系统。

2) 概念数据库和逻辑数据库

信息资源规划的最主要的工作是规划主题数据库。首先要规划概念主题数据库(简称"概念数据库"),其次再规划逻辑主题数据库(简称"逻辑数据库")。

概念数据库(Conceptual Database)是最终用户对数据存储的看法,反映用户的综合性信息需求。概念数据库的规划,包括概念数据库的标识、名称和信息内容(描述或数据项/数据元素列表)。

逻辑数据库(Logical Database)是系统分析设计人员的观点,是对概念数据库的进一步分解和细化,一个逻辑数据库是由一组规范化的基本表(Base Table)组成的。每个基本表的规划,包括基本表的标识、名称、属性列表和主键。

3)基本表的建立

基本表是信息组织的基本结构,基本表的组织除符合 3NF 基本原则外,还应该满足以下要求。

(1)精确性:基本表或基本表组合应能准确记录信息的原始状态。

(2)完整性:基本表组织应能包括所有的重要信息。

(3)相关性:信息的组织结构应能用于显示系统内部各种信息间存在的相关关系。

(4)简单性:信息的组织或记录应该是简单的,只记录必要的信息,避免记录复杂而用途不大的细节信息。

(5)增量性:除用于临时性采集系统的基本表外,其他信息系统中用于原始信息记录的基本表中不应该有统计性字段。

(6)及时性:信息的组织结构应满足信息及时记录的要求,其结构应能支持方便地在不同的数据库间同步。

4)全域数据模型和子系统数据模型

全域数据模型是指整个集成系统的所有主题数据库及其基本表的有序结构。子系统数据模型是指某个子系统所涉及的主题数据库及其基本表的有序结构。归纳起来,全域数据模型与子系统数据模型的关系如下:

(1)全域数据模型是从全局观察得到的数据模型,子系统模型是从子系统的角度观察得到的数据模型。子系统通过选取得到自己所用的主题和基本表。所有主题和基本表汇总到一起就形成了全域数据模型。

(2)同一主题或基本表可以存在于几个子系统数据模型之中,它们之间完全保持一致性(标识、名称和组成结构相同)。

(3)全域数据模型是对各子系统数据模型的统揽,每一基本表的创建和维护必须由具体的子系统负责(一般来说,一个子系统负责创建维护,多个子系统读取)。

4. 系统体系结构建模

将功能模型和数据模型联系起来,就是系统体系结构模型(System Architecture Model)。由于这种模型是通过 Create/Use 矩阵来表示的,所以也称 C - U 矩阵模型。系统体系结构模型是一种逻辑描述模型,它对解决信息"共建共用问题"和控制模块开发顺序均有重要的作用。全域系统体系结构模型的一般模式如图 6 - 8 所示,其中,行代表各子系统,列代表各主题数据库,行列交叉处的

"C"代表所在行的子系统生成所在列的主题数据库,即负责该主题数据库的创建和维护;"U"代表所在行的子系统使用所在列的主题数据库,即读取该主题数据库的信息;"A"表示既生成又使用所在列的数据库,即通常所说的修改。

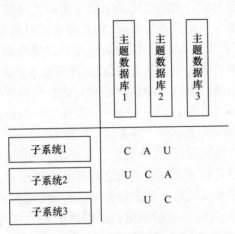

图6-8 全域系统体系结构模型的一般模式

子系统体系结构模型的每一个子系统做一个C-U矩阵,其中各列代表基本表(分别属于某主题数据库),各行代表各子系统的功能模块或程序模块,行列交叉处的"C"代表所在行的模块生成所在列的基本表,即负责该基本表的创建和维护;"U"代表所在行的模块使用所在列的基本表,即读取该基本表的信息;"A"表示既生成又使用所在列的基本表。

5. 数据标准化体系建设

要实现信息共享,就必须将统一数据标准的工作放在信息化建设的首位。更确切地讲,这种数据标准化工作不是零散地建立或使用几个标准,而是系统地建立完整的数据标准化体系——核心是信息资源管理基础标准。

信息资源管理(Information Relations Management,IRM)基础标准是指决定信息系统质量的、因而也是进行信息资源开发利用的最基本的标准。根据引进的理论和笔者的研究,总结提出信息资源管理基础标准有数据元素标准、信息分类编码标准、用户视图标准、概念数据库标准和逻辑数据库标准。

6.3.2 信息资源目录设计

对于一个成功的数据集成环境来讲,必须得到某种信息资源目录导航的支持。在统一的基础数据结构的基础上建立一个良好的信息资源目录会给数据集成带来好的效果。

1. 信息资源目录的重要意义

目录在网络系统中是指网络资源的清单,它以一定的格式记录现实世界中大量的信息,供用户(人、计算机应用程序等)做各种查询和修改。信息资源目录是信息组织的一种方式。信息组织是对所采集的信息资源实施序化的过程。信息资源目录可以借鉴图书目录的概念,它是指通过对信息资源对象进行结构化描述,实现信息资源识别和管理,帮助最终用户有效理解、发现和获取信息内容,从而能够集成、整合各类复杂繁多的信息,提高信息采集和使用的质量。

通过信息资源目录可以以一种层次结构对信息资源进行组织和管理,从而解决信息资源管理的基本问题,即 What——有什么样的信息资源？Where——需要的信息资源在哪里？Who——谁提供？谁使用？How——如何发布？如何查找？如何使用？具体来说,信息资源目录具有以下功能:

(1) 信息资源目录收集了网络中信息资源的详细信息,同时还收集了这些资源之间各种复杂的相互关系。目录服务可以充分考虑网络既分布又统一的特点,把一个完全的、单一的、集成的网络视图展现出来。它将信息资源的实际情况与目录一一对应,这样对信息资源的直接管理就可以通过目录服务来进行。

(2) 信息资源目录以统一的规范和方式对信息资源进行分类描述,并以一种层次结构对信息资源进行存储,从而可以促进分散的各类信息资源的共享、集成、整合和互操作。同时它可以在信息资源和用户之间建立关联关系,灵活地控制用户对信息资源的访问权限,保证了目录中信息资源的安全性。

(3) 通过信息资源目录,可以将各部门的信息资源进行横向的集成,使用户清楚地了解其他部门拥有什么资源,自己所需要的资源在哪里,以及如何获取这些资源。同时,信息资源目录具有可扩展性,能够保证数据的一致性和及时性。

综上所述,通过信息资源目录可以很好地解决数据集成中存在的问题。目录服务是一种新的管理和集成信息资源的方式,装备保障的数据集成就是通过建立装备保障的信息资源目录体系与交换体系来实现的。

装备保障信息资源是指装备保障各部门在履行各自职能时采集、加工、使用的信息资源及其在业务处理过程中生成的信息资源。对于装备保障来说,这种信息资源主要指的是一些统计数据、统计报表等,如装备等级修理信息、故障统计表、质量统计报表等都是由数据元素构成的,它们都属于装备保障的信息资源。因此,本书所说的信息资源主要是指装备保障的数据资源。它们广泛地分布在装备保障的各个领域和部门,是装备保障各部门在日常工作中不可或缺的可用资源。因此,有效管理、合理开发装备保障信息资源,对提高装备保障工作效率、推动装备保障信息化发展具有重要意义。

装备保障信息资源目录作为装备保障信息资源的管理和服务中心,可为分散异构的装备保障信息资源的共享和交换提供基础性支撑,实现对装备保障信息资源的识别、定位和发现服务,从而使装备保障各部门更加有效地管理和利用相应的信息资源。

2. 信息资源目录架构

装备保障信息资源目录体系用于组织、存储和管理装备保障的信息资源目录内容,它通过元数据信息的发布、查询、定位和管理机制,实现装备保障信息资源目录内容的共享。装备保障信息资源目录体系架构如图6-9所示。

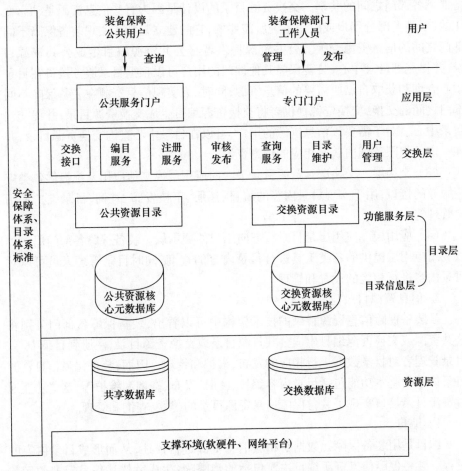

图6-9 装备保障信息资源目录体系架构

(1)资源层。资源层用以存放装备保障各部门可公开或可在部门间共享的装备保障信息资源,它主要包括可以公开的信息资源组成的共享数据库和为实现部门间信息资源的交换而建立的交换数据库。

（2）目录层。装备保障信息资源目录由公共资源目录和交换资源目录两类目录组成，这两类目录分别对应着公共资源核心元数据库和交换资源核心元数据库。因此，目录层相应分为目录信息层和功能服务层，目录信息层由公共资源核心元数据库和交换资源核心元数据库组成，功能服务层由公共资源目录和交换资源目录组成。

公共资源目录的设计是因为有些信息资源是大部分用户或应用系统所需要的，并且这些信息资源不是经常变化的，它的建立是为了实现公共信息资源在装备保障各部门之间的共享。交换资源目录的设计是因为有些信息资源是动态变化的，不是大部分用户或应用系统所需要的，它的建立是为了实现装备保障不同部门之间的信息资源交换。公共资源提供者将公共资源编目生成公共资源目录，并提交到目录中心，装备保障其他部门的用户可以根据目录服务接口在目录中心查询和获取自己所需要的信息资源；同时，为实现信息资源在装备保障不同部门之间的交换，交换资源提供者将交换资源编目生成交换资源目录，并提交到目录中心。对于需要该信息资源的用户，可以在目录中心查询交换资源目录，并在一定的权限范围内获取相应的信息资源。

（3）交换层。交换层是资源目录平台向应用层或其他应用系统提供各类应用服务的接口，用于实现目录内容的编目、注册、审核发布、查询、目录维护和用户管理等。

（4）应用层。应用层是目录服务向用户的展示层。装备保障各部门用户可以利用应用层提供的各类工具进行目录内容的查询，同时目录管理人员可以对目录内容进行相应的设置和管理。

3. 信息资源目录建立过程

从装备保障信息资源目录的技术架构中可以看出，装备保障各部门分别将公共资源或交换资源编目生成公共资源目录或交换资源目录，注册到目录中心，目录管理者对目录数据进行相应的发布、维护和管理。因而，装备保障信息资源目录体系的基本功能包括目录内容编目、注册、发布、查询和维护等，这些功能通过资源目录接口实现了装备保障信息资源目录的建立、查询和管理。

1）编目

编目是用装备保障元数据对相应信息资源进行描述，从而形成目录内容的过程。装备保障信息资源编目主要包括的步骤为：生成欲描述信息资源的元数据项；新增元数据库模板，定义该模板基本信息；选择组成该模板的元数据元素。著录模板是欲生成信息资源元数据的目录模板，它包括对装备保障信息资源生成元数据时，元数据的组成项目定义及录入模板、审核流程定义。著录模板维护界面如图 6-10 所示。

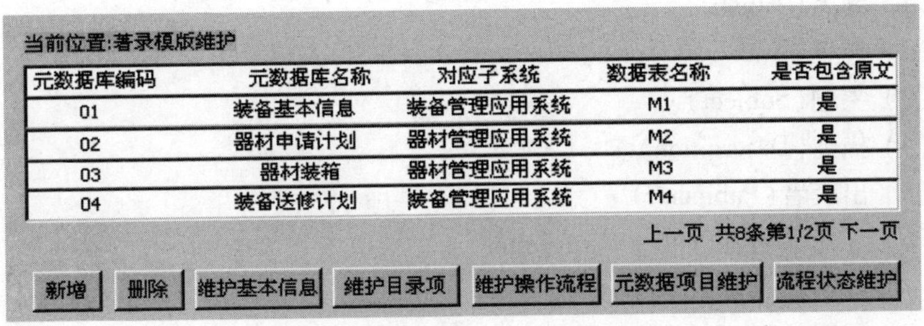

当前位置:著录模版维护				
元数据库编码	元数据库名称	对应子系统	数据表名称	是否包含原文
01	装备基本信息	装备管理应用系统	M1	是
02	器材申请计划	器材管理应用系统	M2	是
03	器材装箱	器材管理应用系统	M3	是
04	装备送修计划	装备管理应用系统	M4	是

上一页 共8条第1/2页 下一页

[新增] [删除] [维护基本信息] [维护目录项] [维护操作流程] [元数据项目维护] [流程状态维护]

图6-10 著录模板维护界面

对于一个要新编制的元数据库模板,主要进行模板的基本信息定义、目录项定义以及模板的流程状态定义等。基本信息定义主要指明元数据库的名称、隶属子系统、访问权限等信息。目录项定义用于定义组成模板的元数据项信息,即选择描述信息资源的相应元数据项。流程状态维护用于定义元数据著录模板中元数据的状态信息。结合装备保障自身的特点,定义的装备保障信息资源元数据的流程状态包括已登记、已审核、已发布和已退回四种状态。

编制目录模板时,首先要进行元数据项目的维护,即维护组成模板的元数据元素的信息。元数据项目维护界面如图6-11所示。

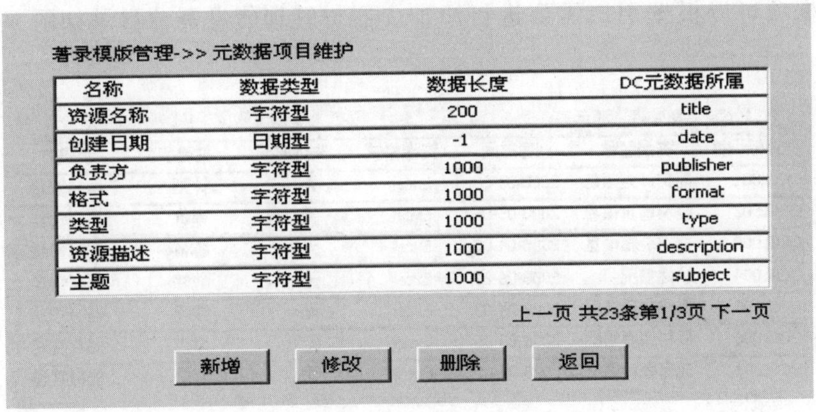

著录模版管理->>元数据项目维护			
名称	数据类型	数据长度	DC元数据所属
资源名称	字符型	200	title
创建日期	日期型	-1	date
负责方	字符型	1000	publisher
格式	字符型	1000	format
类型	字符型	1000	type
资源描述	字符型	1000	description
主题	字符型	1000	subject

上一页 共23条第1/3页 下一页

[新增] [修改] [删除] [返回]

图6-11 元数据项目维护

页面显示已定义的元数据项的列表,并可增加、修改或删除相应的元数据项。当选择新增模板的元数据元素以后,就可以编制目录模板了。

对于信息资源描述元数据,采用国际上通用的标准——都柏林核心元数据集(Doblin Core,DC),DC是为描述网络资源、支持网络检索而建立的元数据模式。它包括15个核心元数据,分别是:

(1) 题名(Title)。

(2) 作者(Author)。

(3) 主题(Subject)。

(4) 描述(Description)。

(5) 出版者(Publisher)。

(6) 其他参与者(Other Contributor)。

(7) 日期(Date)。

(8) 资源类型(Resource Type)。

(9) 格式(Format)。

(10) 资源标识符(Resource Identifier)。

(11) 来源(Source)。

(12) 语言(Language)。

(13) 关联(Relation)。

(14) 覆盖范围(Coverage)。

(15) 权限管理(Rights Management)。

参考 DC 元数据制定了装备保障的信息资源元数据,其必须包括的元数据项是资源标识符、资源名称、创建时间、负责方、资源格式、失效时间等,其他的元数据项可以根据用户需要进行添加。器材管理信息资源目录如图 6-12 所示。

当前位置:器材管理资源目录

资源标识符	资源名称	创建时间	资源格式	失效时间	关键字	负责方
QCGL001	器材计划信息	2008-04-03	Excel	无	计划	器材管理
QCGL002	器材审价信息	2008-05-06	Excel	无	审价	器材管理
QCGL003	器材装箱信息	2008-04-03	Excel	无	装箱	器材管理
QCGL004	缺件情况	2008-06-21	Excel	无	缺件	器材管理
QCGL005	器材报废情况	2008-04-03	Excel	无	报废	器材管理
QCGL006	器材库存情况	2008-05-06	Excel	无	库存	器材管理
QCGL007	成套统计情况	2008-04-03	Excel	无	成套统计	器材管理

图 6-12 器材管理信息资源目录

2) 注册

用于按照著录模板内容输入相应的元数据信息,并注册到目录中心。为了确保装备保障信息资源的"标准一致,源头唯一",以及其他部门信息采集的准确性与唯一性,必须对装备保障信息资源进行统一的注册管理。注册是指装备保障各部门将编制好的装备保障信息资源元数据按要求提交到目录中心,目录中心对注册的数据进行校验审核,接受合格数据并进入目录中心元数据库,否则向目录内容注册者反馈错误的注册信息。注册的目的就是将装备保障各部门的信息资源注册到装备保障信息资源的元数据库中,只有经过注册的装备保障信息资源才能发布到装备保障的信息资源服务目录中。

装备保障信息资源注册流程如图6-13所示。

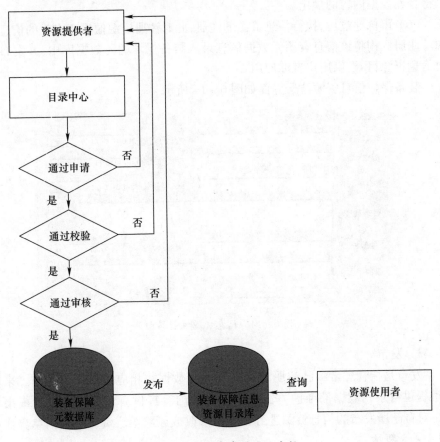

图6-13 信息资源注册流程

信息资源注册流程总体描述如下：

(1) 提交机构对本单位信息资源进行元数据描述,生成装备保障信息资源元数据。

(2) 提交机构将描述好的信息资源元数据提交到注册机构,并申请注册。

(3) 注册机构验证注册申请,并决定是否同意接受此注册申请。

(4) 注册机构接受申请后,对信息资源元数据进行校验。校验主要是对元数据的语法、格式进行检验,如对信息资源进行描述的每项元数据元素是否符合规范等。

(5) 对信息资源元数据进行校验后,注册机构对元数据的数据完整性和逻辑一致性进行审核。数据完整性主要是指元数据内容标准中所规定的必选必填内容是否都已有值,逻辑一致性是指元数据的实体和元数据元素的相互关系是否符合元数据内容的规定。

(6) 审核通过后,执行信息资源的注册,此时注册资源便属于有效的信息资源。注册机构将该信息资源元数据信息录入装备保障的元数据库中,并发布生成信息资源目录,供用户查询使用。

装备保障信息资源注册界面如图6-14所示。

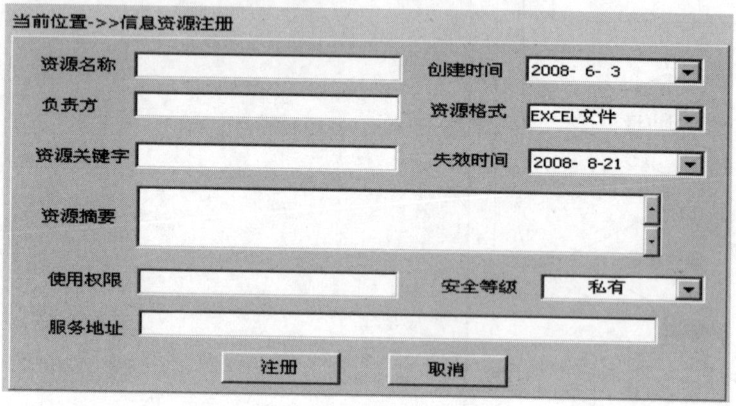

图6-14 信息资源注册界面

3) 发布

发布是指管理者将已注册的信息资源元数据在相应的目录下发布。采取"谁提供目录元数据谁维护"的原则,即目录内容提供者可以向管理者提出请求,对自己所发布的信息资源进行相应的修改或删除等。资源发布信息界面如图6-15所示。

4) 查询和维护

查询是指用户根据信息资源目录平台提供的相关信息,对信息资源进行相应的检索,从而获取自身所需资源的过程。维护是指目录内容管理者对相应的信息资源元数据进行管理。由于元数据维护是对已发布的信息资源元数据进行维护,因而它主要是指对信息资源元数据的删除操作。

4. 信息资源目录工作流程

装备保障目录工作流程如图6-16所示。

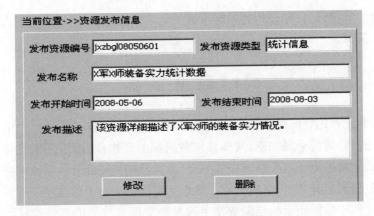

图6-15 资源发布信息界面

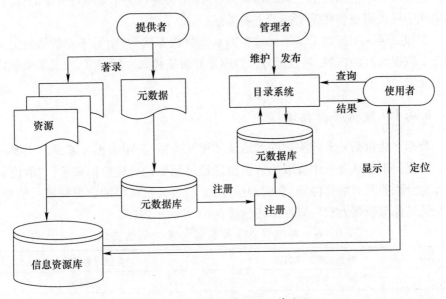

图6-16 装备保障目录工作流程

在装备保障目录工作流程中包括三种角色,分别是目录提供者、目录管理者和目录使用者。

(1)目录提供者是装备保障信息资源的业务部门或管理部门,他们负责对本部门产生的装备保障信息资源按照相关的元数据标准进行著录和编目,并将编目后的信息资源元数据注册到目录中心的元数据库中。

(2)目录管理者审核目录提供者提交的信息资源元数据,并将审核通过后的信息资源元数据在相应目录下发布,同时对整个目录系统进行维护和管理等。

(3)目录使用者借助目录系统提供的各种查询和检索工具,查询和定位自

175

己所需的信息资源,目录使用者根据反馈的结果信息,在一定权限范围内访问相应的信息资源。

6.4 数据字典

数据集成首先要解决数据和模式在结构与语义上的冲突问题,为用户提供一个统一的、集成的全局视图,实现异构数据源的互操作,而语义集成是其中的难点,模式元素的语义匹配是其中的关键,语义异构的一部分体现在词法和词义的异构,包括同名异义、异名同义等。数据元素提供了对于数据的一致性理解与描述,因此基于数据元素构建的数据字典是解决模式冲突的有效途径。装备保障信息集成系统使用数据字典为基础,其作用是贯穿在整个集成过程中的,是数据集成中模式集成和数据交换的主要依据。

在相关研究中探讨了基于元数据的系统集成方法,其中对于元数据的定义涵盖了数据元素的内容,并且部分元数据是针对实体属性的定义,而其实质就是数据元素。

6.4.1 数据字典描述

数据字典包括业务范围内的术语及其相互关系,其中数据元素是其主要内容。数据元素是从业务中提取的数据信息经过规范化处理后形成的,它的建立过程充分说明其对数据准确、全面的描述,是经过大家认可的数据标准。例如,军械装备保障数据元素的属性描述包括表6-8所示内容。

表6-8 军械装备保障数据元素的属性描述

序号	数据元素属性名称	序号	数据元素属性名称
1	标识符	11	关键字
2	助记符	12	关系类型
3	名称	13	提交机构
4	同义名称	14	提交日期
5	语义环境	15	注册机构
6	定义	16	主管机构
7	数据类型	17	注册状态
8	表示形式	18	版本标识符
9	表示格式	19	附加说明
10	值域		

依托数据元素建立的数据字典,任何使用者都可以准确地理解数据的含义,能够正确地使用数据。装备保障数据集成数据字典的用户可分为两类:一类为数据管理员,负责数据字典的创建与维护;另一类为上层应用,其从数据字典中获取所需的数据与信息。装备保障数据集成数据字典的特征如下:

(1) 基本概念的标准化序列:字典提供一系列标准术语表示常用装备保障信息系统中的概念。

(2) 可扩展性:标准字典提供一系列标准术语描述已有的数据标准,并且可扩展以添加新术语。

(3) 分类组织:字典术语以分类结构表示装备保障信息术语之间的关系。

如果将不同的业务范围理解为不同的管理空间,那么数据字典就是不同管理空间中业务系统交互的"桥梁",如图 6-17 所示。

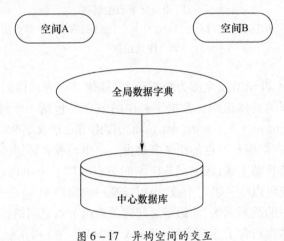

图 6-17 异构空间的交互

6.4.2 数据字典结构

数据元素是数据字典的主要组成内容,但在具体组织过程中,还需要其他术语的配合,才能达到高效查找与使用的效果。数据字典的数据结构采用树状结构,通过类之间的关系来表达概念之间的相互关系,主要由全局字典类实现,包括一个根节点,用来组织领域概念集合;节点列表负责存储具体概念;节点连接关系存储概念之间的关系;迭代器对节点执行广度优先和深度优先搜索,在此基础上定义基本的字典结构元素添加、重命名以及删除方法。

数据字典类定义为:

```
{
    GD_Node*         root;
```

```
    Cdocument*       GDDoc;
    Position         Pos;
    int              max_depth;
    int              node_types;
}
```

节点类定义为:
```
{
    Cstring                        key;
    Cstring                        sem_name;
    Int                            def_num;//术语的定义序号
    Cstring                        desc;//术语的描述
    Clist<Cstring,Cstring&>        syn;//同义词
    Plink                          parent;//指向父节点的链接
    CtypedPtrList<CobList,link*>   children;//子节点指针
    Int                            level;//节点所处层次
}
```

在本结构中,叶子节点全部为数据元素,其他节点为具体的实体对象术语,用以对数据元素的具体组织。数据字典中的节点类包括一个键值 key,表现形式为:key = sem_name + "." + str(def_num),即由节点语义名和定义序号的组合表示,与节点一一对应。节点的语义名是由一个单词或者短语所表示的术语名;定义序号由系统自动生成,区别字典中不同节点的同一个单词。定义序号的使用不仅使得系统可以唯一确定节点,也可以唯一确定语义。

数据字典中的数据元素、术语等之间的关系由节点之间的连接关系给出,定义为一类。该结构包含了连接类型(IS-A 或 HAS-A)和其他属性(如连接权重)信息。连接关系包括节点到父节点的连接以及节点与子节点的连接关系。概念节点信息首先存储到结构中,其次再被添加到父节点的子指针列表中,并且父节点的链接随之会更新。该结构可扩展性好,并可以通过各种遍历方法实现全局范围检索。

连接类定义为:
```
{
    Int          link_type;//链接类型,1:IS-A,2:HAS-A
    GD_node*     from_node;//链接起始节点
    GD_node*     to_node;//链接末端节点
    Cpoint       from_pt;//链接起点
    Cpoint       to_pt;//链接终点
}
```

数据字典在数据库中主要涉及三个表:术语表、数据元素表、关联关系表,结构如表6-9~表6-11所示,其中关联关系表中的术语标识字段存储术语标识和数据元素标识两类数据。

表6-9 术语表结构

序号 (XH)	术语名称 (SYMC)	术语标识 (SYBS)	术语描述 (SYMS)	同义词 (TYC)	备注 (BZ)

表6-10 数据元素表结构

序号 (XH)	数据元素名称 (SJYSMC)	数据元素标识 (SJYSBS)	数据元素定义 (SJYSDY)	同义词 (TYC)	数据类型 (SJLX)	表示格式 (BSGS)	值域 (ZY)

表6-11 关联关系表结构

序号 (XH)	术语标识 (SYMC)	父节点 (FJD)	关联关系 (GLGX)	备注 (BZ)

6.4.3 数据字典的构建方法

数据字典应以树形结构进行组织,以利于查询使用。在进行数据元素编制过程中,已经探讨了通过按对象类、特性或分类法对数据元素进行分类组织。因此,数据字典的构建可以数据元素目录为基础,通过对象以及对象的分类来实现数据元素的有效组织,并通过对象之间的关联建立不同数据元素之间的关联关系,如图6-18所示。

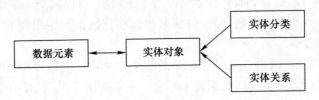

图6-18 数据元素组织

例如,由实体对象"封存转换"加"分类"形成"封存转换分类"数据元素,"封存转换"属于装备战备管理工作,而装备战备管理属于"装备管理的范畴",这样形成了概念上由低到高的递进关系,即可构成树形结构的数据字典,如图6-19所示。

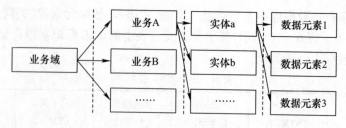

图6-19 数据字典的结构

数据字典具体内容描述与数据元素属性描述相一致,示例如下:

名称:封存转换分类
创建者:系统管理办公室
标识符:J030256A
助记符:FCZHFL
说明:区分封存/战备与启封/训练的区分代码
数据类型:字符型
取值形式:数字代码
有效取值:0=封存/战备,1=启封/训练
格式:1位阿拉伯数字
更新日期:2008-05-12

6.4.4 数据字典的维护

数据字典的构建是一个动态的、不断完善的过程。初始情况下,由于无法得到集成系统概念域内所有的术语及语义关系,数据字典是仅由一些基本的概念构成的原始集合,随着集成系统数据源的不断增加,可以向全局字典中添加内容节点,不断扩展和更新数据字典,以获取和标准化数据源中出现的、标准全局字典里没有的概念。

数据字典维护的重点是对数据元素的维护。在数据字典中,用户最终所需获取的是数据元素,而这些数据元素不是一成不变的,如某些数据元素的值域或表示形式等属性发生改变、数据元素语义环境发生变化、新的概念术语的出现等,这些都要求数据元素必须进行及时的补充、修改、完善,保证数据交流共享的畅通。数据元素维护过程如图6-20所示。

图6-20 数据元素维护过程

对于数据元素维护管理的详细过程在前面已经进行了详细论述,此处不再重复。维护修改后数据元素目录需要及时发布,并反映到数据字典中。同时,数据字典也需要根据业务变化,对相关术语及其相互关联关系进行适当的调整,以满足数据字典的查询使用需求。

6.4.5 基本表

基本表是业务管理工作所需要的基础数据所组成的表,而其他数据则是在这些数据的基础上衍生出来的。基本表具有下述特性。

(1) 原子性:表中的数据项是数据元素。

(2) 演绎性:可由表中的数据生成全部输出数据(即这些表是精练的,经过计算机的处理,可以产生全部业务管理所需要的数据)。

(3) 规范性:表中的数据满足三范式要求,这是科学的、能满足演绎性要求并能保证快捷存取的数据结构。

(4) 稳定性:表的结构不变,表中的数据一处一次输入,多处多次使用,长期保存。

(5) 客观性:表中的数据是客观存在且管理工作需要的,不是主观臆造的。

装备保障数据库在设计过程中,都应按基本表的标准进行设计,内容按照业务主题进行确定,数据项完全由数据字典中的数据元素组成。

大量基本表按照规范的目录进行组织,能够进行有效的应用,减少工作量。其重要作用体现在以下两个方面:

(1) 新建系统可从基本表目录中查找已有基本表,并选为己用,如果没有自己需要的基本表,则可根据需要从数据字典中抽取数据元素组成新的基本表。同时,新建的基本表需要在目录中进行注册,以备后续引用。

(2) 中心数据库的构建完全以基本表的形式构建,按业务主题进行组织,这样既可以减少数据库表结构的复杂度,增加了规范性,又可以确保数据环境的稳定性,并为外部提供标准的数据,利于数据访问与共享。

6.5 中心数据库

用户通过装备保障信息资源目录查询到的是信息资源的标引,而不是真正的数据结果。在网络畅通的情况下,用户可以根据目录获取到分散在各业务数据库中的数据。但考虑到部队还处于无网络或网络无法授权使用的情况下,为了解决装备保障业务数据库之间分散存储和集成管理的矛盾,可以通过在装备保障各层级之间建立信息资源集中管理的中心数据库的方式,使数据的使用者可以通过信息资源目录从中心数据库获取及时、真实、有效的数据。

6.5.1 中心数据库的组织方式

中心数据库采用主题数据库的方式进行组织,主题数据库是面向业务主题而建立的数据库,具有如下特点:

(1) 面向业务主题。主题数据库是面向业务主题的数据组织存储的,与业务管理中要解决的主要问题相关联,而不与通常的计算机应用项目相关联。

(2) 由基本表组成。主题数据库的数据结构由多个达到基本表规范的数据实体构成。

(3) 数据环境稳定。主题数据库是一个全局性的数据环境,应用系统发生变化时数据库结构并不需要太大修改。

(4) 信息共享。主题数据库以信息共享为主要目的进行设计,基本表可以被不同应用系统作为数据结构设计的基础,数据元素标准的使用也使其能够容易地被其他系统调用。

基于主题数据库的上述特点,装备保障中心数据库按照主题数据库的模式进行设计。主题数据库的设计步骤与常规数据库的设计基本类似,也是按照"概念→逻辑→物理"的顺序,只不过在具体设计时在细节方面存在一定的差异。

1. 概念主题数据库设计

主题数据库的设计,首先要设计概念数据库,而概念数据库设计的第一步就是业务主题的提取。

业务主题的提取需要与用户进行交流,需要对用户的需求做深入分析,并应选取用户最关心的部分作为业务主题。如何分析确定,关键成功因素法是比较理想的方法。关键成功因素是指组织的管理和组织目标实现中占据主导地位并发挥关键作用的因素。在业务目标确定后,关键成功因素的数目是有限的,但它们在组织运行中发挥的作用很大,可通过关键因素来确定装备保障的业务主题。

业务主题的提取主要通过业务建模方法,对企业结构和业务活动本质的、概括的、复杂细致的认识过程,可以用"职能区域—业务过程—业务活动"的层次结构来描述,该部分内容可直接应用数据元素提取过程中业务分析与建模的结果。例如,器材管理是军械装备保障的一个业务主题。通过对器材管理业务模型的建立和分析,得出器材管理的主要业务过程有经费管理、器材筹措、订货计划管理、订货合同管理、调拨管理、回收处理、储存管理、器材审价、战储器材管理、器材编码、供应商管理、器材统计、质量管理、库房管理等。对于业务主题可采取主题树的形式进行组织,通过构建主题树实现对数据资源最基本的分类和导航,同时,借助于参照科学合理的概念体系组织数据可以有效提升数据资源对主题域知识覆盖的完整性、对相关概念的内容一致性。

围绕提取的业务主题、各业务主题下的主要业务流程等内容,以及收集的用户视图,即可进行概念数据库的定义。概念数据库反映了最终用户对数据存储的看法,是用户的综合性信息需求,有了概念数据库,才能有目标地组织出主题数据库。"器材管理"的概念主题数据库如表6-12所示。

表6-12 "器材管理"的概念主题数据库

序号	标识	名称	描述
1	QCGL	器材	该主题数据库由器材管理子系统创建、维护及使用
		管理	存储器材账目、器材计划、器材转级等信息

2. 逻辑主题数据库设计

逻辑主题数据库反映了系统分析设计人员的观点,是对概念数据库的进一步分解和细化。在数据组织的关系模式中,逻辑数据库是一组规范化的基本表。

由概念数据库演化为逻辑数据库的主要工作是采用数据结构的规范化原理与方法,将每个概念数据库分解、规范化成三范式的一组基本表,一个逻辑数据库就是这一组三范式基本表的组合。逻辑数据库的表述,包括基本表的标识、名称、属性列表和主键,以及基本表之间的关系。

在此处建立的主题数据库的基本表可以作为装备保障相关系统数据库设计的基础。如果某子系统所需数据表在主题数据库中已经存在,就可直接调入使用。如果某子系统所需数据表是系统主题数据库中某个基本表的一部分,就可从这个基本表中提取所需部分使用。如果子系统所需数据由几个基本表中的数据组成,子系统就可从相应基本表中提取相关部分进行加工处理后使用。当某子系统出现新的需求时,由其提出创建需求或在不影响其他子系统正常运行的情况下对相关基本表提出修改,再由相应的子系统修改基本表,以满足需求,实现共享。

为逻辑主题数据库选择一个最适合应用要求的物理结构的过程就是主题数据库的物理设计,它依赖于给定的计算机系统。

6.5.2 数据元素标准的应用

从基本表的定义及其基本特征可知,每一个主题数据库被分解成一组基本表之后,每个基本表的组成单元就是制定的装备保障数据元素,如图6-21所示。

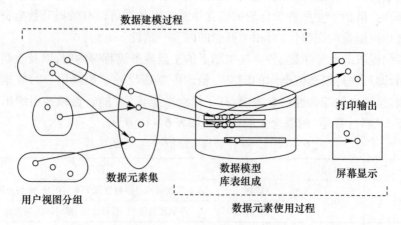

图6-21 装备元素的使用过程

以器材管理为例,通过构建器材管理的业务模型,已经得到了器材管理中的数据元素。根据器材管理实际业务需要,可以对这些数据元素进行重新组织,从而形成实际需要的各种业务表格,以保证各业务之间数据的一致性和规范性。

根据装备保障的实际业务需要,所建立若干主题数据库,均由相应的基本表组成,基本表由相应数据元素组成,最终由这些主题数据库构成了装备保障的中心数据库。

6.5.3 中心数据库数据管理和共享机制

装备保障中心数据库在整个装备保障管理信息系统中处于底层,为上层的应用系统提供了与数据无关的数据访问平台。为了反映数据的实时性,必须建立良好的数据更新机制。中心数据库的连接方式有两种:紧耦合和松耦合。紧耦合对系统及网络的要求较高;松耦合更新频度不高,对系统要求也不高。结合装备保障实际,采取松耦合的方式,即采用定时更新的方法来保持上下级中心数据库之间的数据一致性。

数据更新的三种模式如下。

(1)实时更新:要求网络性能优良,适用于数据量少、随机发生的数据更新。

(2)数据库周期更新:要求网络性能一般,适用于要求数据按指定周期进行增量更新。

(3)文件传输:不要求网络总是在线,适用于网络基础差的地区向上级中心数据库提供数据。

根据目前装备保障无网络或网络无法授权使用的特殊性,采取文件的方式来实现装备保障的数据共享较为适宜,具体的数据交换方法设计将在后续章节进行详细描述。具体数据交换时,需要与信息资源目录进行协调。此外,为适应基础环境、应用技术以及业务管理发展的需要,必须为网络数据交换预留接口,以备将来使用。

6.5.4 中心数据库运行结构

装备保障中心数据库按行政级别体现出自上而下的树状层次结构,树节点对应着各级中心数据库,同时数据在装备保障各级中心数据库之间是相互独立的,而在上下级之间存在重叠,这样各级数据也呈现出树状层次结构,树的每一节点代表本级本区域的数据。

对于装备保障每一级中心数据库的数据来源有两部分:一是下一级中心数据库上报的数据;二是装备保障每一级各部门自身运行产生的数据。装备保障各部门将各自的数据上报至中心数据库时,需要按照"一数一源"的原则,不是第一数据源的数据不能录入中心数据库。例如,对于"装备基本信息"统计表,只能由装备管理部门的人员向中心数据库录入,而不能由修理部门或其他部门录入。

通过建立装备保障中心数据库,能够彻底避免同一数据的"多头采集、重复存放、分散管理、各自维护"的现象,能有效地避免"信息孤岛"的产生,可实现公共数据的"统一采集、集中存放、统一维护",可以使数据达到真正的一致性、准确性、及时性和共享性。同时,多级中心数据库的管理和存储模式便于领导决策层实时掌握资源的整体情况,作出科学准确的决策。

6.6 数 据 中 心

6.6.1 数据中心的结构

1. 数据中心的总体结构

数据中心由管理系统、数据采集系统、数据交换系统、数据模块创编系统、浏览系统构成,总体结构如图 6-22 所示。

各系统的主要功能如下:

管理系统为各个不同用户提供统一门户,并进行不同类型数据的管理、检索、统计、发布的功能,包括项目管理、工作任务管理、目录管理、社交网络服务

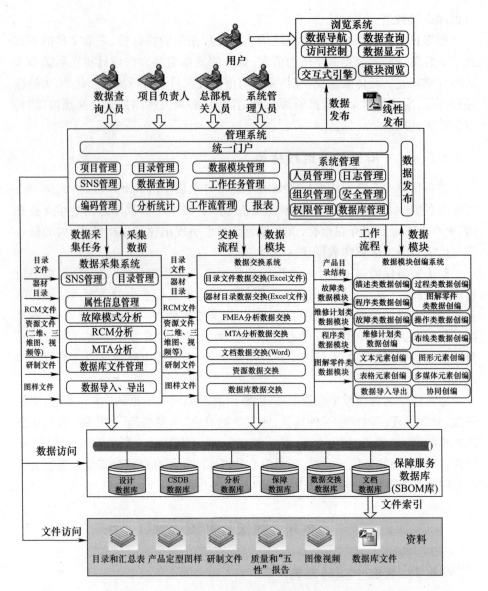

图 6-22 数据中心总体结构

(Social Networking Service,SNS)管理、数据模块管理、编码管理等功能。管理系统提供的数据发布功能,能够发布标准化的交互式电子技术手册,也能发布 PDF 格式的线性手册。

数据采集系统提供对装备定型过程、装备维修保障过程中产生的各类信息数据进行采集。

数据交换系统提供将数据采集系统采集的结构化、非结构化数据转化为标准化的数据模块方式,供管理平台和数据模块创编系统使用。

数据模块创编系统提供数据模块的创编,可创建符合 GJB 6600—2009 形式的八大类数据模块内容以及与数据模块相关的基本元素内容。

浏览系统完成对管理平台发布的交互式电子技术手册进行浏览,提供电子化、标准化的快速文档查询手段,从而解决现场的快速诊断、快速维修问题。

2. 数据中心的应用场景

数据中心的主要应用场景如下:

(1) 型号项目负责人创建相关的产品结构、目录结构,并将任务进行分解,由具体的数据采集人员进行数据采集,数据完成的数据可进行查询。

(2) 数据采集人员通过软件系统采集装备的定型数据信息,如各类目录及汇总表、产品定型图样、产品研制文件、各种说明书、指令及"五性"等报告、软件文档、图像视频、管理文件以及数据库文件数据。

(3) 在采集完数据后,可对数据进行标准化的描述,从而可使数据被重复利用,同时确保数据的一致性、安全性,由此须进行数据的模块化、标准化处理。

(4) 以交互式电子技术手册(Interactive Electronic Technical Manual, IETM)相关标准对信息资料进行模块化、标准化的处理,对于由 IETM 描述后的数据,可采集多种形式进行发布,如交互式电子技术手册、线性文档(PDF 格式、Word 格式),发布后的内容可由最终的使用单位进行应用。

6.6.2 数据中心典型工作流程

数据中心典型工作流程如图 6-23 所示。

数据中心典型工作流程详述如下:

(1) 在维修保障管理系统中型号项目负责人以一个特定装备为目标建立项目信息,并根据装备产品结构和定型文件的特点分别建立 SNS 结构(系统-分系统结构)、目录结构(依据定型文件分类建立,从另一个角度查看文件信息)。

(2) 在维修保障管理系统中型号项目负责人建立数据采集任务,以工作分解结构(Work Breakdown Structure, WBS)方式进行工作任务的分解。

(3) 型号项目负责人将任务分配具体给具体的数据采集人员,进行数据采集。

(4) 在维修保障管理系统中型号项目负责人将数据采集任务进行分发,这样采集人员在登录维修保障管理系统中将收到数据采集的任务。

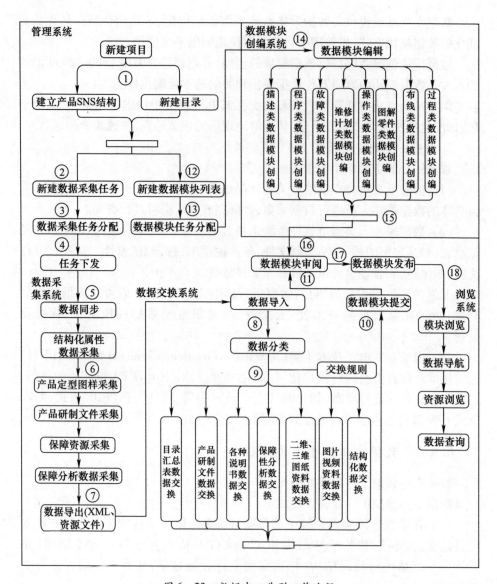

图 6-23 数据中心典型工作流程

(5) 采集人员利用数据采集软件进行数据同步,同步相关的 SNS 结构和目录结构,并根据分配的采集任务进行数据采集。

(6) 数据采集人员利用数据采集软件可进行结构化属性数据采集、产品定型图样采集、产品研制文件采集、保障资源采集、保障分析数据采集。

(7) 数据采集完成后,数据采集人员可将数据进行导出,导出格式为 XML

文件、普通的资源文件。

（8）在数据导出后，系统将自动将导出的 XML 文件提交给数据交换系统，由其自动导入。

（9）数据交换系统在导入数据后，对数据进行分类，并依据已定义的数据交换规则，进行目录汇总表的数据交换、产品研制文件的数据交换、各种说明书的数据交换、保障性分析数据交换（包括失效模式及后果分析（Failure Mode and Effects Analysis, FMEA）数据、客户关系管理（Client Relationship Management, RCM）数据、维修数据、维修资源数据）、二维、三维图纸资料数据交换、图片视频资料数据交换、结构化数据数据交换，数据交换后的内容为符合 GJB 6600—2009 形式的数据模块或资源文件。

（10）数据交换系统在完成交换工作后，将相应的数据模块或资源进行导出提交。

（11）数据交换系统将导出的数据模块或资源数据提交给维修保障管理系统，由其进行审阅，并查看是否满足要求。

（12）在管理平台中，型号项目负责人除了创建数据采集任务外，也可创建用于创编 IETM 的数据模块列表。

（13）在管理平台中，型号项目负责人在创建完数据模块列表后，可将任务分配给具体的数据模块创编人员，创编人员在管理平台登录后可看到数据模块创编的任务。

（14）创编人员利用数据模块创编系统将待创编的数据模块签出（多人协同操作）。

（15）在数据模块创编系统中，创编人员可进行描述类数据模块、程序类数据模块、故障类数据模块、维修计划类数据模块、操作类数据模块、图解零件类数据模块、布线类数据模块、过程类数据模块的创编。

（16）创编完成后，创编人员将数据模块签入，由维修保障管理系统的审阅人员进行审阅。

（17）在维修保障管理系统中，审阅人员对数据模块以及资源审阅完成后，可将内容进行发布，供浏览系统使用。

（18）在浏览系统中，现场操作人员可根据已发布的结果进行数据的导航、浏览、查阅。

6.6.3 数据中心详细设计内容

1. 装备保障系统

装备保障系统在为各种不同用户提供统一门户的同时，实现了对不同类型数据的管理、检索、统计、发布的功能,具体如下。

(1) 统一门户:以浏览器/服务器(Browser/Server,B/S)方式为不同用户提供数据访问的接口和门户,包括领导、系统管理人员、项目负责人、数据查询人员等不同类型的人员。

(2) 项目管理:提供对多种装备产品的管理功能,每一种装备产品以一个独立项目进行管理。

(3) 目录管理:以目录方式对文档内容进行管理(数据管理的一种视图),如按照各类目录及汇总表、产品定型图样、产品研制文件、各种说明书等方式对装备在定型以及保障过程中产生的非结构化数据进行管理(以 Word、Excel、PDF 等形式存在的文件)。

(4) SNS 管理(系统—分系统管理):以标准的 SNS 结构(如按照 GJB 6600—2009 的要求或 GJB 7001—2010《军用物资和装备品种标识代码编制规则》标准)对装备的产品结构进行编码,有效对产品结构进行唯一性标识,作为数据管理的又一种视图。

(5) 编码管理:允许用户进行编码的自定义和扩展,并可将创建的编码内容赋予 SNS 系统,以使 SNS 维修保障管理系统按照设定的编码要求对产品结构进行编码。

(6) 数据模块管理(按照 GJB 6600—2009 标准分解的数据模块管理):针对一种特殊数据管理的视图,通过数据模块管理视图可对系统中已定义的数据模块内容进行管理。

(7) 工作任务管理:相关型号装备负责人将数据采集任务分配给具体的数据采集人员,由数据采集人员完成相关数据采集任务,并以此作为工作量的参考评估。

(8) 工作流管理:对工作任务分配、数据采集、数据审阅等工作内容进行管理,在系统中有效解决采集数据的流转问题。

(9) 报表管理:对相关数据内容进行统计,如装备的故障数据、器材目录数据,并提供标准化的报表。

(10) 数据审阅:对提供的结构化、非结构化数据进行审阅,从而确定数据是否满足要求,只有通过审阅的数据才可进行发布。

(11) 数据查询:提供针对结构化、非结构化的数据信息内容进行查询,提供快速数据获取手段。

(12) 统计分析:针对不同的数据内容进行统计,如装备图纸、技术文件、数据模块等文档信息,以及故障数据、维修任务分配、装备器材统计量等结构化数据,并以饼图、直方图等形式进行展现。

（13）数据发布：根据用户的要求以及密级，将管理的数据进行发布，发布的形式包括交互式电子技术手册形式和线性文档形式。

（14）系统管理：提供对装备保障管理系统进行维护的功能，主要包括组织管理、人员管理、权限管理、日志管理、安全管理、数据库管理等功能。

① 组织管理：对人员组织结构进行管理，提供人员组织机构的创建、删除、修改等功能。

② 人员管理：提供对使用本系统的人员进行管理，并与组织机构进行关联。

③ 权限管理：提供权限、角色功能，可设置用户对数据的使用权限以及用户本身的密级。

④ 日志管理：提供用户操作管理平台的日志信息，并可以下载该用户日志信息。

⑤ 安全管理：提供对系统的相关安全设置，如密级配置、锁屏时间、错误登录次数控制等。

⑥ 数据库管理：对数据库进行设置，如备份、恢复等功能。

2. 数据采集系统

数据采集系统提供对装备定型过程、装备维修保障过程中产生的各类目录及汇总表、产品定型图样等数据进行采集。数据采集系统在实现过程中，提供SNS管理、目录管理、数据同步、属性信息管理、维修保障分析数据等相关功能。

1）SNS管理（装备结构树管理）

主要完成装备结构树的建立、修改、数据设置等过程。建立装备根节点、系统、分系统、部件、零件等系统。通过对属性结构的基本操作和树节点数据信息设置，创建装备结构模型，采用树节点操作中的复制、粘贴、合并等操作，快速进行装备系统的建立、修改以及装备分系统之间的合并。

2）目录管理

目录管理实现以目录方式对数据内容进行管理，并建立与装备结构树的关联功能，目录允许进行无限级添加修改，用户可建立汇总表目录、产品定型图样目录、产品研制文件目录、说明书目录、资源文件目录、质量及"五性"报告目录、软件文档目录、图像视频目录、管理文件目录、数据库文件目录等。

3）数据同步

数据采集系统创建SNS结构、目录结构的方式如下：

① 依靠SNS管理、目录管理提供的结构创建功能进行SNS结构、目录结构的创建。

② 通过导入其他数据库文件，创建 SNS 结构、目录结构。

③ 从维修保障管理系统中同步创建 SNS 结构、目录结构。

数据同步的功能即实现从维修保障管理系统中同步相关数据，实现数据同步功能。

4）属性信息管理

属性信息主要为装备结构树中的装备节点赋予具体信息，主要包括基本属性信息、用途信息、装备图片、性能指标信息、组成与构造信息、工作原理信息、操作使用信息、装配分解信息、安装调试信息、完好状态技术要求及检验项目、安全性要求、器材属性信息、储运信息、配套信息、其他（辅助）信息共 15 项。可以全面描述装备系统的各种特征和属性参数，该过程将所填充的属性信息存储在和装备节点关联的结构体中，在后期进行数据查询和读取时进行调用。

在装备结构树中的装备节点上还可以挂接装备的设计定型信息（主要包括设计文档、设计图纸、三维模型、器材清单等）、生产定型信息（主要包括工艺图纸、制造文档、材料清单等）以及保障信息（主要使用数据、维修数据、故障数据、装备履历等）等，并对数据信息之间的关联进行设置。

5）维修保障分析数据

（1）故障模式分析。

① 功能添加。功能添加主要针对装备节点，如将某一系统节点所独立具有的一项或多项功能进行添加，添加完毕后会列在 FMEA 视图的装备节点下。

② 故障模式添加。故障模式主要针对功能节点，将装备功能所具有的一个或多个故障模式进行添加，故障模式的信息主要包括故障名称、故障描述及影响、对上一级的影响、严酷度等信息。

③ 维修任务添加。针对上面分析的故障模式和对应的原因，进行维修任务的设置。其包括任务名称、任务编码、维修级别、基本工序、维修间隔、任务说明、技术要求和检验方法等。

（2）RCM 分析。对逻辑决断判决点进行分析，采用树形结构和流程分析的方式来进行预防性维修任务的确定。

实现对所选节点的维修任务数据的提取，并进行分类显示，同时以对应的任务名称为依据提取对应的维修资源信息，并对维修资源信息进行编辑。

3. 数据交换系统

数据交换系统用于实现结构化、非结构化数据的标准化转化描述，用于生成符合 GJB 6600 的数据模块以及资源类型，其主要的转化内容如下。

(1) 针对非标准的产品结构编码进行转化,转化为 GJB 6600—2009 的 SNS 结构编码。

(2) 以 Excel 形式存在的各类目录及汇总表,根据表不同的用途和意义,采用一定的提取规则,将其转化为标准化的数据模块内容。

(3) 以 Word、PDF 形式存在的产品研制文件、各种说明书、质量及"五性"报告、软件文档、管理文件等内容,采用 Office、PDF 解析插件,根据词法分析、语法分析规则,对数据内容进行处理,如转化为数据模块中的描述类信息或转化为数据模块的参考文件。

(4) 对于保障性分析过程中产生的数据信息,其转化规则如下:

① 对于 FMEA 信息,依据一定的业务规则进行处理,将其转化为 GJB 6600—2009 中描述的故障类数据模块信息。

② 对于维修任务汇总信息,制定相关业务规则,转化为 GJB 6600—2009 中的维修计划类数据模块。

③ 对于维修任务、维修任务分析与实施(Maintenance Task Analysis and Action,MTA)分析信息,参考相关标准,并制定相关业务规则,将其转化为 GJB 6600 中的程序类数据模块。

(5) 对于中间过程产生的以可靠性为中心的维修(Reliability Centered Maintenance,RCM)分析过程,则制定一定业务规则,将其转化为 GJB 6600 中的过程类数据模块。

① 对于二维、三维图纸资料、图片、视频等资源内容,将其进行信息中心网络(Information – Centric Networking,ICN)编码,转化为 GJB 6600 定义的内容信息。

② 对于定型过程中产生的结构化数据,如产品及其各层级各种战术指标参数、技术指标参数,各层级规格件号、单位、长度、宽度、高度、重量、图纸序号、简图等信息,在转化过程中,尽量转化为数据模块中定义的实体元素,如不能转化为实体元素,则为文本元素中具体的文字描述。

数据交换系统对各种信息的转化如图 6 – 24 所示。

数据交换系统在转化过程中,采用的技术细节如下:

1) Excel 表格文件(*.xls/ *.xlsx)

按照对特定表格的数据需求,利用 Office 提供的接口函数开发插件工具,进行表格的单元格内容的读取和规范化处理,将获取的元数据存放到数据库中。具体步骤如下:

(1) 梳理定型文件中各类表格的数据需求,分析从单元格提取出数据的用途,定义表格的元数据提取规则如表 6 – 13 所示,即确定从哪个表格的哪一行、哪一列中读取数据,存储或用到哪里。

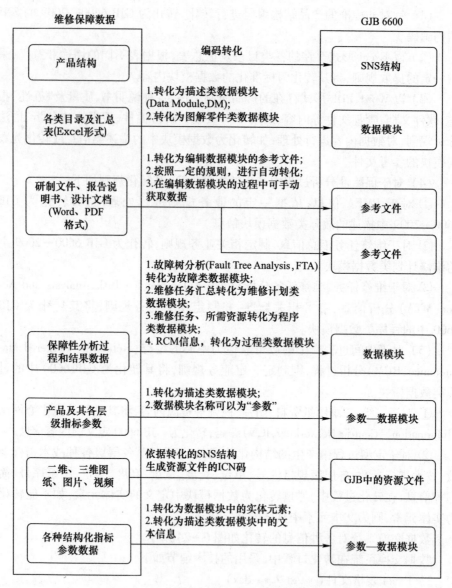

图 6-24 数据交换系统对各种信息的转化

表 6-13 表格的元数据提取规则

表格名	主键标题	主键	元数据标题	格式	用途

（2）利用开发的接口插件工具，完成数据提取：

① 读取表格文件名称，检索并获取表格元数据提取规则。

② 利用 Office Lib 静态库文件提供的接口函数，开发针对某一特定表格的插件工具，依次读取 Excel 表格的各单元格内的数据。

③ 依次读取 Excel 表格的"标题行"的各单元格内容，依据获取的元数据提取规则表中某一行的"主键标题"和"主键"列的内容，确定提取元数据的表格行。

④ 依次读取 Excel 表格的"标题行"的各单元格内容，依据定义的元数据提取规则表中某一行的"元数据标题"列的内容，确定提取元数据的表格列。

⑤ 根据确定的元数据在 Excel 表格中的单元格（具体的行和列），读取数据，并依据定义的元数据提取规则表中某一行的"格式"列的数据类型要求对提取内容进行规范化处理，按照"用途"列的要求将处理后的数据存储到相应位置。

Excel 表格中的数据自动提取过程如图 6-25 所示。

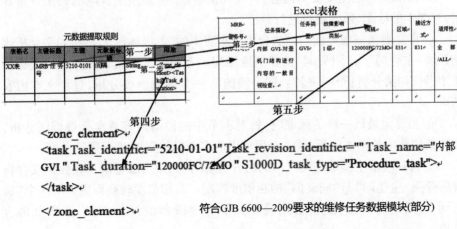

图 6-25　Excel 表格中的数据自动提取过程

2）文本

按照特定文档或图片中文本的数据需求，开发词义或词法分析插件工具，按照敏感词汇逐步查找文本内容，提取其中的包含关键字含义的数据，并进行规范化处理，将获取的元数据存放到数据库中。具体步骤如下：

（1）梳理定型文档中的文本数据需求，分析获取数据用途，定义文本中元数据词法、词义分析规则，即确定从哪个标题、具有哪些敏感词汇的哪个段落中的关键字及格式要求，如表 6-14 和表 6-15 所示。

表 6-14　词法分析规则

文档名	一级标题	二级标题	X级标题	敏感词一	敏感词二	敏感词X	关键字	格式	用途

表 6-15　词义分析规则

主题词	同义词一	同义词二	同义词X

（2）利用开发的词法、词义分析插件工具提取数据：

① 确定分析规则。获取文档的名称，与词法分析规则表中的"文档名"进行比较，按照词义分析规则开展"主题词"与"同义词"的相似度匹配，相似度较高则确定基于本文档预先定义的词法分析规则。

② 读取文档的全文文本内容，开展词法分析，按照预先获取的词法分析规则，对文本的标题、段落逐级进行分析。

a. 将文本某一级标题与词法分析规则表中的"X级标题"，按照词义分析规则开展"主题词"与"同义词"的相似度匹配。若相似度较高则进入下一级标题继续进行词法分析；否则跳转到同一级的下一个标题继续分析，直至文本内容结束。

b. 当确定最低一级的标题时，针对本节中的段落内容逐个开展词法分析，按照预先获取的词法分析规则，对段落中的多个"敏感词"进行逐级分析。

c. 将从段落中提取的词汇与词法分析规则表中的"敏感词"，按照词义分析规则开展"主题词"与"同义词"的相似度匹配。若相似度较高则进入下一个"敏感词"继续进行词法分析；否则跳转到下一个段落继续分析，直至本节内容结束。

（3）数据内容提取。

① 如果在词法分析规则中仅包含标题的规则，则在定位标题后，按照词法分析规则表中的"关键字"确定提取的数据内容，并依据格式要求对数据进行规范化处理，按照"用途"列的要求将获取的元数据存放到相应位置。

② 在定位段落后，按照词法分析规则表中的"关键字"确定提取的数据内容，并依据格式要求对数据进行规范化处理，按照"用途"列的要求将获取的元数据存放到相应位置。

文本信息的数据自动提取过程如图 6-26 所示。

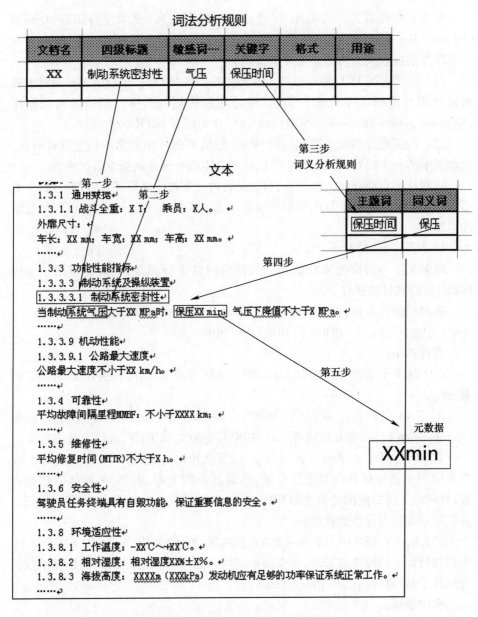

图 6-26 文本信息的数据自动提取过程

3) 图片(*.TIFF/*.JPG/*.BMP)

图片主要作为编辑 IETM、培训教材的素材使用。在 IETM 开发工作中,需要利用热点图编辑工具对图片进行处理,形成 IETM 中的素材,如计算机图形元文件格式(Computer Graphics Metafile,CGM)。

对于含有较多文字的图片,可使用文字识别工具(光学字符识别(Optical Character Recognition,OCR)软件),将图片中的文字内容识别成文本,按照文本的处理方法提取数据内容。主要步骤如下:

(1)选用 PTC ISO Draw 工具或航天测控工具 IETM 中集成的图片编辑工具对原始图片进行人工处理和编辑,将处理后的热点图保存到公共源数据库(Common Source Database,CSDB)数据库中作为编写 IETM 的素材。

(2)购买图片的文字识别用的 OCR 工具,对图片中的文本信息进行解析,提取其中的文字内容,形成文本文件,按照文本的处理方式提取数据内容。

从图片中自动获取文本信息,目前的各种已有技术还存在一定的困难,主要是由于利用文字识别工具识别的准确度不高。需要人工进行逐字、逐句的校对和审核。

4)视频(*.AVI/*.MPEG)

视频文件一般作为素材使用。对视频内容进行剪裁,生成能够用于编辑 IETM、培训教材的素材。

视频只能作为素材,目前现有技术难以对其内容进行智能提取。

5)电子文档(*.DOC/*.DOCX/*.PDF)

实现思路:

(1)从电子文档分别提取文本、图片、表格等数据内容,分别处理,有以下两种情况:

① Word 文档(*.DOC/*.DOCX):按照对特定文档的数据需求,利用 Office 提供的接口函数开发插件工具,提取其中的文本、图片、表格等数据内容。

② PDF 文件(*.PDF):针对由 Word 文档转化生成的 PDF 文件,将 PDF 文件利用 PDF 插件对其内容进行分解,提取其中的文本、表格、多媒体等数据内容;针对由文件扫描图片生成的 PDF 文件,将 PDF 文件分解为多个图片,按照图片的处理方法进行数据提取。

(2)在电子文档中标记,直接读取数据内容。Word 文档(*.DOC/*.DOCX):按照对特定文档的数据需求,在文档中增加标记,利用 Office 提供的接口函数开发插件工具,直接读取其中的元数据内容。

实现步骤:

(1)分解电子文档:

① 开发分解电子文档的插件工具,识别电子文档的格式并采集数据。

a. 针对 Word 文档(*.DOC/*.DOCX),利用 Office Lib 静态库文件提供的接口函数,开发分解电子文档的插件工具,将文档分解成文本、表格、图片等格式的素材。

b. 针对由 Word 文档转化生成的 PDF 文件,利用 PDF 引擎插件开发的分解 PDF 文件的插件工具,识别出其中的文本、表格、图片等格式的素材。

c. 针对由文件扫描图片生成的 PDF 文件,利用 PDF 引擎插件开发的分解 PDF 文件的插件工具,将文件分解成多个图片素材。

② 将从文档中分解出的图片素材,保存为 *.TIFF/ *.JPG/ *.BMP 格式,按照图片的内容提取方式进一步处理,提取其中的数据内容。

③ 将从文档中分解出的表格素材,按照 Excel 表格的内容提取方法进一步处理,提取其中的数据内容。

④ 将从文档中分解出的文本素材,按照文本的内容提取方法进一步处理,提取其中的数据内容。

(2) 标记电子文档:

① 按照业务的数据需求,为 Word 文档(*.DOC/ *.DOCX)添加标签,并定义标签与数据用途的映射规则,如表 6 – 16 所示。

表 6 – 16 标签数据映射规则

Word 文档		数据用途			映射规则
标签	格式	数据表/数据类	数据字段/数据元素	格式	

② 按映射规则,逐个查找 Word 文档中的 < Part_Name > </ Part_Name > 等标签,并将按照"数据用途"列的要求将提取的元数据按照"映射规则"存储到相应位置。

基于标签的数据自动提取过程如图 6 – 27 所示。

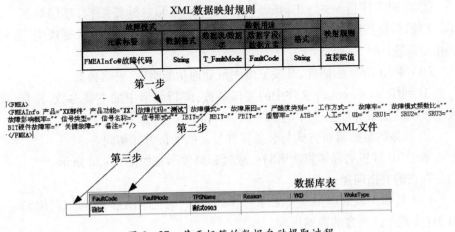

图 6 – 27 基于标签的数据自动提取过程

6）三维图形(＊.STEP/＊.IGES)

思路及实现步骤：

借助商用软件如 Cortona 3D 实现三维图形的处理,经过人工处理将三维图形转化为三维拆卸过程。分析装备零件目录的数据需求,并利用 Cortona 3D 的数据接口,生成＊.xml 格式的装备零件目录,将从零件目录中分解出的元数据存储到相应位置。

另外,可利用计算机辅助设计(Computer Aided Design,CAD)的 Mxlib.ocx 组件,进行二次开发,解析三维图形的参数。具体步骤如下：

（1）生成三维拆卸过程素材。

① 利用 Cortona 3D 处理三维图形,去除部分细节信息,轻量化三维图形,提高展示速度。

② 将三维图形处理成三维拆卸的各个步骤。

③ 将三维拆卸的各个步骤组合成一个完成的拆卸过程。

④ 将拆卸过程存储在 IETM 或培训教材的素材,保存到相应位置。

（2）采集装备的零件目录数据。

① 分析零件目录的数据需求,确定数据的映射规则,如表 6-17 所示。

表 6-17　XML 文件的数据映射规则

器材目录		数据用途			映射规则
元素标签	数据格式	数据表/数据类	数据字段/数据元素	格式	

② 利用 Cortona 3D 生成装备的零件目录,保存为＊.xml 格式。

③ 按照零件目录的 <PartId> </PartId> 等元素标签结构,逐层解析＊.xml 文件,并将按照"数据用途"列的要求将提取的元数据按照"映射规则"存储到相应位置。

（3）利用 CAD 的插件,开发三维图形处理功能组件,采集数据。

① 利用 Mxlib.ocx 库文件中的接口函数,解析图形中的主要参数、指标,如大小、尺寸、重量等数据,导出生成＊.XML 格式。

② 具体的数据解析方式与装备零件目录的解析方式相同。

基于 3D 样机的保障资源素材生成过程简要示意如图 6-28 所示。

存在的突出问题：

（1）针对生成的虚拟现实文件＊.WRL 格式的三维图形,也可以利用 Cortona 3D 实现上述内容的数据提取。

（2）＊.STEP/＊.IGES 格式是较为通用的三维图形格式,针对其他不同的

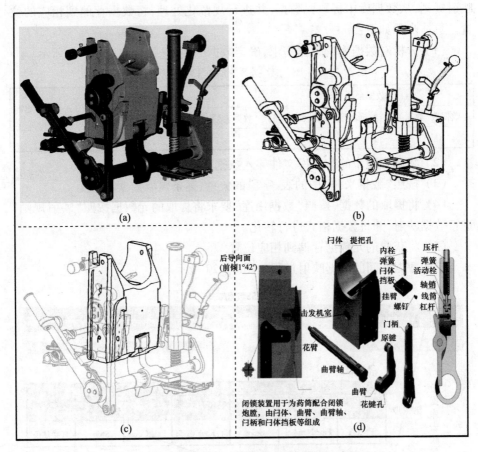

图6-28 3D样机→线条图、爆炸图转化过程

三维建模工具生成的不同格式的三维图形,能够获取的数据内容也不尽相同。

① 利用交互式 CAD/CAE/CAM 系统(Computer Aided Threedimensional Interactive Application,CATIA)设计工具,能够将模型创建者填写的数据导出生成 *.TXT/ *.XML 格式文件,具体的数据方式与装备零件目录的解析方式相同。

② 利用 CATIA 提供的数据接口,进行二次开发能够将物理模型本身的信息,如大小、尺寸、重量等数据,导出生成 *.XML 格式,具体的数据解析方式与装备零件目录的解析方式相同。

7) 源程序(主要包括源代码、数据库)

思路及实现步骤:

对于定型交付的源程序,将存储大量数据的数据库利用数据映射技术,按照

映射规则,从数据库中提取元数据,并进行规范化处理,将数据存储到相应的位置。具体步骤如下:

(1) 分析对数据库的数据需求,确定数据的映射规则,如表6-18所示。

表6-18 数据库的数据映射规则

数据来源			数据用途			映射规则
数据表/数据类	数据字段/数据元素	格式	数据表/数据类	数据字段/数据元素	格式	

(2) 将源程序中的数据库文件导入数据库中。
(3) 按照"数据来源"中的表、字段的关系,逐条提取数据。
(4) 将提取的数据,按照"数据用途"要求将提取的元数据按照"映射规则"进行数据映射,并将数据格式进行转化。
(5) 将获取的元数据存储到相应位置。

不同数据库间的数据映射过程如图6-29所示。

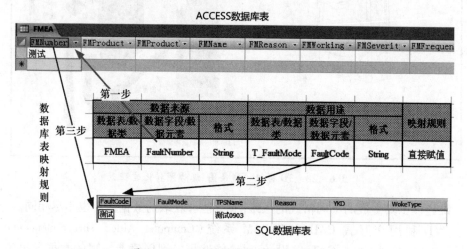

图6-29 不同数据库间的数据映射过程

4. 数据模块创编系统

数据模块创编系统用于创建符合 GJB 6600—2009 形式的数据模块内容,主要功能如下。

(1) 描述类数据模块创编:主要用于创编装备的构造、功能、原理和用途,以及相关设备的识别方法和位置等信息,如图6-30所示。

(2) 程序类数据模块创编:主要用于创编各类程序性的技术信息,如图6-31所示。

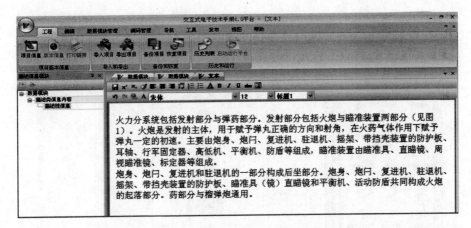

图 6-30 描述类数据模块创编

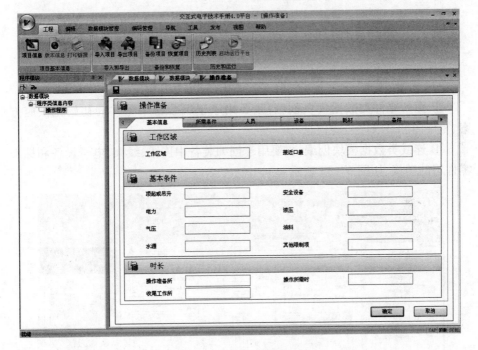

图 6-31 程序类数据模块创编

（3）故障类数据模块创编：主要用于创编装备的故障现象、故障诊断、故障定位方法等信息，如图 6-32 所示。

① 操作类数据模块创编：主要用于创编操作过程中所需要的信息。

② 维修计划类数据模块创编：主要用于创编维修计划的详细信息。

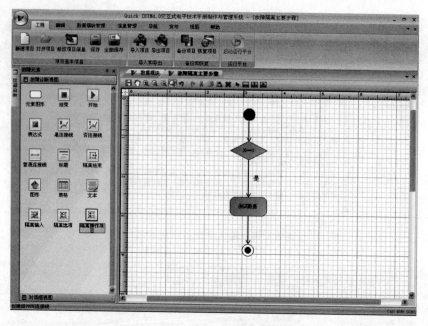

图 6-32 故障类数据模块创编

③ 图解零件类数据模块创编：主要用于创编装备中零件的初始化供应方案、零件图和目录序号等信息。

④ 连线类数据模块创编：主要用于创编装备中连线、线束、电子设备和标准零件等的链接，如图 6-33 所示。

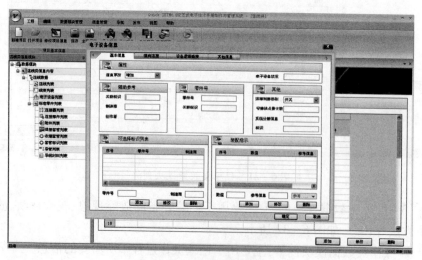

图 6-33 连线类数据模块创编

⑤ 过程类数据模块创编：主要用于创编其他数据模块的先后顺序关系，其中比较重要的内容为定义变量、表达式内容，如图 6-34、图 6-35 所示。

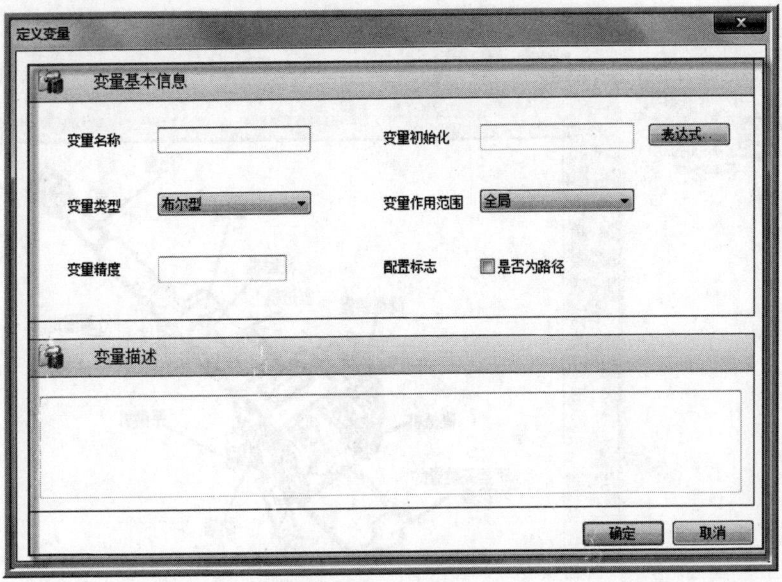

图 6-34 变量定义

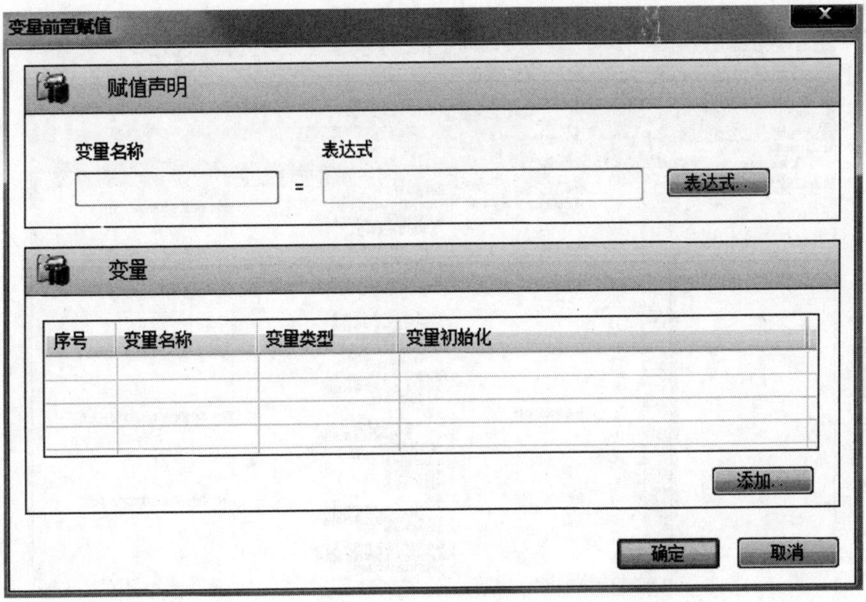

图 6-35 赋值定义

⑥ 基本元素创编：为用户提供文本、图形、表格、多媒体和警示信息等基本元素的可视化开发环境，如图6-36~图6-38所示。

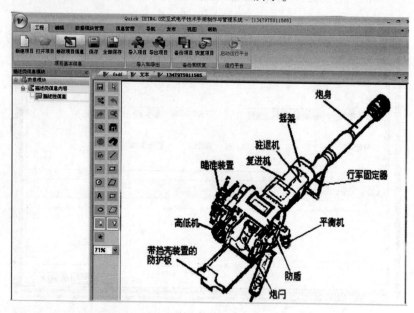

图6-36　图形创编

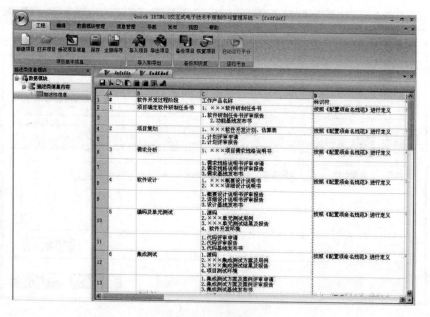

图6-37　表格创编

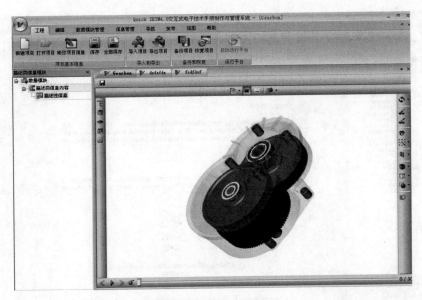

图 6-38　多媒体创编

⑦ 数据导入导出：可将符合 GJB 6600—2009 形式的标准化数据进行导入导出。

⑧ 协同创编：允许多人对不同的数据模块进行创编，从而提高数据模块开发的效率。

5. 浏览系统

浏览系统用于对发布的交互式电子技术手册内容进行浏览，主要功能如下。

(1) 模块浏览：对发布的数据模块内容按照一定的样式进行浏览，如图 6-39 所示。

(2) 数据导航：提供浏览导航的功能，可以发布结构和 SNS 结构两种形式对数据进行导航，包括主页、上一步、下一步、历史记录等功能。

(3) 访问控制：对用户的访问级别和访问权限进行控制，如密级为秘密的用户不能浏览机密、绝密的内容等。

(4) 数据查询：对于搜索引擎，可对数据模块内容进行全文搜索，从而可快速查询关心的数据内容，如图 6-40 所示。

(5) 资源显示：对发布的资源内容，在浏览系统中进行展示，如文本、图形、表格、多媒体等，如图 6-41 所示。

(6) 交互式故障诊断：通过向导方式提示用户进行故障排除的操作，降低排故的难度，如图 6-42 所示。

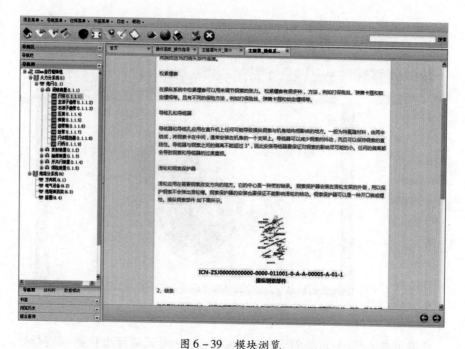

图 6-39 模块浏览

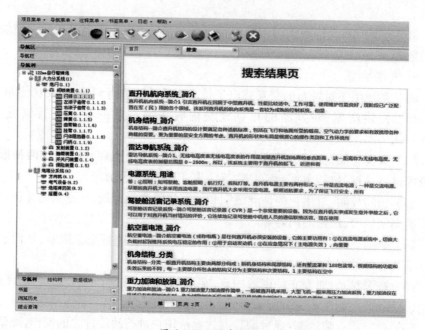

图 6-40 搜索结果

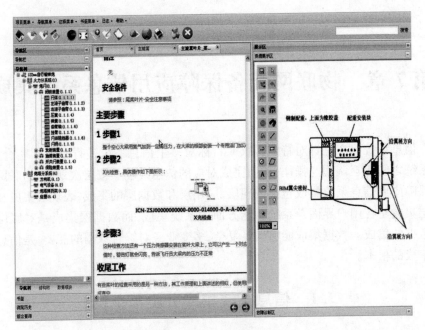

图 6-41 资源展示

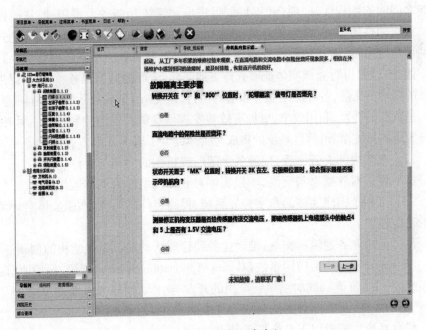

图 6-42 交互式故障诊断

第7章 物联网装备保障应用信息系统集成

信息系统集成是针对特定需求或目标对多个信息系统进行配置和整合,实现系统之间相互调用与操作,从而完成对应的信息处理。按层次划分,物联网装备保障应用信息系统集成包括表现层、应用层和数据层的集成,表现层集成和应用层集成是在用户界面及系统功能方面的系统集成,而数据层集成是对底层异构数据的集成。数据集成能够满足复杂、多变业务对综合数据的需要,是信息系统集成的根本。

7.1 信息系统集成分类与范围

从信息系统的功能实现角度来看,系统集成必须要尽可能地降低各种应用功能之间的依赖程度,即耦合(程)度,促进应用系统功能的可重用性,从而提升信息系统的整体柔性,增强信息处理能力及其灵活性。而且,从信息资源的开发与利用角度来看,通过各种信息应用系统的集成,将各种应用系统融合成为有机的整体,不仅使得行业或实体能够获得更加完整、全面的信息服务,同时也促进了信息的共享与交流,各种应用能够和谐的运行,避免"信息混乱",实现整体提升实体信息资源的开发、利用效率,更加有效地发挥信息资源的潜能和作用。另外,从业务管理的角度来看,信息系统的集成为实体提供了以下几个方面的优势:

(1) 改善内部业务流程,促进各个部门或机构的协调与合作。

(2) 促进对外联系与交流,增强实体对业务网络的管理与运作能力。

(3) 有利于构建实体的数字神经系统,提高实体的柔性,增强实体对环境变化的适应能力。

(4) 促进业务逻辑的交融,推动业务和管理活动及其组织结构的创新。

(5) 充分利用遗留应用系统(Legacy Application System)资源,保护原有(应用系统)投资(价值),同时缩短新应用的开发与引入周期,从而促进实体对新技术、产品的应用,提升业务和管理能力与水平。

信息系统集成有以下几个显著特点:

(1) 信息系统集成要以满足用户需求为根本出发点。

（2）信息系统集成不只是设备选择和供应，其具有高技术含量的工程过程，要面向用户需求提供全面解决方案，核心是软件。

（3）系统集成的最终交付物是一个完整的系统而不是一个分立的产品。

（4）系统集成包括技术、管理和商务等各项工作，是一项综合性的系统工程。技术是系统集成工作的核心，管理和业务活动是系统集成项目成功实施的保障。

7.1.1 信息系统集成分类

信息系统集成模型基于实现集成的简单性、对于不同配置集成的可重用性、可用集成方法的广泛度等方法和在执行集成的过程中需要使用的专门技术几个方面来进行区分，主要分为表现层集成、应用层集成和数据层集成。

1. 表现层集成

表现层集成使用软件用户界面来实现对多种信息系统的集成，是集成最简单的方式之一，集成的结果是形成一个新的、统一的现实界面。集成逻辑将现有的显示界面作为集成点来指导用户进行互动操作，而实际上用户的每个交互动作最终都被映射到各系统原有功能和界面上。

2. 应用层集成

应用层集成模型通过软件接口从现有的软件中调用现有功能在代码级上实现系统集成。应用层集成模型可能在对象或过程级别上实现，若系统使用应用编程接口，也可以用应用程序接口（Application Programming Interface，API）来实现集成。应用层集成是在业务逻辑层上完成的集成，集成点存在于应用程序代码内，集成处可能比较复杂，需要用附加代码段来创建新的访问点。

3. 数据层集成

数据层集成的目的是对各种异构数据提供统一的表示、存储和管理，以实现逻辑或物理上有机的集中。数据集成的核心任务是将互相关联的分布式异构数据源集成到一起，使用户能够以透明的方式访问这些数据源。集成是指维护数据源整体上的一致性、提高信息共享利用的效率；透明的方式是指用户不必再考虑底层数据模型不同、位置不同等问题，能够通过一个统一的界面实现对异构数据源的灵活访问。数据集成的关键技术是如何以一种统一的数据模式描述各数据源中的数据，屏蔽平台、数据结构的异构性，实现数据的无缝集成。

7.1.2 信息系统集成范围

信息系统集成范围不仅反映了在信息系统的集成过程中集成规模的大小，同时也反映了在集成结果中（集成化应用系统）各个集成对象之间的集成耦合度。集成范围的大小不仅关系到实体主体集成行为的选择，也影响着集成对象之间的组织方式。基于信息系统功能实现结构的抽象和划分,从信息系统的集成范围来看,集成模式总体上可以划分为部门内集成、实体内集成和实体间集成三种主要形式,而且随着集成范围的变化,集成的耦合度也随之改变。

部门内集成一般是针对某一特定领域的应用,如人员管理、训练管理等,通常利用对象集成方式将相应的功能单元集成起来,从而实现应用系统的功能。该集成模式的集成范围相对最小,但集成耦合度相对较高。

实体内集成是针对不同领域或部门的信息应用系统,在实体内实现跨部门的相互调用或互操作,从而实现应用功能的共享与交互,满足特定的目标需求,一般该模式通常采用基于组件的方式。该模式的集成范围主要局限于实体内部,而集成粒度相对于对象而言要粗一些,集成耦合度相对也低一些。

实体间集成主要是针对不同实体的相应应用系统进行集成,一般它通常采用基于服务的集成方式实现实体间各种应用系统功能的共享与交互。该模式的集成范围最广,但集成粒度也最大,而且集成耦合度也最低。

虽然关于信息系统的集成,可以从集成行为、集成范围以及组织方式等方面划分为上述一些模式,但在具体的系统集成实践中,可以根据具体情况与要求,选择多种模式进行组合来实现信息系统的集成。

7.2 信息系统集成机制

针对业务活动以及信息需求,如何选择相应的应用系统功能和适当的机制是信息应用系统集成过程的关键所在。根据前面关于应用系统功能实现层次及其结构的分析,本节从用户界面、应用实现方法、应用功能界面以及应用处理对象等角度,探讨信息系统基本的集成机制。

总体来讲,信息系统的基本集成机制可以用图7-1来描述。

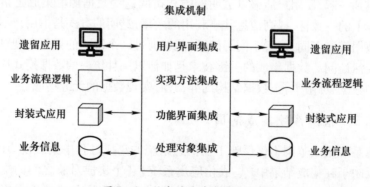

图7-1 信息系统基本集成机制

(1) 用户界面集成机制是应用集成最简单但又是必需的方式之一。该机制的集成逻辑是将应用系统现有的用户界面(接口)作为集成点来指导用户进行互动操作,并在用户操作与相应的应用之间进行通信,然后再将不同应用产生的结果综合起来。一般来看,采用该机制的集成结果是形成一个新的、统一的用户界面,虽然该界面看起来似乎是单一应用,但实际却可能调用多个应用。在实际运用中,通常是通过遗留应用的现有表示来集成新的应用。例如,可以通过该机制形成一个单一的界面来调用一系列的主机应用,并把它们集成为一个新的 Windows 应用。这个单一的集成化界面不仅替代了一系列基于终端的界面,同时也可以向用户提供附加的功能和工作流程,从而有利于遗留应用之间流程的优化。

(2) 实现方法集成机制是针对信息应用系统的业务逻辑进行集成的一种方式。从企业信息应用系统的功能实现角度来看,业务逻辑不仅包括关于业务信息操作与解释的规则,也包括根据业务流程逻辑而界定的信息处理的工作流程,它实际上就是信息应用系统功能的实现方法,一般在技术上通常表现为使用相应语言编写的代码。该机制的集成逻辑是以信息应用系统的业务逻辑作为集成点,通过应用系统功能实现方法(代码)的共享,促进各种应用系统的不同业务流程逻辑之间的相互调用、相互操作和融合,从而实现应用功能的集成。例如,通过订单处理系统、物流与送货系统、财务系统等相应功能的实现方法的集成,可以形成对一份订单进行制造、装运、结算和付款等一系列的处理。这不仅提高了相应应用系统功能的可重用性,同时也大大降低了新的应用开发的成本与风险,提高了应用系统的功能实现效率。

(3) 功能界面集成机制是针对应用之间的功能交互接口进行集成。该机制的集成逻辑是,以企业中各种应用的功能界面为集成点,通过对这些功能界面或接口按照统一的规则进行定义,促使它们之间能够便捷、高效地交互与整合,从而共享相应的业务逻辑和信息,实现各种应用的集成,该方式特别适合于各种定制或封装应用的集成。例如,商业软件公司提供的一些应用系统包,它们在各自的信息处理过程中提供了许多关于业务流程和业务信息的功能接口(界面),但它们的处理方法却完全不同,这严重影响了这些应用之间的相互通信、相互操作。而通过功能界面的统一定义与整合,可以充分、有效地利用这些应用的功能接口对这些应用的功能逻辑进行访问,促进这些应用的业务逻辑和业务信息的共享与交互,从而能够将这些不同的应用有机地整合起来形成新的应用功能,以满足相应的需求和目标。

(4) 各种业务数据(信息)是信息应用系统的处理内容或对象,而处理对象集成机制是针对各种信息应用系统的数据(信息)存取来进行集成的。该机制的集成逻辑是跳过应用系统的表示与业务逻辑两个逻辑功能层次,以应用的数据层为集成点,通过各种业务数据(信息)的结构格式和存储方式的转换、一致性的维护以及业务数据(信息)的获取与传输等方式,直接对各种应用系统所创建、维护、存储的相应业务信息进行访问与操作,从而实现各种应用系统所处理的内容(或对象)——业务信息能够有效地共享、交流与融合。例如,可以利用数据库网关来访问使用 SQL Server 的管理系统和使用 Oracle 的维护系统,从而可以将这两个应用相关的业务数据(信息)用于综合统计查询系统之中。

7.3 系统集成分析

从管理的角度来说,集成是一种创造性的融合过程。只有当系统的构成要素经过主动的优化、选择搭配,相互之间以最合理的结构形式结合在一起,形成一个由适宜要素组成的、优势互补的有机体,才能称为集成。而信息系统集成的实质是在一个统一的目标指导下,运用集成的思想和理念,实现系统要素的优化组合,在系统要素之间形成强大的协同作用,从而最大限度地放大系统功能和实现系统目标的过程。

7.3.1 装备保障系统集成问题分析

目前,装备保障领域已建立并投入使用的信息系统为提高工作效率和管理水平起到了重要作用,但是随着信息化建设的不断发展,装备保障需求不断提高的同时,装备保障物联网信息系统也面临着许多现实问题,具体表现如下:

1. 信息系统集成度低,难度大

由于现有的系统集成是由不同的技术单位、在不同的时间段、基于不同的技术产品和技术体系实现,导致各个系统的硬件、运行支撑环境、数据存储、开发语言、架构模式等有很多的差别,各种异构环境使信息系统的管理和集成面临非常困难的境地。信息系统多,互相无法进行沟通,不可避免地出现一些基础数据的重复录入,一个系统的处理结果需要人工输入另外一个系统中,而且各个系统对于系统中出现的重复业务的查询、统计以及分析结果都不一致,工作人员花费大量时间也很难找到结果不一致的原因,最终无法确定应该以哪个结果为准,导致相关工作人员工作量大增,工作效率下降。

2. 缺乏统一的数据交换工具与机制

随着近几年的装备保障信息化建设深入开展,应用系统越来越多,由于业务协作的需要,众多信息系统间需要进行信息集成,目前已集成的系统大部分是通过"点对点"模式实现,而不是通过统一的数据交换工具实现的。建立统一的数据交换工作和机制有助于进行统一的管理和监控。

3. 信息集成接口复用率低

系统间"点对点"的集成模式在数据模型、数据格式、技术规范、实现方式等方面只针对特定的应用系统才可用,导致与不同业务系统集成时,需要重复开发"点对点"应用集成接口,无法复用已存在的接口,造成系统集成工作量大、周期长。

4. 缺乏对系统集成的管理监控

由于缺乏信息系统的整体规划,各个信息系统之间的建设思想差异比较大,难于进行整体的功能扩展。虽然各个信息系统能够满足各自的业务需求,但是高层管理者还是无法及时、准确地获得有效的、全面的信息,不能为高层管理者提供决策支持。"点对点"集成模式的独立性、分散性导致无法对集成服务进行统一监控,无法监控集成服务的运行情况,难以对集成服务运行的异常进行控制、报警通知。

5. 缺乏系统集成相关标准规范

由于现有的系统集成是由不同的技术单位、在不同的时间段、基于不同的技术产品和技术体系实现的,导致装备保障相关的管理系统集成缺乏统一的技术架构、数据模型等方面的标准规范。

7.3.2 系统集成内在机理

装备保障物联网系统集成的根本目的是提升军事装备保障能力,并促进体系保障能力的生成。通过系统集成,提高装备保障物联网系统之间的互联互通能力和信息共享能力,提升保障系统的运作效率,从军队和社会的全局角度节约各类保障资源,在提高军事效益的同时兼顾经济效益和社会效益,实现保障资源利用的整体优化。

1. 系统性能的涌现

装备保障物联网系统集成是对军事装备保障业务中位于不同层级的、不同业务的应用系统进行整合、组织,使其相互之间发生非线性作用,实现组成部分的有序组合,最终构建出具有新的属性和特征的集成化装备保障系统的过程。集成之所以能够被用户接受,就是因为通过集成所得到的集成体能够涌现出新的能力,所体现的正是系统的涌现机理,即"整体具有部分及其总和所没有的新的属性或行为模式,用部分的性质或模式不可能全面解释整体的性质和模式"。其中的"整体"亦即集成化的系统。系统整体性的涌现可归因于组分的非线性相互作用、对存在差异的组分的整合、系统的等级层次结构、信息因素和环境影响的综合作用结果。从这一角度看,装备保障物联网系统的集成过程,就是集成体在整体层次上新的性质、状态、能力不断涌现的过程,它首先是一个定性的、质的问题,包含非加和性,其次才是定量的问题。存在于内外部大环境下的装备保障物联网系统客观上具有多层次的等级结构,各层次组成部分的功能各异、模式不同,相互之间也存在关联,所有这些都为保障系统整体新质的涌现提供了条件。但是,如果各业务系统、各单元之间关联很弱,则只能产生平庸的涌现性。只有通过深度集成,优化单元间的组成结构,充分发挥信息的整合力,有序组织各子系统,把保障系统的各个环节真正地联结起来,形成集成化的保障系统,才会产生非平庸的涌现性,从系统整体涌现出组分或组分总和所不具备的新的性质和能力,表现出正加和效应。集成化装备保障物联网系统就具有现有单个成员实体所不具有的全过程、全周期集成化、流程化的装备保障能力。整体涌现性是系统的本质属性,体现的是一种系统效应,由组分、结构、规模和环境共同决定。简而言之,集成系统的涌现机理就是通过集成把松散的要素、单元整合为一个有机融合的系统,进而获得系统的整体涌现性。通过组织结构、信息等方面的集成来增强保障系统成员、实体、相关组织机构之间的协同与合作。实现整个装备保障物联网系统集成化运作,就是系统涌现机理的典型体现。

2. 系统结构的释能

对装备保障物联网系统进行集成:一种情况是将松散的要素、单元整合为一个有机系统,获得整体涌现性,即系统涌现机理;另一种情况是通过集成改变保障系统组分之间的关联方式,进而实现保障能力的提升和释放,即集成的结构释能机理。从系统论角度,装备保障物联网系统的整体功能是由组成实体、实体间关联方式和环境共同确定的。集成并不能增加实体自身的能力,也无法改变外部环境,主要是通过调整改变系统结构及运行方式,即各层级组分之间的关联方式,使集成化的系统涌现出新的功能,释放出更强的保障能力。改变关联方式,也就是改变组合方式,开发结构效应,实现结构优化,进而发挥出潜在的功能,释放出被束缚的能力。改变装备保障物联网系统实体间的关联方式,实现结构调整,典型的做法有:改变实体间的组织关系,进行组织调整或变革;改变实体间的业务关系,进行业务流程重组或优化;改变实体间的信息关系,进行信息流程的调整或优化设计;等等。

3. 系统功能的耦合

耦合,"物理学上是指两个或两个以上的体系或两种运动形式间通过相互作用而彼此影响以致联合起来的现象"。功能耦合机理是指装备保障物联网系统各构成实体的主要功能彼此影响以致联合起来,实现功能上的互利互补、效能倍增。集成可以进行并深入,归因于单元彼此间存在相互聚集的内在吸引力。功能具备相互耦合的性质是将具备不同功能的成员实体进行集成整合的前提和基础。装备保障物联网系统中各种组成单元都具备相应的功能,这些功能既相对独立,又相互依存,在装备保障物联网系统的整体功能中各自发挥着不可替代的作用。强化这种依存关系,实现功能的进一步整合,必将有助于形成并提升物联网系统的体系能力。构成物联网系统的各个环节都具有相对独立的功能,如信息采集功能、信息传输功能、信息处理功能、信息服务功能等,这些功能存在相互依存的关系,信息处理功能的高效发挥依赖于信息采集功能,信息服务功能的发挥要有信息处理功能的匹配等。这种子功能的耦合匹配既是集成的起因,也是集成的目的。

4. 系统规模的增效

从系统论角度,系统整体的属性不仅与组分的性质相关,还与组分的规模数量联系紧密,表现出一种规模效应。对装备保障物联网系统进行集成是通过集成改变物联网系统成员的数量、增减系统资源的规模,借助规模的调整提升装备保障物联网系统的效能,增加保障的效益,即集成规模增效机理。形成装备保障物联网系统体系能力,实现高效能保障,除了要有完备的功能单元、合理优化的系统结构,还需要从量上进行调整优化,通过量的增减促成质的提升。装备保障物联网系统集成中通过量变来提升效能主要体现在:①增强各功能实体的能力,实现系统全流程整体能力的提升;②汇集各级各类部队需求,实现统一的物联网系统;③汇集装备保障物联网系统各环节功能要求,实现规模化信息采集、处理、传输、服务和应用,形成规模效应,实现装备保障物联网系统的集约化、规模化、一体化运作等。

7.3.3 装备保障信息系统集成方法

根据全军军事信息系统一体化技术体系结构的要求,结合装备保障物联网系统的技术特点和实际需要,从装备保障信息系统开发中所涉及的软硬件平台选型、开发语言、信息分类与代码标准、数据元素、数据结构标准、人机界面、数据接口协议、开发文档编写规范等方面进行统一规范,建立资源共享、互联互通信息交互平台的技术准则,主要概括为以下几点:

1. 构建稳定数据环境

装备保障数据环境的构建依托相关信息资源管理基础标准,包括建立的数据元素目录、分类编码标准、用户视图标准、数据库标准等,以及在数据元素目录基础上建立的数据字典,目的是从最底层的数据进行统一,实现从数据项、数据表到系统之间的数据交换每一个环节使用的数据都是一致的。此外,数据表按业务主题进行组织形成主题数据库,便于信息的共享使用与数据一致性的保证。

2. 定制数据交换方式

鉴于我军当前网络建设的具体情况,并考虑到装备保障相关管理信息系统中对信息交换的安全性、可靠性等要求,其数据交换采用基于文件的数据交换和基于 Web Service 的数据交换,并做如下规定:①对在不同网络中运行或不提供互操作服务的封闭系统间的数据交换,采用 XML 数据文件或文本数据文件格式;②对在同一局域网内运行的、按统一的数据元素规范设计的系统间的数据访问,可以采用消息机制或 Web Service 接口。

不管采用哪种数据交换方式,必须对数据交换内容与格式要求进行规范。装备保障数据交换应是一个预定义和结构化的、在功能上相互关联的聚合数据元素或数据元素的集合,旨在双边或多边的数据交换中确保各方对所交换数据的无歧义理解。

3. 分步骤实现多层面系统集成

信息系统集成主要包括数据层集成、应用层集成和表现层集成。通过前面的分析可知,数据层集成是信息系统集成的重要内容与形式。军械装备保障管理信息系统集成不能一蹴而就,同时在三个层次上实现系统集成是不现实的,必须分步骤实施。

首先,必须实现数据层集成。只有实现底层的数据层集成,才能实现异构数据的共享与集成应用,为装备保障决策提供必要的数据支持。其次,在数据集成的基础上,逐步通过各业务系统之间的业务流程集成实现应用层集成,包括业务管理、进程模拟以及综合任务、流程、组织和进出信息的工作流等。通过单点登录、门户系统、综合报表和综合查询功能的集成与开发,实现系统表现层集中,使系统做到入口唯一、认证唯一、用户统一、功能集中导航、综合报表和查询功能在门户平台上集中展现。在实际系统集成过程中,可根据实际情况进行局部调整。

4. 新老系统区分对待

在装备保障信息系统集成过程,必将面临着新建系统和老旧系统两类集成对象。从技术角度讲,两类对象的集成方式是截然不同的。

从装备保障信息化建设长远发展考虑,新系统的建设必须具备良好的集成性,因此从最开始就应以建立的装备保障数据元素为基础进行数据结构设计。这样,新建系统之间以及新建系统与中心数据库之间不存在数据层面的歧义,能够进行顺利的系统集成。

就老旧系统而言,有很多仍然在发挥重要作用,对这些系统的集成也是必须重点考虑的问题。老旧系统又可分为两类:可改造的和不可改造的。

对于可改造系统,也并非将其数据结构完全按照数据元素标准进行改造,这样的成本和工作量太大,只需对其需要进行集成或需要与其他系统进行交互的数据进行改造,使其符合数据元素标准即可。

对于不可改造系统,可在业务端部署数据探针,按照制定的数据提取策略进行数据提取,参照数据元素标准进行数据转换,并按数据交换格式封装,最终完成与其他系统的交换。

7.3.4 信息系统集成运行的实现策略

信息系统集成运行的实现策略主要包括前端集成策略、后端集成策略、组合集成策略和流程集成策略。

1. 前端集成策略

前端集成策略主要侧重于业务应用系统表示层的集成,它主要通过运用单一的用户入口来实现跨多个应用事务的运作,这种策略比较适合于用户启动的业务过程产生多个跨应用的事务。例如,客户通过统一的用户界面实现对功能应用以及业务数据的访问,而界面(服务器)则将客户的请求转发给应用集成服务器,应用集成服务器根据相应的业务规则实现跨多个应用的事务操作。当然,应用集成服务器需要按照事先定义的业务规则完成相应的事务处理逻辑,同时实现事务处理过程中业务数据到不同应用的映射。显然,利用该策略,完成客户请求的应用不仅可以是实体的遗留应用,也可以是一组新的应用,同时也可以是外部的相关应用。另外,采用该策略还可以实现对已有的应用系统增加新的功能或特性。

2. 后端集成策略

后端集成策略主要侧重于业务应用系统的数据层面的集成,它主要通过特定的数据转换与维护工具实现不同应用或数据源之间的信息共享与交互。实体内、外的客户通过定制的客户端或浏览器实现对实体不同业务应用系统的访问,而每个应用系统独立进行相应事务的处理,应用之间业务信息的集成通过后台应用集成服务器来实现。在该策略下,应用集成服务器实际上就是一个方便多个应用系统之间进行业务信息交互的"数据管道"。该运行策略的实现相对要简单一些,它基本不涉及应用系统的表示层或业务逻辑层。

3. 组合集成策略

组合集成策略主要是侧重于企业业务应用系统的功能界面的集成,通过定义与建立中央节点(Hub)或总线(Bus)型的统一的功能接口基础结构,使得实体中包含着实体运行的核心业务逻辑的大量定制性的应用系统或者软件包以及分布式对象应用系统能够方便、有效的交互,从而集成化运行完成特定的功能目标。当然,该策略的运行需要这些相应的应用系统或核心功能都采用并遵循一个统一的交互标准,如 XML。

4. 流程集成策略

流程集成策略主要侧重于业务应用系统的业务逻辑层的集成,通过不同应用系统的业务流程逻辑的共享与交互。从而实现业务流程的集成。通常,该策略对分布在不同应用系统中的业务流程逻辑进行抽象,并将它们固化到中间件,同时提供统一的业务逻辑交互规则以及事务处理控制逻辑,从而实现各种业务应用系统的集成。

当然,上述几种集成策略从实现角度而言都是有效的,但实体在实际运行过程中,由于面临的问题与要求不同,因而如何采用适当的策略进行应用系统的集成是必须考虑的一个重要问题。

显然,对于点对点集成状态的要求与目标,可以采用前端集成策略、后端集成策略和组合集成策略来实现应用系统集成化运行;而对于结构化集成的要求,可以采取后端集成策略、组合集成策略和流程集成策略来实现;对于处在流程集成阶段的单位,可以采用组合集成策略和流程集成策略来实现其目标;如果实体处于外部集成状态,可以采用前端集成策略或者流程集成策略,当然在这种状态下,前端集成策略只是一种比较短期的解决方式。另外,针对不同的实体业务应用系统集成运行成熟度,存在着多种集成策略和实现方式,并且,实体在实践中也可以根据具体的需求组合采用相关的集成策略。

7.3.5 信息系统集成管理

信息系统集成是以信息的集成为目标、功能的集成为结构、平台的集成为基础、人的集成为保证的。因此,不仅需要从技术层面进行信息系统集成,还应从管理层面进行信息系统集成的管理,确保集成的质量、效果。

针对信息系统集成,需要采用软件工程管理的技术与方法进行系统集成的具体管控,在规定的时间、空间和预算范围内,将大量的人力、物力组织在一起,实现信息系统集成的最终目标。信息系统集成项目具有紧迫性、独特性、不确定性的特点,在这种情况下,就必须充分运用项目管理理论来控制、优化项目的实施。软件工程管理集成了过程管理和项目管理,包括以下6个方面。

(1) 启动和范围定义:进行启动软件工程项目的活动并作出决定。通过各种方法来有效地确定软件需求,并从不同的角度评估项目的可行性。一旦可行性建立后,余下的任务就是需求验证和变更流程的规范说明。

(2) 软件项目计划:从管理的角度,软件项目计划为成功的软件工程做准备而要采取的活动,使用迭代方式制订计划。要点在于评价并确定适当的软件生命周期过程,以及完成相关的工作。

(3) 软件项目实施:进行软件工程过程中发生的各种软件工程管理活动。

实施项目计划,最重要的是遵循计划,并完成相关的工作。

(4) 评审和评价:进行确认软件是否得到满足的验证活动。

(5) 关闭:进行软件工程项目完成后的活动。在这一阶段,重新审查项目成功的准则。一旦关闭成立,则可进行归档、事后分析和过程改进活动。

(6) 软件工程度量:进行在软件工程组织中有效地开发和实现度量的程序。

7.4 数据集成

信息系统集成根据集成层次分为表现层集成、应用层集成和数据集成三种。表现层集成是对应用的界面级集成、对数据的报表级集成,不对底层数据库和应用逻辑进行集成。应用层集成主要是全面梳理各类集成软件的业务流程,从流程上进行规范、集成,从而统一规范业务工作流程,这种集成从业务流程形式上进行了集成。数据集成是通过技术手段在数据层面上进行集成,通过集成化的数据为上层应用提供服务,为表现层集成、应用层集成奠定重要基础。因此,数据集成是信息系统集成的根本。

从另外一个方面来分析,信息系统建设通常具有阶段性和分布性的特点,这就导致了"信息孤岛"现象的存在。"信息孤岛"是指不同软件间的数据不能共享,造成系统内存在大量的冗余数据、垃圾数据,无法保证数据的一致性,严重阻碍了信息化建设的整体进程,而解决这一问题的根本途径就是数据集成。数据集成以共享数据资源为出发点,运用一定的技术手段将各种数据按一定的规则,逻辑地或物理地集成为一个整体,使得用户能有效地对数据进行操作。

当前,装备保障管理数据产生于装备保障业务活动的各个环节和部门,从军委机关、军种、战区到各基层单位都生产和拥有大量的数据资源,它们的存在和分布涉及装备管理、装备调拨、装备修理、供应管理和训练保障等多种业务管理系统。随着各种高新技术在军事装备中的应用,信息化条件下的现代战争对装备保障的要求越来越高,装备保障所涉及的领域逐渐扩展,随之会产生出越来越多的数据资源,而数据管理和使用中"分散管理"和"数据共享"的矛盾也日益突出,主要体现在以下几个方面:

(1) 缺乏统一的数据格式。在各个不同级别部门的业务系统中,数据的组织是内部相关的一个自主系统,缺乏与其他职能部门间相关数据的交叉与关联定义。由于没有统一的数据定义和格式标准,从一个内部系统去访问另一个内部系统中数据的唯一方式是必须了解对方的数据格式,然后再考虑筛选出自己所需要的数据集合。这种"点对点"的数据引用模式带来的问题首先是低效,并且没有从根本上解决数据的有效共享问题:由于缺乏标准数据格式,各个不同级别部门要分别从各个单位获取自己所需的数据。这在具体实现中几乎是一种不可能的情况。例如：当某个应用系统的数据格式发生改变时，所有用到这一数据的其他系统也必须进行修改。

（2）不同系统间缺乏数据传递的统一机制。要实现不同应用系统间统一的数据交换与共享，必须由一种数据通信机制来控制数据传递。目前，各专业的管理信息系统之间的信息交换没有统一的标准，对于数据交换的内容、格式、方法等都没有规范的定义，使得不同系统间的数据共享是一件非常困难的事。这就好比用电子邮件系统来控制收发内容和目的地各不相同的邮件，必须有一整套完整的传输控制机制，才能保证邮件不会投递到错误的地址、不会发生邮件内容的错位等问题。

（3）信息的不对称性。它是指两个方面：①使用者对各业务系统拥有什么数据资源，包括数据资源的数量、质量、内容等不了解，妨碍了信息的获取；②拥有数据的业务系统对使用者的需求不了解，难以直接将数据资源发送给使用者。与此同时，同一数据被装备保障不同的业务系统所掌握，由于这些数据的获取渠道多样，因而在不同业务系统中存在的同一数据就可能出现不一致，甚至出现"一数多源""多数一源"的情况。同时，装备保障某部门的数据发生变化后，不能及时通知利用该数据的其他单位。

（4）难以实现对决策的支持。信息化的高级应用是进行决策支持，而在许多情况下，为作出一个决策，可能需要访问分布在不同的多个业务管理系统中的数据。这些异构数据的要害就是割断了本来是密切相连的业务关系，孤立的信息系统难以形成有价值的信息，无法有效地提供跨部门、跨系统的综合性信息。另外，业务系统产生的大量数据无法提炼升华为信息，不能提升为管理知识，不能及时提供给决策部门，造成数据资源的巨大浪费。

7.4.1 装备保障数据集成模式分析

从系统部署、业务范围、实施成熟性的角度来分析，数据集成主要分三种：单个系统数据集成架构、机构内部统一数据集成架构和机构之间数据集成架构。

（1）单个系统数据集成架构：主要是以数据仓库系统为代表提供服务而兴建的数据集成平台，集成机构所有基础明细数据转换成统一标准，按星形结构存储。

（2）机构内部统一数据集成架构：适用于具有业务结构相对独立、数据敏感、数据接口复杂等特征的机构或部门，需要建立一个统一的数据中心平台，来解决专业之间频繁的数据交换的需求。

（3）机构之间数据集成架构：多应用于跨机构、多个单位围绕某项或几项业务进行的业务活动，或者由一个第三方机构来进行协调这些机构之间的数据交换、制定统一数据标准,从而形成一个多机构之间的数据集成平台。

根据装备保障信息涉及多个管理部门、多业务领域、多应用系统的"三多"实际,在统一数据元素标准、建立数据元素目录和管理机制的基础上,通过在不同的管理和应用层次上分别进行三种架构的数据集成,最终实现机构(系统)内部及之间的信息共享,将各类分散、异构的数据资源以一种更集中的方式进行全局、统一、高效的访问和管理,并提供集成的、统一的、安全的、快捷的信息查询和决策支持服务。

7.4.2 装备保障数据集成框架设计

数据层集成是系统集成工作的重点,核心是在同一数据元素标准的基础上,建立数据存储、运行、管理和交换体系,实现关键数据表的数据交换和各子系统之间业务协同的数据共享。

装备保障信息共享工程是一项长期稳定的工作,是装备保障信息化建设的重要组成部分,在一定程度上决定着装备保障工作的成败。因此,装备保障数据集成框架设计应有利于装备保障的长期稳定发展。出于这种考虑,设计的装备保障数据集成总体框架如图7-2所示。

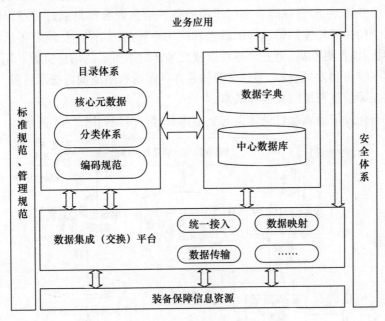

图7-2 装备保障数据集成总体框架

装备保障数据集成框架主要由业务应用服务、技术架构、信息资源和管理机制四方面组成。

（1）应用服务提供各类服务的接口，满足业务运行的需求。

（2）技术架构包含目录服务、数据管理、数据交换等应用和相关的技术标准。其中，目录体系、中心数据库和数据集成平台为其核心内容，信息资源目录体系和数据集成平台共同组成了中间服务层，提供信息资源定位、数据提取转换、数据发布等功能，而数据库则负责提供数据字典和实际数据的存储。

（3）信息资源是跨部门交换的装备保障的各类数据，如装备数质量管理系统、维修管理系统以及器材保障系统中的数据。

（4）管理机制是支持目录体系和交换体系有效运行的标准规范、管理规范和安全体系等。

装备保障信息资源目录体系是对装备保障信息资源进行统一采集、分类、存储和管理的技术平台。装备保障信息资源在一定的分类体系与编码规范下，以装备保障核心元数据进行描述，通过编目，注册到装备保障信息资源目录元数据注册中心，进而形成装备保障信息资源目录元数据，并通过目录服务接口，与业务应用和交换体系相连接。

装备保障数据集成交换体系是支持装备保障各部门间信息资源交换与共享的信息服务体系，装备保障各部门所需的各种信息资源都是通过装备保障的信息资源交换体系传输到信息资源目录和应用系统的，其目标是使装备保障各部门能够更及时、更准确、更安全地获取或交换部门间所需的信息资源。用户通过目录体系定位和发现资源，通过交换体系在一定的权限范围内获取资源，从而实现装备保障信息资源的交换和共享。

装备保障信息资源目录体系与交换体系运行模型如图7-3所示。

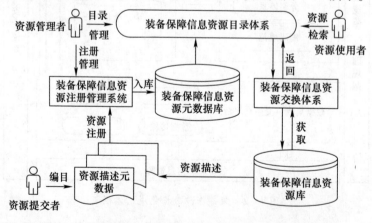

图7-3　装备保障信息资源目录体系与交换体系运行模型

在装备保障的信息资源目录体系与交换体系的运行模型中,主要有资源提交者、资源管理者和资源使用者三种角色。资源提交者根据装备保障信息资源元数据对本部门信息资源进行元数据描述,并注册到装备保障信息资源注册管理系统中,所有装备保障信息资源元数据构成了装备保障的信息资源元数据库;资源管理者对注册的信息资源进行管理,并将注册的信息资源元数据在相应的目录下发布,同时对信息资源目录进行相应的管理;资源使用者利用目录体系提供的各种服务接口,对所需资源进行检索、查找和定位,并通过交换体系获取所需资源。

由于部队目前处于无网络或网络无法授权使用的情况下,以及装备保障对信息安全有较高要求,对于装备保障的信息资源交换体系采取集中交换的模式,即通过建立装备保障各层级中心数据库的方式实现信息资源的集中存储和管理。信息资源使用者或提供者通过访问中心数据库实现信息资源的交换。装备保障数据集成展现方式如图7-4所示。

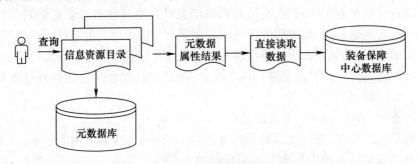

图7-4 装备保障数据集成展现方式

通过信息资源目录实现对各类装备保障信息资源的统一描述,从而促进各类分散信息资源的共享、集成和整合。用户通过查询信息资源目录获取所需信息资源元数据,并根据元数据属性结果定位和发现信息资源,然后从装备保障中心数据库中获取相应的实体信息资源。

7.4.3 数据集成交换设计

1. 数据交换模式分析

根据不同的需求,数据交换可采用下列四种方式:

1)基于文件的数据交换

以文件为单位进行数据交换的技术是一种传统的信息系统之间数据交换的方法,它通过网络以传递文件的方式在并行的信息系统之间交换数据,双方必须遵守约定的规则和格式对交换文件进行读/写操作或按一定速率进行传输。系统之间相对独立,间接访问,且不增加输出方系统的负载和性能,具有很高的安全性,因此通过文件来交换数据仍然被普遍采用。

2) 异构数据库复制技术

数据库复制是在多种数据库之间对数据和数据库对象进行复制与并发进行同步以确保其一致性的一种技术。使用复制可以将数据分发到不同位置,通过局域网或 Internet 分发给远程或移动用户,以达到数据随时随地的可用性。数据库复制技术采用基于发布订阅模型,由发布服务器、分发服务器和订阅服务器组成。发布服务器提供数据的变化并发送给分发服务器;分发服务器通过分布数据库存储历史数据,并在指定时刻将数据变化发送给订阅服务器。

3) 基于消息中间件的数据交换

以消息中间件为媒介的数据交换主要用于对数据传送的可靠性要求较高的分布式环境。采用消息中间件机制的系统中,不同的对象之间通过传递消息来激活对方的事件,完成相应的操作。发送者将消息发送给消息服务器,消息服务器将消息存放在若干队列中,合适时再将消息转发给接收者。消息中间件能在不同平台之间通信,它常被用来屏蔽掉各种平台及协议之间的特性,实现应用程序之间的协同,其优点在于能够在客户和服务器之间提供同步与异步的连接,并且在任何时刻都可以将消息进行传送或者存储转发,这也是它比远程过程调用更进一步的原因。

4) 基于 Web Service 的数据交换

需求决定发现,随着技术的不断进步,Web Service 逐渐被提了出来,它最大的好处就是提供了异构平台无缝衔接的技术手段。Web Service 是描述一些操作(利用标准化的 XML 消息传递机制,可以通过网络访问这些操作)的接口。Web Service 是用一种标准的、规范的 XML 所做的服务描述,这一描述囊括了与服务交互需要的全部细节,包括消息格式、传输协议和位置。该接口隐藏了实现服务的细节,允许服务的实现独立于其硬件或软件平台和编写服务所用的编程语言。支持基于 Web Service 的应用程序能够成为松散耦合、面向组件和跨平台的实现。Web Service 既可以履行一项特定的任务或一组任务,也可以同其他 Web Service 一起用于实现复杂的聚集或交易。

当前,装备保障信息管理受网络环境限制,从下级到上级的数据传输不能依靠网络而只能使用文件交换的方式。但在单位内部却能够通过已有局域网进行相关信息的管理,可以采用基于 Web Service 的数据交换方式。对于异构数据库复制和基于消息中间件的数据交换则较少使用。

2. 异构数据的交换方法

异构数据实现共享是当前装备保障业务信息实现数据集成的最大难点和关

键问题。目前,装备保障相关管理信息系统中的数据并不是按照数据元素的标准进行使用的,因此必须将异构数据源参照数据字典进行数据转换。也只有进行了标准化的转换,这些数据才能够按统一的数据交换过程进行彼此间的交换。而异构数据之间的数据映射是解决这一关键问题的主要技术手段,同时,为保证映射关系的通用性与适用性,装备保障数据模型映射关系的描述必须独立于具体的数据模型,映射关系的存储必须独立于具体的应用。

1) 数据映射关系分析

装备保障数据模型间数据迁移的过程如图 7-5 所示。这里称源数据模型为 SM,称目标数据模型为 TM。其中,SM 和 TM 由数据字典进行描述。数据映射关系独立于任何一次数据转换过程,在执行某次数据转换时,动态加载相关的数据映射关系,转换程序根据数据映射关系,完成从 SM 到 TM 的数据迁移。

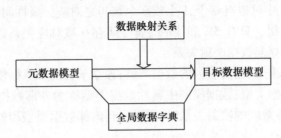

图 7-5 装备保障数据模型间数据迁移的过程

数据映射关系中的基本描述如下:

(1) 映射实体和映射属性:数据字典中实体和属性在映射关系建模中的投影。映射实体根据映射关系中数据流动的方向,分为源映射实体和目标映射实体,相应地称源映射实体的属性为源映射属性,目标映射实体的属性为目标映射属性。

(2) 映射算子:进行数据操作的基本操作单元,每个映射算子可以完成唯一的原子数据操作。映射算子具有输入和输出参数。

(3) 映射关联:表示数据的流动,由带箭头的有向线段表示,箭头所指的方向是数据的迁移方向,映射关联有两个端点,称为角色。箭头起始端点,即数据流出端的角色称为源角色;箭头所指向的端点,即数据流入端的角色称为目标角色。数据在迁移的过程中,需经过映射算子的处理,大部分数据处理过程是不可逆的,所以数据迁移的方向是单向的。

数据映射关系是数据模型间数据对应关系的一种形式化描述,实质上是数据模型间实体、属性和域三个层次上的对应关系。

(1) 实体及属性间映射关系。属性是数据对应关系的原子元素,实体间的映射关系由属性间的映射关系组成。属性间的数据映射关系分为直接映射和间接映射,直接映射是实体属性间不经映射算子所建立的直接对应关系,间接映射是实体属性间经过若干映射算子后所建立的对应关系。直接映射又分为值—值映射、名 – 值映射和引用映射三种类型。值 – 值映射是指 SM 和 TM 中属性值之间的映射关系。名 – 值映射是指 SM 中属性名(或属性别名)本身作为数据值,与 TM 中属性值之间的映射关系。从 SM 和 TM 实体实例间的对应关系的角度看,值 – 值映射是实例间一对一的关系,名 – 值映射是实例间的一对多的关系。引用映射是指 SM 中的属性通过引用 SM 中其他属性值与 SM 中属性值间的映射关系。对于被引用的属性而言,其本身也可以引用其他属性,这种属性引用的次数是没有限制的;另外,被引用的属性可以是经映射算子处理后的输出结果。

(2) 域间映射关系。域的映射,是对建立属性映射关系的一种约束。SM 中的 1 个域,在 TM 中可以有 0 个、1 个或多个域与之对应。属性间映射关系,受到域映射关系的限制。只有 SM 和 TM 的属性间存在域对应关系,SM 和 TM 的相关属性才允许建立起数据映射关系。

映射算子的输入、输出参数的数据类型,独立于任何一数据模型属性的数据类型称为内部数据类型;数据模型中属性数据类型称为外部数据类型。建立属性和输入、输出参数间的映射关系时,同样受到内部数据类型和外部数据类型间映射关系的制约。

2) 映射关系设计

扩展的巴科斯范式(Extend Backus – Naur Form, EBNF)是巴科斯范式(Backus – Naur Form, BNF)的扩展,能够更好地以形式化的数学方法对语言进行描述。EBNF 通常用来定义一个语言的文法,特点是无二义性或者意义明确性。根据上述对映射关系的分析结果,采用 EBNF 范式对描述映射关系的语法进行形式化定义和描述。

映射关系是一个三元组,M < STM, R, MO >。这里 M 是映射关系名称,STM 是 SM 与 TM 的集合,R 是映射关联集合,MO 是映射算子集合。下面采用 EBNF 对映射关系语法进行形式化定义,并且给出映射关系建模元素的图形符号表示。符号约定如下:

"∷ ="表示定义为;

"|"表示或者;

"◇"中的中英文名词表示基本语法单位;

"{}"中的语法单位表示可以重复 0 次或任意有限次;

"[ ]"中的语法单位表示可选成分。

映射关系的语法描述如下:

（1）映射关系。

<映射关系>::=<STM><R><MO>

<STM>::={<数据模型>}

<数据模型>::=<名称><模型类型>[{<映射实体>}]

<R>::=[{<映射关联>}]

<MO>::=[{<映射算子>}]

STM 或者为空,或者至少包含一个 SM 和一个 TM,SM 与 TM 的类型不允许相同,当 STM 为空时 R 和 MO 为空。数据模型可以包含 0 或多个映射实体,当 SM 或 TM 中映射实体数目为 0 时,R 和 MO 为空。

（2）映射实体。

<映射实体>::=<ID><映射实体类型>{<映射属性>}

<映射实体类型>::=源映射实体|目标映射实体

<映射属性>::=<ID><属性数据类型>[属性默认值]

映射实体中可以包含多个映射属性。其中 ID 是映射实体和映射属性的唯一标识,与数据字典中对应实体和属性的 ID 一致。映射实体类型可以是源映射实体或者目标映射实体。属性数据类型是特定数据模型中的基本数据类型,属性默认值是可选的。

（3）映射算子。

<映射算子>::=<ID><映射算子类型>[{<输入参数>}]<输出参数>

<映射算子类型>::=操作型|数据型

<输入参数>::=<参数名称><输入参数数据类型><参数列表中的顺序><[输入参数缺省值]>

<输出参数>::=<参数名称><输出参数数据类型>

1 个映射算子可以有 0 或多个输入参数,但有且只有 1 个输出参数。输入参数在输入参数列表中有确定的顺序。映射算子本身可以是操作型的,也可以是数据型的。操作型映射算子是指执行基本数据操作的映射算子,该型映射算子在实际使用中较为复杂,记录信息多,使用较少。基本数据操作可以是简单的数学运算或字符串操作,也可以是专业领域中一个复杂算法的实现。数据型映射算子,其本身代表一常量数据,没有输入参数。输入、输出参数的数据类型是系统内部数据类型的一个基本数据类型。

（4）映射关联。

<映射关联>::=<ID><源角色名称><源角色类型><目标角色名称><目标角色类型><映射关系类型>

<源角色类型>::=映射实体类型|映射算子类型

<目标角色类型>∷=映射实体类型I映射算子类型

<映射关系类型>∷=值-值映射I名-值映射I引用映射

源和目标角色类型,可以是映射实体类型和映射算子类型。映射关系类型可以为值-值映射、名-值映射和引用映射。

(5)映射树。

<映射树>∷=<ID>{<映射节点>}<目标映射实体><目标映射属性>

映射树是由唯一1个目标映射属性,0或多个映射算子,1或多个源映射属性组成的1个树状层次结构。映射树描述了1个特定目标映射实体的1个目标映射属性,与SM中源映射属性间的数据是对应关系。

(6)映射节点。

<映射节点>∷=<ID><映射关联><父节点><映射节点类型>

<父节点>∷=<映射节点>

<映射节点类型>∷=源映射属性节点类型I目标映射属性节点类型I操作型映射算子节点类型I数据型映射算子节点类型

映射节点构成1棵映射树的各层节点。每个映射节点具有唯一1个ID对其进行标识,除根节点外仅有唯一1个父节点。映射节点类型有四种,分别是源映射属性所属的源映射属性节点类型、目标映射属性所属的目标映射属性节点类型、操作型映射算子所属的操作型映射算子节点类型、数据型映射算子所属的数据型映射节点类型。

(7)映射条件。

<映射条件>∷=<ID><映射节点><映射条件类型>

<映射条件类型>∷=转换条件I路径选择条件

映射关系中可以不包含映射条件。映射条件在映射关系动态执行过程中,对映射节点的数据处理结果进行条件判断,并可以进行路径选择。路径选择是根据映射树的处理结果,动态地选择目标映射属性。

3)数据映射应用实例

映射词典中的元数据能够描述SM和TM间数据类型的对应关系,通过上述映射关系能够实现两种基本类型的装备保障异构数据映射:数据模型直接映射与数据模型转置映射。

(1)数据模型直接映射。数据模型直接映射是指数据模型的属性之间的数据对应关系,是值—值映射关系类型。数据模型直接映射示例如图7-6所示。

图7-6中源映射实体中的各源映射属性的值,分别直接或者通过映射算子

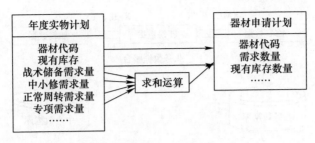

图7-6 数据模型直接映射示例

的中间处理后,与一特定目标映射属性的值相对应。

(2)数据模型转置映射。数据模型转置映射是指数据模型的属性之间的数据对应关系,是名—值映射关系类型。转置映射可以实现实体实例间的1对多的数据映射。从源实体到目标实体,转置映射又分为1对多和多对1两种类型,即1个源实体实例与多个目标实体实例对应和多个源实体实例与1个目标实体实例对应。图7-7是两种情况下的示例转换。

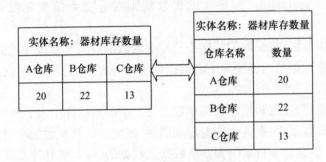

图7-7 数据转置映射示例

(3)复合映射类型。复合映射类型是指数据模型实体属性间同时存在值—值和名—值映射关系类型。

3. 数据交换过程

装备保障业务数据集成具体的交换过程可分为抽取数据、转换数据、加载数据和发布数据四个步骤,如图7-8所示。

(1)抽取数据:根据数据来源收集信息,从业务系统指定的数据源抽取共享数据。它有主动式抽取和被动式抽取两种方式。

主动式抽取由中心数据库来控制抽取的时间和方式。针对装备保障业务系统的特点,主要采取业务系统局部视图的方法,即业务系统建立共享数据视图,平台定时从业务系统的共享视图抽取数据的方法来完成主动式数据抽取。对于业务系统变化数据的提取采用视图加时间戳方法或逐行比对方法。

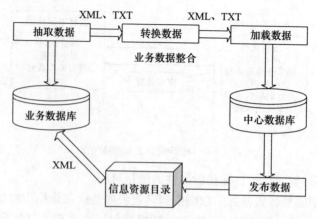

图 7-8 业务数据整合和发布数据流程

被动式抽取基于主动式同步更新,由业务部门控制抽取的时间和方式。被动式抽取主要采取在业务端部署数据探针的形式来完成。它需要对业务系统进行数据探针的部署,按建立的提取规则对业务系统变化数据进行有效提取。

(2)转换数据:将提取的数据按照建立的数据映射关系进行数据转化操作,把抽取的业务数据结构转换为中心数据库的数据结构,它是解决业务系统和共享平台之间数据冲突的模块。

(3)加载数据:把转换好的共享数据写入中心数据库中。

(4)发布数据:根据共享数据需求信息,把更新的共享数据在信息资源目录中进行发布,信息资源目录负责共享数据元数据的组织,供其他系统进行查看和接收。

四个步骤的整体框架,有利于分模块、并行地开发,以达到数据流转的畅通和格式的统一。

1)总体流程

根据总体框架可得到图 7-9 的总体流程。整个流程分为抽取数据、转换数据、加载数据和发布数据四个部分来阐述,传输的数据格式以交换格式设计的文件为标准。

2)状态监听

业务数据集成整合和共享发布经历了四个主要阶段,为了使每一个阶段做到独立和并行运行,采用监听器机制进行过程控制,为每个阶段设置了监听来完成相应模块的调用,相应地需要四个监听器,即抽取数据监听器、转换数据监听器、加载数据监听器和发布数据监听器,如图 7-10 所示。

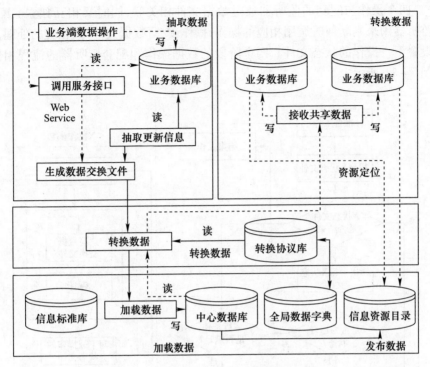

图 7-9 业务数据整合和共享详细流程

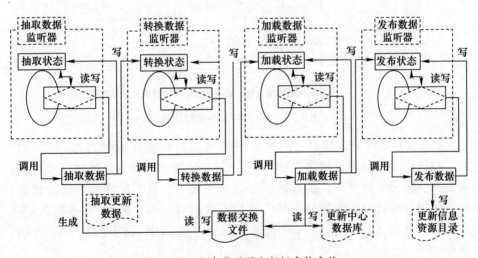

图 7-10 状态监听器和数据交换文件

四个监听器分别对应四个状态文件：抽取状态文件、转换状态文件、加载状态文件和发布状态文件。它们存储对应操作的状态信息（等待状态或者运行状态)。四个操作与配套的监听器通过数据文件相关联,同时又相互独立。配套的监听器用来判断何时调用相应的操作;操作读/写数据文件,做相应的处理,然后设置下一操作的状态文件。四个阶段的数据操作和配套监听器的流程相似,如图7-11所示。

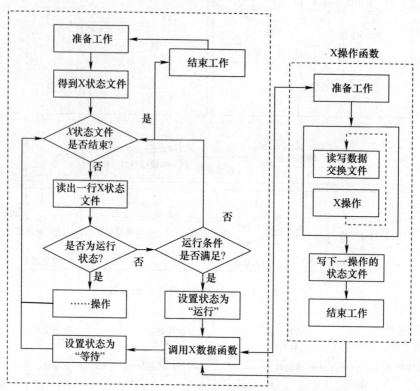

注:X代表抽取数据、转换数据、加载数据和发布数据。

图7-11 数据操作和监听流程

数据交换文件是按照规定的数据交换格式对转换后的抽取数据进行封装。抽取数据步骤形成数据文件,文件中记录着数据来源系统的数据变化;转换数据步骤把从业务系统抽取的源数据转换成中心数据库能够加载的数据;加载数据根据转换后的数据文件内容加载数据到中心数据库;发布数据是将中心数据库的变化情况写入对应的信息资源目录中,供不同用户的访问、使用。

监听器的建立,有利于四个阶段独立并行地运行。另外,在监听器中插入部分处理文件操作冲突的代码,可实现在同一阶段运行多个监听器线程同时工作的目的。

3）状态文件设计

状态文件控制着业务数据整合和发布的流程,记录着四个阶段数据操作的运行状态。四个阶段对应四个状态文件,按照流程设计思路,对类型定义文档进行了设计。

抽取状态文件的类型定义文档如下:

```
< element name = "ExtractDataStateList" >
< complexType >
< sequence >
< element ref = "sx:ExtractDataState" minOccurs = "1" maxOccurs = "unbounded"/ >
</ sequence >
</ complexType >
</ element >
```

转换状态文件的类型定义文档如下:

```
< element name = "TransformDataStateList" >
< complexType >
< sequence >
< element ref = "sx:TransformDataState" minOccurs = "1" maxOccurs = "unbounded"/ >
</ sequence >
</ complexType >
</ element >
```

加载状态文件的类型定义文档如下:

```
< element name = "LoadDataStateList" >
< complexType >
< sequence >
< element ref = "sx:LoadDataState" minOccurs = "1" maxOccurs = "unbounded"/ >
</ sequence >
</ complexType >
</ element >
```

发布状态文件的类型定义文档如下:

```
< element name = "PublishDataStateList" >
< complexType >
< sequence >
< element ref = "sx:PublishDataState" minOccurs = "1"
```

```
maxOccurs = "unbounded"/>
</sequence>
</complexType>
</element>
```
相关属性控制着操作当前的状态,属性类型定义文档如下：
```
<!—提取状态属性 -->
<element name = "ExtractDataState">
<complexType>
<sequence>
<!--业务表视图编号(来自"源数据抽取列表")-->
<element name = "TableViewID"type = "string"/>
<!--下一次抽取时间-->
<element name = "NextExtractTime"type = "time"/>
<element name = "State"type = "sx:StateType"/>
<element name = "ContentType"type = "sx:ContentType"/>
</sequence>
</complexType>
</element>
<!--发布状态属性-->
<element name = "PbulishDataState">
<complexType>
<sequence>
<element name = "JMSTopicName"type = "string"/>
<element name = "NextPublishTime"type = "time"/>
<element name = "State"type = "sx:StateType"/>
<element name = "ContentType"type = "sx:ContentType"/>
<element name = "UpdateDataName"type = "string"/>
</sequence>
</complexType>
</element>
<!--其他状态属性-->
<element name = "DataState">
<complexType>
<sequence>
<!--更新数据文件名称-->
<element name = "UpdateDataName"type = "string"/>
<element name = "State"type = "sx:StateType"/>
```

```
< element name = "ContentType"type = "sx:ContentType"/ >
</sequence >
</complexType >
</element >
<! --状态:wait,等待;run,运行 -- >
< simpleType name = "StateType" >
< restriction base = "string" >
< enumeration value = "run"/ >
< enumeration value = "wait"/ >
</restriction >
</simpleType >
```

4. 数据交换格式设计

数据交换的另一个重点是对数据交换的内容进行规定,也即确定一个预定义和结构化的、在功能上相互关联的聚合数据元素或数据元素的集合,它从数据字典中进行交换内容及格式的选择,涵盖了对交换数据的共享要求,旨在双边或多边的数据交换中确保各方对所交换数据的无歧义理解。

装备保障数据交换主要是对数据交换模式、数据交换接口内容进行详细的描述。其中,数据交换的内容,也就是数据交换的主体应是标准化的数据元素。这样接收方无须进行数据转换即可使用交换过来的数据,大大提高了数据交换使用的效率。

下面以军械装备保障信息系统之间的数据交换为例,介绍数据交换格式设计的有关情况。

1) 文件交换规范

(1) XML 数据文件格式。

① 头文件。编码采用 GB K,属性要求如下。

description:数据集说明,字符串。

createDate:创建日期(yyyy – mm – dd)。

created_by_code:创建机构识别代码,字符串。

created_by_name:创建机构名称,字符串。

Transclass:字符串,值域为 = {上报、下发}。

Dataclass:字符串,值域为 = {数据、代码、数据与代码}。

created_by_system:字符串,生成数据的系统名称。

Datasetvar:字符串,创建者的数据版本号。

其表现形式如下:

```
<! ATTLIST JXZBBZ_2010
```

```
description CDATA #IMPLIED
createDate CDATA #REQUIRED
created_by_code CDATA #REQUIRED
created_by_name CDATA #REQUIRED
Transclass CDATA  #REQUIRED
Dataclass CDATA   #REQUIRED
created_by_system CDATA  #REQUIRED
Datasetvar CDATA  #REQUIRED
>
```

② 内容。内容部分由 <list> 标签包含若干个 <entity> 构成,无论导出单个实体信息还是多个实体信息,均采用 <list>。其表现形式为:

```
<! ELEMENT list(entity*) >
```

其中 <list> 为:

```
<! ATTLIST list
name CDATA #REQUIRED
type CDATA #REQUIRED
version CDATA #FIXED "1.0"
>
```

<entity> 定义具体的每个实体,说明各实体的属性,其表现形式为:

```
<! ELEMENT entity(property*, list*) >
<! ATTLIST entity
id CDATA #REQUIRED
name CDATA #REQUIRED
appointedId CDATA #IMPLIED
>
```

由于 entity 可能包含上下级及关联关系,因此 entity 中可以嵌套 list 定义,从而形成复杂的关联关系,其表现形式为:

```
<! ELEMENT property(property*) >
<! ATTLIST property
name CDATA #REQUIRED
type CDATA #REQUIRED
length CDATA #IMPLIED
value CDATA #REQUIRED
>
```

(2) 文本数据文件格式。

① 文本数据文件组织要求。文本数据文件格式采用压缩数据包的方式进行,包内的数据文件有元数据文件和数据文件两种类型。每个数据文件中仅存

一个表的数据。

② 文本数据文件的命名要求。文本数据的元数据文件固定文件名 metadata.txt 保存,数据文件采用以"表名+txt 后缀"的格式。

③ 元数据文件格式。元数据文件主要数据文档的类型、描述、创建日期、创建者、数据版本等信息,内容如下。

transclass:字符串,值域为={上报、下发}。

dataclass:字符串,值域为={数据、代码、数据与代码}。

description:字符串,内容描述说明。

createDate:日期(yyyy-mm-dd),创建日期。

created_by_code:字符串,创建者的标识代码。

created_by_name:字符串,创建者的名称。

created_by_system:字符串,生成数据的系统名称。

datasetvar,字符串:创建者的数据版本号。

④ 数据文件内容格式。数据集采用 ANSI 格式,首行包含列名称,使用""""作为文本的限定符,使用","作为列间标识符,使用"{CR}{LF}"行分隔符。

2) Web Service 交换规范

(1) Web Service 模式。对于数据交换的访问接口,规定有且仅有一个输入参数和输出参数,参数类型只能是字符串类型。在图 7-12 中,如最上端箭头所示,客户端通过网络服务描述语言(Web Services Description Language,WSDL)获得服务端接口描述信息,构建访问服务端的简单对象访问协议(Simple Object Access Protocol,SOAP)消息,在 SOAP 消息中只包含一个字符串类型的输入参数,这个字符串就是 MsgInfo 的结构体,将该 SOAP 消息发送至服务端,服务端接收到这个消息,根据 RowSetDef 结构体类型返回数据的结构体,在结构体中必须

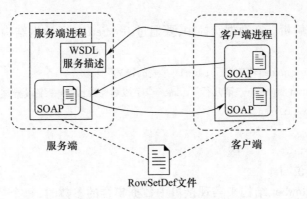

图 7-12 Web Service 模式

包含 packagehead 属性，客户端获得这个消息之后解析 SOAP 消息得到 MsgInfo 的结构体，根据结构体中每个数据集的 name，找到 RowSetDef 中的定义，解析出其中的数据。

（2）数据结构和数据集格式。MsgInfo 是基于 XML 的描述接口参数和返回结果的数据结构，MsgInfo 数据结构中，根节点是 MsgInfo，包含一个 parameters 节点和一个 rowsets 节点，parameters 节点包含简单的变量参数，而 rowsets 包含多个 RowSet 数据集。< rowsets > </rowsets > 中第一个节点 < rowset > </rowset > 规定必须所包含的包头信息，其中属性同上节 XML 节头文件中的属性。

MsgInfo 结构描述接口调用参数应遵循如下格式：

< msginfo >
 < parameters >

 < /parameters >
< /msginfo >

在系统接口数据交换中，统一使用称为 RowSet 的数据集结构。每个 RowSet 节点描述一个数据集，每个 Row 节点描述一个数据行，Row 节点下，每个子节点描述一个数据列的值。

RowSet 数据集格式如下：
< rowset label = "表的描述" name = "表名" >
 < row >
  < 字段名 > 数据 < /字段名 >
  …
 < /row >
< /rowset >

（3）数据解析。在数据交换中，要通过 RowSetDef 元数据结构解析数据，其格式如下：

< rowsetdef name = "表名" label = "表的描述" >
 < column index = "第几行" name = "字段名" label = "字段描述" datatype = "数据类型" > < /column >
 …
< /rowsetdef >

（4）使用说明。

① 通过 RowSet 结构来实现接口中数据集合的参数时，每个数据集合参数需要标明 RowSet 结构的名字。

② RowSet 节点的名字属性,每个名字唯一定义一个数据集的元数据结构,即 RowSetdef 结构。

③ 对于数据交换的接口的方法只包含一个字符串类型的输入参数,这个参数是一个 MsgInfo 结构,具体的参数打包在 MsgInfo 中进行传递。

④ MsgInfo 结构在描述接口的数据返回值时,具体的返回数据打包在 MsgInfo 中,这个 MsgInfo 中,要求至少包含一个参数 returnCode,当 returnCode = 0 时,表示调用成功,否则表示调用失败,如果具体的错误代码代表不同的含义,由接口自己设定;另外,MsgInfo 中可以包含一个可选的 returnMessage 参数,描述错误的信息。

在网络环境下,为保持系统间的同步及数据的一致性,同时数据传输量非常小的情况下,可采用消息机制进行数据交换。信息交换采取数据库的出发机制与消息结合的方式来实现基于消息的准实时数据同步,可以是群发,也可以是点对点的发送,但消息发送的数据内容应是标准的数据元素,对方收到后不需要进行解析与数据转换。例如,某装备的装备数量发生改变,即可通过短消息将装备代码、更新后的装备数量同步到相关系统中。

短消息在内容上包括发送方信息与发送内容两部分,具体格式设计参考文件交换中的 XML 文档格式定义。

5. 数据提取

数据抽取是业务数据到共享平台的初级处理阶段,是按照既定提取策略对业务系统变化数据进行提取,并生成提取文件的过程。对于抽取的源数据内容的不同,源数据到数据交换文件的转换过程也会不同,为提高数据提取转换效率,可由两个抽取数据转换函数来分别完成两种数据源的转换——纯数据抽取转换函数和操作数据抽取转换函数。对于操作数据抽取转换较为复杂,具体实施难度较大,在实际中可采用纯数据抽取转换函数,把纯数据转化为数据交换文件。

1) 主动式数据提取

主动式抽取由中心数据库平台控制数据抽取全过程,数据交换文件由中心平台创建和收集。业务系统把提供共享数据的视图信息、更新周期信息注册到中心数据库,中心数据库按照更新周期定时地从业务系统视图中抽取数据,如图 7 - 13 所示。

抽取监听器首先根据业务系统注册信息和数据来源信息,初始化抽取状态文件;其次监听每一条 ExtractDataState,当前时间大于或等于 NextExtractTime 时,设置状态为"运行",激发数据抽取。

数据抽取函数首先根据抽取状态文件得到数据源信息并连接数据库;其次

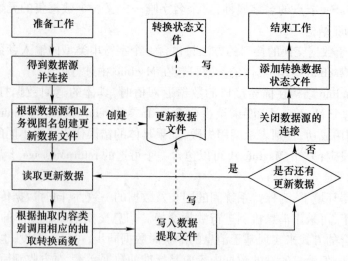

图7-13 主动式抽取数据流程

创建一个数据交换文件;再次抽取业务系统视图中的数据,调用抽取数据转换函数转换数据,写入数据提取文件;最后关闭数据库连接,把数据提取文件信息写入转换状态文件并把状态设置为"等待"。结束数据抽取后,抽取监听器设置抽取状态文件的抽取状态为"等待",并计算下一次抽取时间,写入抽取状态文件,这样一次数据抽取工作就结束了。

2) 被动式数据提取

被动式数据抽取工作由业务系统完成,然后调用共享数据库平台发布的数据接口服务,把更新数据推给中心数据库,完成数据抽取,如图7-14所示。

业务系统调用中心数据库数据服务有两种方法:

(1) 更改业务系统的逻辑层代码,在每个数据操作语句后面添加一个数据接口服务的调用。通常这种方法要求系统在线,并且对原有系统进行改造,因此从难度和工作量方面来讲都比较大。

(2) 在业务端进行数据探针的部署,监控业务系统数据变化,按制定的数据提取策略进行数据的提取,并映射为标准格式的数据,通过提交程序调用数据接口服务或文件复制的方式进行数据交换。

数据服务函数根据传入的参数创建数据提取文件,然后读取源数据内容调用相应抽取转换函数,写数据提取文件,最后添加一条转换数据状态文件。这样就和转换数据步骤衔接上了。

3) 抽取策略选择

不同的业务系统根据自身特点可以选择不同的抽取策略。当前,装备保障

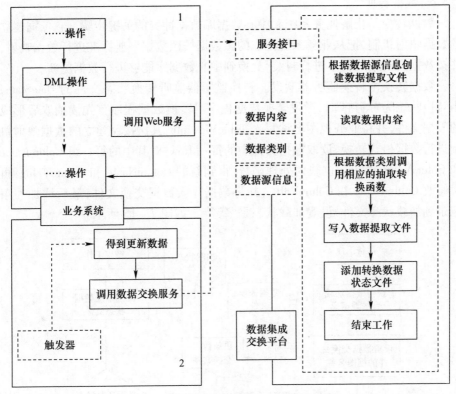

注：1—更改业务代码；2—开发提交程序。

图 7-14 被动式抽取数据流程

相关业务系统分散使用，数据分散存储，受网络条件、具体应用环境等的限制，数据的抽取方式有所不同。

主动式抽取策略不增加业务系统的负担，不用修改业务系统的逻辑层代码，只需要在数据层增加更新数据的视图，它适用于大部分的业务系统。但是，这样策略不能达到及时的数据更新同步，它适合大量的、定时的数据抽取。被动式抽取策略适用于及时地提交更新数据，是主动的数据更新策略，它适合及时数据抽取，同时数据量也可以根据需要来确定。

针对当前装备保障信息系统部署较为分散，同时缺少网络环境支持，因此，在实际数据抽取环节主动式抽取方法较少采用，可采用被动式抽取策略。例如，年度装备数质量数据汇总，就可依靠在业务端部署的数据探针进行数据提取、转换，并按规定要求封装为数据交换文件，数据交换文件可网络传输或光盘复制进行传输。同时，在数据传输过程中将状态文件进行携带。

6. 数据转换

数据转换是化解业务系统和中心数据库数据冲突的关键步骤。它依据建立的数据映射机制,把从业务系统抽取的源数据按照数据字典标准进行数据映射,并按数据交换格式要求进行封装,交换到中心数据库能够进行数据更新。

数据转换由转换监听器激发。转换监听器监听转换状态文件的 DataState,当转换状态为"等待"时,激发转换数据程序。转换数据程序首先读抽取后形成的数据文件,并将业务视图名称写入 TableViewInfo;其次按照建立的数据映射机制进行数据格式转换,读取数据文件中的每一 Row,对其中的每一组 ColumName 和 ColumValue 调用数据映射处理函数,得到新的 ColumName 和 ColumValue;再次修改 ColumName 和 ColumValue,并将数据写入数据交换文件;最后增加一条记录到加载状态文件,设置加载状态是"等待",如图 7-15 所示。

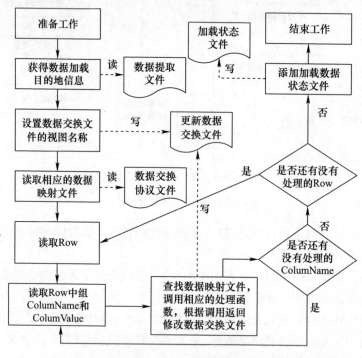

图 7-15 数据转换流程

7. 数据加载

数据加载完成对中心数据库的数据插入、更新和删除,主要工作是对数据交换文件进行解析,转换数据交换文件为相应的数据操作语句,然后执行这些语句。

加载数据操作由加载数据监听器激发。加载监听器监听加载状态文件的每一条 DataState,当加载状态为"等待"时,激发加载数据程序。

加载数据程序首先读取数据交换文件,连接中心数据库。其次,对数据进行逐行比对,根据比对结构以"操作 + 数据"形式重写更新数据文件。再次,把更新数据文件转换为数据操作语句,并运行语句。最后,将对数据加载到中心数据库中,并断开连接,如图 7 - 16 所示。

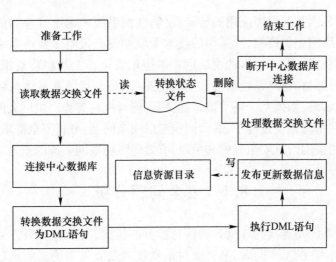

图 7 - 16 数据加载流程

8. 数据发布

数据发布是业务系统之间数据同步更新的最后一个步骤,主要工作是发布更新的共享数据。当中心数据库中的数据经过更新后,需要将数据更新的相关信息写入信息资源目录中,不同业务系统根据信息资源目录中的元数据信息进行相关资源的访问。

第8章 物联网装备保障应用安全

由于物联网装备保障应用的特殊性,物联网系统的运维管理和信息安全要求比民用物联网更加严格,所采用的技术手段和安全策略多数是军事领域特有的,用以提供全维度、多层次的物联网军事应用安全。尤其在装备领域,一旦武器装备、物资器材、信息系统被接入物联网系统,整个武器装备体系将完全处于可视可控的状态,如果某个环节被干扰,则可能对战场态势产生巨大的影响。因此,在物联网系统建设过程中,必须同步考虑安全问题,分析安全需求,探索安全机制,运用相关的信息安全技术和手段,有效保障物联网系统的正常运行。

8.1 安全问题分析

物联网系统是连接物理世界和信息世界的桥梁,在信息安全方面既要解决传统网络中存在的基本问题,又要面对信息技术发展带来的新的难题。装备保障中的物联网系统,大量电子信息设备和传感设备散布在战场空间的任意角落,涉及装备物资、保障机构和人员以及各种保障环境,对这些设备实时有效监控的难度加大。物联网安全贯穿物联网系统运行的整个阶段,主要包括系统安全问题、数据安全问题和网络安全问题。

8.1.1 系统安全问题

物联网装备保障应用使得各类保障机构、武器装备、保障设备及传感器等都成为网络用户的一分子,在带来极大便利的同时,也给系统安全带来了不小的隐患。物联网系统的安全防护问题主要包括抗信号干扰、抗恶意入侵和通信防护三个方面。

物联网上的各类保障单元、系统用户、武器装备、保障设备及传感器等都会存在信号被干扰,以及重要信息被篡改或遭到窃取的隐患,从而对武器装备和保障行动的信息安全造成严重威胁。例如,军事物流系统可以利用物联网快速、高效地对人和物进行跟踪与定位,但同时也造成了物流系统的信息安全问题。在基于物联网的物流信息系统中存在着装备技术状态、保障方案、行动计划、部队部署、实力编成等大量的涉密信息,如果有人通过物联网采取信号干扰,就可能导致涉密信息丢失、被窃取或被篡改。电磁干扰是信号干扰的一种主要存在形式,现在已有各类具体的防电磁干扰措施,如在硬件方面加装阻尼电阻或并联电容等方法,在软件方面采取地址跳转或振荡阻止等方法,保障系统的信号安全。

恶意入侵是指敌方绕过相关安全技术防范,对物联网的授权管理进行恶意操作,不仅可以窃取我方装备及物资的重要信息,甚至可以篡改某些装备的敏感参数,破坏保障行动计划,这将造成十分严重的后果。恶意入侵会严重破坏物联网的信息安全防护体系,对整个保障活动的安全造成严重威胁。基于这种情况出现的可能性,在装备保障领域应用物联网,需要特别注意恶意入侵的防范,加快相关的安全技术研究,不断提高物联网恶意入侵防范技术水平。入侵检测系统是一种有效的恶意入侵防护手段,它与防火墙和路由器配合,通过对物联网的网络活动进行实时检测,快速发现各类网络入侵行为,帮助管理员实现集中管控,达到安全防护以应对物联网的恶意入侵。

随着军用通信网络的快速发展,便携式移动终端越来越多,极大地方便了各类保障活动的开展,但也直接影响物联网系统的安全性。一方面,各类便携式通信终端同计算机一样存在各种各样的漏洞,而通过漏洞方式感染的病毒将成为影响物联网安全的潜在因素。另一方面,各类便携式通信终端的易携带性很可能造成信息或设备丢失,若被不法分子利用,通过反汇编等手段进行解码操作,很可能造成用户信息的泄露,进而导致更加严重的后果发生。在通信防护方面,利用各类系统漏洞扫描工具,及时安装系统补丁,并加强移动终端的管理,实现系统的通信安全防护。

8.1.2 数据安全问题

物联网将广泛地应用于装备保障活动的各个方面,基于物联网技术的信息服务系统所携带的信息和数据的重要性不言而喻。因此,物联网系统依赖网络传输数据,其数据安全需要周密的措施来保障。物联网系统的数据安全措施需要在已有的网络安全基础上,进一步完善和发展。数据安全的含义主要包括以下内容。

(1) 数据完整性:信息可以及时、准确、完整无缺地保存,在网络上进行传输时,信息不会被篡改。

(2) 数据保密性:信息只能被特定用户得到,除此之外任何人都无权访问,在网络上进行传输时信息也只能被发送方和接收方访问。

(3) 数据可信性:访问及接收信息的用户可以确保信息是由原作者或发送

者创建和发送出来的。

(4) 数据不可抵赖性:信息的作者无法否认该信息是由其本人创建的,在网络上进行传输时,信息发送者无法否认该信息是由其本人发送的。

为此,对于数据安全着重从数据本身、数据传输及系统管理三个方面展开。就数据本身而言,通过代码、数字水印等加密手段使非授权用户无法获取数据;在数据传输过程中,采用访问控制、数字签名、防火墙、虚拟专用网络手段;在系统管理层,主要涉及操作系统安全(用户注册、用户权限管理)、数据安全(访问控制、数据备份与管理、数据恢复)、病毒防范(硬件防范、软件防范、管理方面的防范)等内容。

有关数据安全的典型技术是数据的加密和解密算法,主要分为对称密钥加密和非对称密钥加密。对称密钥加密常用算法如数据加密标准(Data Encryption Standard,DES)和三重数据加密算法(Triple Data Encryption Standard,3DES)等;非对称密钥加密又称公钥基础设施(Public Key Infrastructure,PKI),运用 PKI 技术可以实施构建完整的加密/签名体系,可以有效地实现数据的真实性、完整性、保密性和不可抵赖性。对称密钥密码体系的优点是加密、解密速度很快,缺点是密钥难以共享、密钥太多。非对称密钥技术的优点是易于实现、使用灵活密钥较少,缺点是要取得较好的加密效果和强度,必须使用较长的密钥。目前,常用的方法是将上述两种加密方法组合起来。使用对称密钥加密技术处理批量数据的效率很高,但在开始处理之前,要先将对称密钥从信息发送方传递到接收方。

8.1.3 网络安全问题

网络安全是一个涉及面很广的问题。在其最简单的形式中,它主要关心的是确保无关人员不能读取,更不能修改传送给接收者的信息。此时,网络关心的对象是那些无权使用,但是却试图获得远程服务的人。安全性也有处理合法消息被截获和重播,以及发送者是否曾发送过该条消息等问题。大多数安全性问题的出现,都是由于有人恶意地试图获得某种好处或损害他人的利益而故意引起的。可以看出,保证网络安全不仅是编程错误,还要防范那些专业的破坏者。同时,必须清醒地认识到,能够制止偶然实施破坏行为的敌人的方法对惯于作案的老手来说,收效甚微。

网络安全可以粗略地分为:保密、鉴别、反拒认及完整性控制四个相互交织的部分。保密是保护信息不被未授权者访问,这是人们提到网络安全时最常想到的内容;鉴别主要是指在揭示敏感信息或进行事务处理之前确认对方的身份;反拒认主要与签名有关;完整性控制通过使用注册过的邮件和文件锁来实现。网络安全的控制主要对网络传输的信息进行数据加密、认证、数字签名和访问控制,目前流行的网络安全协议有网络安全协议(IP Security,IPSec)和安全套接字协议(Secure Socket Layer,SSL)等。

8.2 安全需求

物联网技术在装备保障中的应用是为了使装备物资、保障力量等具有"智慧",实现人、装、环境之间按需进行信息获取、传递、存储、融合、处理、使用等服务的网络。因此,分析军事装备保障物联网系统的安全性,可以从感知接入、网络传输、服务支撑和系统应用等方面展开。

8.2.1 感知接入方面

信息感知的任务是全面感知外界信息,或者说是原始信息收集器,即随时随地获取人、物体、环境的信息,包括位置、速度、加速度、温度、湿度、压力,乃至技术状态、质量状况等,并通过接入设备处理、融合后接入网络。典型的信息感知设备包括 RFID 装置、各类传感器(如红外、超声、温度、湿度、速度等)、图像捕捉装置(摄像头)、北斗卫星定位系统、手持终端等。这些设备收集的信息通常具有明确的应用目的,因此,传统上这些信息直接被处理并应用,如公路摄像头捕捉的图像信息直接用于交通监控。但是,在装备保障物联网应用中,多种类型的感知信息会被同时处理,综合利用,甚至不同感知信息的结果将影响其他控制调节行为,如感知的湿度信息可能会影响温度或光照控制的调节。同时,物联网技术应用强调的是信息共享,这是装备保障物联网区别于传感网的最大特点之一。例如,技术侦察信息可能同时被用于装备指挥、装备保障、维护修理、物资运输等,如何处理这些感知信息将直接影响信息是否能够被有效应用。为了使同样的信息能被不同业务领域有效使用,需要有一个综合处理平台用于处理这些感知信息,而这个平台就处在物联网的智能处理层。

感知信息要通过一个或多个与外部网连接的传感节点,称为网关节点,所有与传感网内部节点的通信都需要经过网关节点与外界联系,因此在物联网的感知层,只需要考虑传感网本身面临的安全挑战即可。

信息感知与接入可能遇到的安全挑战包括下列情况:
(1)传感网的接入网关节点被敌方控制——安全性全部丢失。
(2)传感网的感知节点被敌方控制(敌方掌握节点密钥)。
(3)传感网的感知节点被敌方捕获(没有得到节点密钥而没有被控制)。
(4)传感网的节点(感知节点或网关节点)受到来自网络的 DoS 攻击。
(5)接入装备保障物联网的超大量感知节点的标识、识别、认证和控制等问题。

敌方捕获网关节点不等于控制该节点,一个传感网的网关节点实际被敌方控制的可能性很小,因为需要掌握该节点的密钥是很困难的。如果敌方掌握了一个网关节点与传感网内部节点的共享密钥,那么他就可以控制传感网的网关节点,并由此获得通过该网关节点传出的所有信息。但如果敌方不知道该网关节点与远程信息处理平台的共享密钥,那么他就不能篡改发送的信息,只能阻止部分或全部信息的发送,这样容易被远程信息处理平台觉察到并作出相应的调整。因此,能够识别一个被敌方控制的传感网,便可以降低甚至避免由敌方控制的传感网传来的虚假信息所造成的损失。

传感网遇到比较普遍的情况是,某些感知节点被敌方控制而发起的攻击,传感网与这些感知节点交互的所有信息都被敌方获取。敌方的目的可能不仅仅是被动窃听,还想通过所控制的网络节点传输一些错误数据。因此,传感网的安全需求应包括对恶意节点行为的判断和对这些节点的阻断,以及在阻断一些恶意节点后,网络的联通性如何保障。

对传感网络分析,更为常见的攻击情况是敌方捕获一些网络节点,不需要解析它们的预置密钥或通信密钥,只需要鉴别节点种类,如检查节点是用于检测温度、湿度还是噪声等,有时这种分析对敌方是很有用的。因此,可靠的传感网络应该有保护其工作类型的安全机制。

既然传感网最终要接入网络(如骨干网等),自然也难免会受到来自外在网络的攻击。目前,能预期到的主要攻击除了非法访问以外,应该就是 DoS 攻击了。因为传感网节点的计算和通信能力等资源有限,所以对抗 DoS 攻击的能力比较脆弱,在骨干网环境里未被识别为 DoS 攻击的访问就可能使传感网瘫痪,因此,传感网的安全应该包括节点抗 DoS 攻击的能力。外部访问可能直接针对传感网内部的某个节点(如远程控制启动或关闭红外装置),而传感网内部感知节点的资源一般比网关节点更小,因此,网络抗 DoS 攻击的能力应包括网关节点和感知节点两种情况。

传感网接入各类军用网络所带来的问题不仅仅是传感网如何对抗外来攻击的问题,更重要的是如何与外部设备相互认证的问题,而认证过程又需要特别考虑传感网资源的有限性,因此认证机制需要的计算和通信代价都必须尽可能小。此外,对外部骨干网来说,所连接的不同传感网的数量可能是一个庞大的数字,如何区分这些传感网及其内部节点,并有效地识别它们,是安全机制能够建立的前提。

针对上述的挑战,感知与接入方面的安全需求可以总结为以下几点。

(1) 机密性:多数传感网内部不需要认证和密钥管理,如统一部署的共享一个密钥的传感网。

（2）密钥协商：部分传感网内部节点进行数据传输前需要预先协商会话密钥。

（3）节点认证：个别传感网（特别当感知数据需要共享时）需要节点认证，确保非法节点不能接入。

（4）信誉评估：一些重要传感网需要对可能被敌方控制的节点行为进行评估，以降低敌方入侵后的危害。

（5）安全路由：几乎所有传感网内部都需要不同的安全路由技术。

8.2.2 网络传输方面

装备保障中物联网系统的网络层主要用于把感知层收集到的信息安全可靠地传输到信息服务支撑层，然后根据不同的应用需求进行信息处理，即网络层主要是网络基础设施，包括骨干网、移动网和一些专业网等。在信息传输过程中，可能经过一个或多个不同架构的网络进行信息交接。例如，普通电话座机与军用卫星手机之间的通话就是一个典型的跨网络架构的信息传输实例。在信息传输过程中跨网络传输是很正常的，在军用物联网环境中这一现象更加突出，而且很可能在正常而普通的事件中产生信息安全隐患。

随着信息技术的发展，目前的网络环境遇到前所未有的安全挑战，而物联网网络层所处的网络环境也存安全挑战，甚至难度远高于一般。由于不同架构的网络需要相互联通，因此在跨网络架构的安全认证等方面会面临更大挑战。初步分析认为，军事物联网网络层将会遇到下列安全挑战：

（1）DoS 攻击、分布式拒绝服务攻击（Distributed Denial of Service，DDoS）攻击。

（2）假冒攻击、中间人攻击等。

（3）跨异构网络的网络攻击。

（4）女巫攻击、蠕虫洞攻击。

在装备保障物联网系统建设过程中，军事综合信息网、指挥专网、卫星通信网、自组织网等将是其网络层的核心载体，多数信息要经过它们来传输。在这些网络中经常会遇到的 DoS 和 DDoS 仍然存在，因此需要有更好的防范措施和灾难恢复机制。考虑到军事装备物联网系统所连接的终端设备性能和对网络需求的巨大差异，对网络攻击的防护能力也会有很大差别，因此很难设计通用的安全方案，而应针对不同网络性能和网络需求有不同的防范措施。

在网络层，异构网络的信息交换将成为安全性的脆弱点，特别在网络认证方面，难免存在中间人攻击、异步攻击、合谋攻击等攻击类型。另外，女巫攻击会大大降低路由协议中多径选路的效果,对分布式数据存储、路由、数据融合等都会造成影响。蠕虫洞攻击可以将不同分区里的节点距离拉近,使彼此成为邻居节点,破坏网络正常分区。这些攻击都必须要有更高的安全防护措施才能较好地抵御。

如果与互联网、移动网以及其他一些民用网络的安全需求相比较,装备保障物联网网络层对安全的需求可以概括为以下几点。

(1) 数据机密性:需要保证数据在传输过程中不泄露其内容。

(2) 数据完整性:需要保证数据在传输过程中不被非法篡改,或者非法篡改的数据容易被检测出。

(3) 数据流机密性:某些应用场景需要对数据流量信息进行保密。目前,只能提供有限的数据流机密性。

(4) DDoS 攻击的检测与预防:DDoS 攻击是网络中最常见的攻击现象,在装备保障物联网中将会更加突出。装备保障物联网中需要解决的问题还包括如何对脆弱节点的 DDoS 攻击进行防护。

(5) 移动网中认证与密钥协商(Authentication and Key Agreement, AKA)机制:不同无线网络使用该机制检验网络的一致性或兼容性,并进行跨域认证和跨网络认证。

8.2.3 服务支撑方面

装备保障中物联网系统的控制层是信息到达智能处理平台的处理过程,包括如何从网络中接收信息。在从网络中接收信息的过程中,需要判断哪些信息是真正有用的信息,哪些是垃圾信息甚至是恶意信息。在来自网络的信息中,有些属于一般性数据,用于某些应用过程的输入,而有些可能是操作指令。在这些操作指令中,可能存在由于某些原因造成的错误指令(如指令发出者的操作失误、网络传输错误、遭到恶意修改等),或者是攻击者的恶意指令。如何通过密码技术等手段甄别出真正有用的信息,又如何识别并有效防范恶意信息和指令带来的威胁是物联网服务支撑层面临的重大安全挑战。

基于物联网技术的装备保障系统需要处理的军事信息是海量的,需要处理的平台也是分布式的。当不同性质的数据通过一个处理平台处理时,该平台需要多个功能各异的处理平台协同处理。但首先应该知道将哪些数据分配到哪个处理平台,因此对数据分门别类是必需的。同时,安全的要求使得许多信息都是以加密形式存在的,如何快速有效地处理海量加密数据是智能处理阶段遇到的一个重大挑战。

计算机技术的智能处理过程较人类的智力来说还是有本质区别的,但计算机的智能判断在速度上是人类智力判断所无法比拟的,由此,人们必然期望物联网环境的智能处理在智能水平上能够不断提高,而且不需要用人的智力去代替。但是,只要智能处理过程存在,攻击者就可能有机会躲过智能处理过程的识别和过滤,从而达到攻击目的。在这种情况下,智能与低能相当。因此,物联网系统的服务支撑需要高智能的处理机制。

如果智能水平很高,那么就可以有效识别并自动处理恶意数据和指令。但再好的智能也存在失误的情况,特别在装备保障环境复杂、自动处理过程的数据量非常庞大的情况下,失误的情况还是很多。在处理发生失误而使攻击者攻击成功后,如何将攻击所造成的损失降到最低程度,并尽快从灾难中恢复到正常工作状态,是物联网智能控制和服务支撑的另一重要问题,也是一个重大挑战。

服务支撑层虽然使用智能的自动处理手段,但也允许人为干预,而且是必需的。人为干预可能发生在智能处理过程无法作出正确判断的时候,也可能发生在智能处理过程有关键中间结果或最终结果的时候,还可能发生在其他任何原因而需要人为干预的时候。人为干预的目的是使服务支撑层更好地工作,但也有例外,那就是实施人为干预的人试图实施恶意行为时。来自人的恶意行为具有很大的不可预测性,防范措施除了技术辅助手段外,更多地需要依靠管理手段。因此,物联网服务支撑层的信息保障还需要科学管理手段。

智能处理平台的大小不同,大的可以是高性能工作站,小的可以是移动设备,如手持识别终端等。工作站的威胁是内部人员恶意操作,而移动设备的一个重大威胁是丢失。移动设备不仅是信息处理平台,而且其本身通常携带大量的重要机密信息,因此,如何降低作为处理平台的移动设备丢失所造成的损失是重要的安全挑战之一。

8.2.4 系统应用方面

系统应用层设计的是综合的或有个体特性的具体应用业务,它所涉及的某些安全问题通过前面几个逻辑层的安全解决方案可能仍然无法解决。物联网的数据共享有多种情况,涉及不同权限的数据访问。此外,在应用层还将涉及计算机取证、计算机数据销毁等安全需求和相应技术。装备保障中的物联网技术应用广泛,涉及各保障领域,其应用安全问题除了现有通信网络中出现的业务滥用、重放攻击、应用信息的窃听和篡改等安全问题外,还存在更为特殊的应用安全问题及危害。概括起来,应用层的安全挑战和安全需求主要来自以下几个方面:

(1) 如何根据不同访问权限对同一数据库内容进行筛选。
(2) 如何解决信息泄露追踪问题。

(3) 如何进行计算机取证。

(4) 如何销毁计算机数据。

由于装备保障中物联网系统需要根据不同应用需求对共享数据分配不同的访问权限，而且不同权限访问同一数据可能得到不同的结果。例如，借助无人机实施的道路交通监控视频数据在用于平时或战时装备物资运输时只需要很低的分辨率，因为装备物资运输需要的是道路交通的大概情况；当用于战场封锁时就需要清晰一些，因为需要知道各条道路的实际交通情况，以便能及时发现哪里易于遭敌突破，哪里易于发生交通事故，以及交通事故的基本情况等；当用于前沿侦查时可能需要更清晰的图像，以便能准确识别敌指挥所、装备型号、保障编组等信息。因此，如何以安全方式处理信息是应用中的一项挑战。

无论平时还是战时物联网系统的运行过程中，敌方无时无刻不在觊觎我军的各类军事秘密信息。期间，无论采取什么技术措施，都难免会遭受敌方发起的恶意攻击行为。而这就需要从技术上积极搜寻敌方恶意攻击的蛛丝马迹，运用计算机及时取证，掌握敌方攻击的手段、方法和目的，变被动为主动。当然这势必存在一定的技术难度，主要是因为计算机平台种类太多，包括多种计算机操作系统、虚拟操作系统、移动设备操作系统等。与计算机取证相对应的是数据销毁。数据销毁的目的是销毁那些在密码算法或密码协议实施过程中所产生的临时中间变量，一旦密码算法或密码协议实施完毕，这些中间变量将不再有用。但这些中间变量如果落入攻击者手里，可能为攻击者提供重要的参数，从而增大成功攻击的可能性。因此，这些临时中间变量需要及时安全地从计算机内存和存储单元中删除。计算机数据销毁技术不可避免地会给计算机入侵提供有用信息销毁工具，从而增大计算机反入侵的难度。因此，如何处理好计算机反入侵和计算机数据销毁这对矛盾是一项具有挑战性的技术难题，也是军事物联网应用中需要解决的问题。

8.3 安全机制

针对不同的应用，物联网对于安全机制的要求也不同。例如，在平时装备保障工作应用上，军事物联网所处的环境较好，因此对于安全机制的要求标准可能降低。相对而言，战时应用于战场装备保障工作的物联网系统则要求具备非常严格的安全机制。在普通网络中安全目标往往包括数据的保密性、完整性和可用性三个方面，但是由于装备保障物联网系统中网络节点的特殊性，以及应用环境的特殊性，使其安全目标略有不同。鉴于物联网面临的诸多威胁，结合对网络整体安全性能的要求，需要具备相应的安全机制。

8.3.1 感知层安全机制

在对传感网的安全威胁有较好把握后,就容易建立起行之有效的安全机制。在传感网内部,需要有效的密钥管理机制,用于保障传感网内部通信的安全。在认证的基础上完成密钥协商是建立会话密钥的必要步骤。安全路由和入侵检测等也是传感网应具有的性能。

1. 传感节点认证机制

当传感数据共享时需进行节点认证,以确保非法节点不能接入。节点认证问题可通过对称密码或非对称密码方案来解决。使用对称密码认证方案需要预置节点间的共享密钥,该方案消耗网络节点的资源较少、效率高,因此被多数传感网选用。而使用非对称密码技术的传感网一般具有较好的计算和通信能力,并且对安全性有更高的要求。

2. 密钥协商机制

密钥协商是指两个或多个实体通过协商共同建立会话密钥,任何一个参与者均会对结果产生影响,不需要任何可信的第三方。部分传感网内部节点在进行数据传输前需要预先协商会话密钥。

3. 临时会话密钥机制

临时会话密钥是为保证安全通信会话而随机产生的加密和解密密钥,在节点认证的基础上完成密钥协商是建立会话密钥的必要步骤,临时会话密钥共同保证了传感网通信的机密性。

4. 信誉评估机制

信誉评估可通过收集和分析网络行为、安全日志、审计数据和传感网中关键节点的信息,从中发现网络或系统中是否有违反安全策略的行为和被攻击的迹象。

5. 安全路由机制

对传感网路由协议的攻击主要有两种:一种是直接篡改数据,另一种是改变网络的拓扑结构。从维护安全路由的角度出发,应寻找尽可能安全的路由,以保证网络的安全。目前,可采用的方法有多路径算法和双重安全路由算法等。

8.3.2 网络层安全机制

网络层的安全机制可分为端到端机密性和节点到节点机密性。对于端到端机密性,需要建立如下安全机制:端到端认证机制、端到端密钥协商机制、密钥管理机制和机密性算法选取机制等。在这些安全机制中,根据需要可以增加数据完整性服务。对于节点到节点机密性,需要节点间的认证和密钥协商协议,这类协议要重点考虑效率因素。机密性算法的选取和数据完整性服务则可以根据需求选取或省略。考虑到跨网络架构的安全需求,需要建立不同网络环境的认证衔接机制。另外,根据执行层的不同需求,网络传输模式可能区分为单播通信、组播通信和广播通信,针对不同类型的通信模式也应该有相应的认证机制和机密性保护机制。简言之,网络层的安全机制主要包括以下几个方面。

1. 网络节点认证机制

网络层中的节点认证包括点到点的认证和端到端的认证。端到端与点到点是针对网络中传输两端设备间的关系而言的。端到端指的是在数据传输前,经过各种交换设备,在两端设备间建立一条链路,就像它们是直接相连的一样,链路建立后,发送端就可以发送数据,直至数据发送完毕,接收端确认接收成功。点到点指的是发送端把数据传给与它直接相连的设备,这台设备在合适时又把数据传给与之直接相连的下一台设备,通过一台台直接相连的设备,把数据传到接收端。可通过"身份认证码统一发放、分布式认证"方案保证物联网网络层节点的安全认证。

2. 数据传输安全机制

数据传输安全是指数据在传输过程中必须要确保数据的安全性、完整性和不可篡改性。可通过对传输中的数据流进行加密来防止通信线路上的窃听、泄露、篡改和破坏,而数据传输的完整性通常通过数字签名的方式来实现。

3. 密钥管理机制

密钥管理是指处理密钥从产生到最终销毁的整个过程中的有关问题,包括系统的初始化,以及密钥的产生、存储、备份/恢复、导入、分配、保护、更新、泄露、撤销和销毁等内容。网络层密钥管理可通过公钥基础设施技术和密钥协商来保证军事物联网网络层信息的通信安全。

4. 攻击检测与预防机制

攻击检测与预防主要针对 DDoS 攻击,它是指一个或处于不同位置的多个攻击者控制位于不同位置的多台主机同时向一个或数个目标发起拒绝服务攻击,预防方法包括定期扫描、在骨干节点配置防火墙、用足够的机器承受黑客攻击、充分利用网络设备保护网络资源、过滤不必要的服务和端口、检查访问者的来源等。

5. 异构网融合机制

随着无线网络的快速发展,网络模式纷繁复杂,各种模式之间的不兼容性导致网络无法有效融合。基于软件无线电的认知无线网络可以很好地解决以上问题。建立可认知、可重构的无线网络系统对于降低网络建设难度、优化网络部署,以及提高网络安全等方面都有重要的作用。为保证整个网络传输的安全性,需要深入研究异构网安全技术,如异构网络安全路由协议、接入认证技术、入侵检测技术、加解密技术、节点间协作通信技术等。

8.3.3 支撑层安全机制

物联网的支撑层主要用于将 RFID、传感器所感知的信息收集起来,通过数据挖掘等手段从这些原始信息中提取有用信息,为系统决策提供信息支持。安全机制包括认证机制和密钥管理机制、数据安全机制、智能处理机制、入侵检测机制、病毒检测机制、灾难恢复系统机制、移动设备文件的可备份和恢复机制。

1. 认证机制和密钥管理机制

装备保障中物联网支撑服务安全机制的首要任务是通过建立可靠的认证机制和密钥管理机制来判断信息的真实性与有效性。其中,密钥管理机制包括公钥基础设施和对称密钥的有机结合机制。

2. 数据安全机制

物联网服务支撑中的数据安全主要强调为数据处理提供高强度的数据机密性和完整性服务。数据机密性保护可通过访问控制来实现,即只有授权实体才能访问信息。数据完整性可通过数据标签、数据加密、纠错码、检错码等方法来实现。

3. 智能处理机制

可靠的高智能处理手段和方法是实现物联网服务支撑安全的关键。智能信息处理的方法包括信息融合技术、人工神经网络技术、专家系统,以及它们的综合集成。

4. 入侵检测机制

入侵检测可在不影响网络性能的情况下对网络进行监测,从而提供对内部攻击、外部攻击和误操作的实时保护,以及对恶意指令进行分析和预防。可通过执行以下任务来实现入侵检测:监视、分析用户及系统活动;系统构造和弱点审计;识别反映已知进攻的活动模式并向相关人员报警;异常行为模式的统计分析;评估重要系统和数据文件的完整性;操作系统的审计跟踪管理,并识别用户反安全策略行为等。

5. 病毒检测机制

在与病毒的对抗中,尽早发现并及时处理病毒是保证应用控制安全和降低损失的有效手段,病毒检测方法有特征代码法、校验和法、行为检测法和软件模拟法等。

6. 灾难恢复机制

灾难恢复机制能避免由于各种软/硬件故障、人为误操作和病毒侵袭等所造成的损失,并且在发生大范围灾害性突发事件时,充分保护系统中有价值的信息,保证系统仍能正常工作。设计一个灾难恢复系统需要考虑多方面因素,包括备份/恢复的范围、在用系统和备份系统之间的距离与连接方法、灾难发生时系统要求的恢复速度及能容忍丢失的数据量、备份系统的管理等。

7. 移动设备文件的可备份和恢复机制

由移动设备丢失所导致的安全隐患可通过移动设备文件(包括秘密文件)的可备份和恢复来解决。与传统的文件备份系统相比,基于差异的远程文件备份与恢复方法能显著减少网络流量,大幅提升备份与恢复的效率,更加适合在军事物联网环境下应用。该方法利用快照技术在客户端维持文件的新旧两个版本,计算这两个版本之间的差异,形成文件差异集,将其传输到备份中心后重放该差异集,生成新的备份文件副本,即可完成远程文件备份。当遇到灾难时,文件备份中心可为用户恢复其备份的文件到客户端,最大限度地降低由移动设备丢失所造成的损失。

8.3.4 应用层安全机制

装备保障中物联网系统应用层承担的主要是综合的或有个体特性的具体业务应用系统,一系列的安全防护需要相应的安全机制予以保障。概括起来,应用层的安全机制包括访问控制机制、涉密信息保护机制、计算机取证机制和数据销毁机制。

1. 访问控制机制

访问控制是按用户身份及其所归属的某预定义组来限制用户对某些信息项的访问,或者限制用户对某些控制功能的使用。采用可靠的访问控制机制是数据库系统安全乃至物联网系统安全的必要保证。目前,主流的访问控制技术有自主访问控制、强制访问控制、基于角色的访问控制等。为了满足物联网环境下的复杂安全要求,新的访问控制技术——使用控制为物联网系统提供了一个新的智能基础。使用控制集合了前三者所有的优点,并可利用可变性和连续性为系统安全提供可靠保证。

2. 涉密信息保护机制

保护涉密信息是物联网安全的重要内容,可通过以下几个方面健全涉密信息保护机制:①开发新技术,从技术上为军事物联网涉密信息提供一个安全环境,保证涉密信息在网络传输中的完整性、保密性;②完善有关网上涉密信息使用规定,限制军事活动中个人对系统涉密信息的收集与利用;③加强个人信息安全保密教育,增强个人和单位安全保密意识。④制定统一的规章制度,严格区分训练与作战,平时与战时的使用权限。

3. 计算机取证机制

计算机取证机制是指使用软件和工具,按照一些预先定义的程序全面地检查应用系统,以发现敌方窃密和恶意攻击行为。现有的取证技术主要是基于获取的物理存储介质,并对磁盘中删除数据进行恢复、关键字型证据搜索、文件内容显示等。

4. 数据销毁机制

数据销毁是指采用各种技术手段将计算机存储设备中的数据予以彻底删除,避免非授权用户利用残留数据恢复原始数据信息,以达到保护关键数据的目的。主要的数据销毁技术包括数据删除、数据清理、物理销毁等。军事物联网环境下的数据销毁还应注意以下两个问题:一是必须严格执行有关标准;二是要注意销毁备份数据。

8.4 安全技术

由于装备保障中物联网系统连接和处理对象主要是装备或装备以外物体的相关数据,涉及国防和军事安全,这一显著特性导致物联网的信息安全要求要比民用物联网、互联网的要求高得多,对"隐私权"的保护要求也更为严格。此外,还有可信度问题,包括"防伪"和 DoS 侵入系统,造成真正的末端无法使用等,由此针对装备保障物联网系统的安全需求,应当采用成熟的安全技术,搭建有效的安全技术框架,对不同的层级实施保护。

装备保障中物联网应用集成了 RFID 技术、无线传感器网络技术等多种感知层高新技术,而各种高新技术本身并不是天衣无缝的,因此物联网在感知层存在着各种安全隐患和漏洞亟待解决。在网络层,物联网采用的仍是传统的各种网络技术,传统的网络信息安全问题依然束缚着物联网的推广应用。军事活动的特殊性致使在军事应用中物联网一定应具有更高的安全性、保密性、可靠性要求,使得系统的实现难度也随之加大。因此,除要解决传统网络的安全问题外,物联网军事应用还面临一些新涌现出的信息安全技术挑战。

信息安全的内涵在不断地延伸,从最初的信息保密性发展到信息的完整性、可用性、可控性和不可否认性,进而又发展为"攻(攻击)、防(防范)、测(检测)、控(控制)、管(管理)、评(评估)"等多方面的基础理论和实施技术。从信息安全工程的实际经验来看,安全技术是解决安全问题的关键。可以毫不夸张地说:没有信息安全技术就没有信息安全。因此,要构建一个完善的物联网军事应用安全保障体系,就要在横向逐层确保安全的基础上,纵向仍要贯彻执行完整的安全标准规范和强效的安全组织管理。

8.4.1 感知层安全技术

在物联网的感知层,需要考虑传感网(包括无线传感网、RFID 网络等)本身的安全性,以及对接入网络的实体进行身份认证。对于传感网本身的安全性,除了要防范传感器节点遭受物理攻击外,在传感网内部还需要强有效的密钥管理机制,包括轻量级密码算法、轻量级密码协议、可设定安全等级的密码技术等,用于保障传感网内部通信的安全。传感网内部的安全路由、联通性解决方案等都可以相对独立地使用。由于传感网类型的多样性,很难统一要求有哪些安全服务,但机密性和认证性是必须保证的。机密性可以通过在通信时建立一个临时会话密钥实现,认证性可以通过对称密码或非对称密码方案解决。在认证的基础上完成密钥协商是建立会话密钥的必要步骤。身份认证则是对接入网络的实体进行级别、权限等的验证,保证其接入网络后不能进行非法操作。综上所述,在感知层涉及身份认证技术、RFID 的安全、边界防护技术和信息加密技术等安全技术。

1. 身份认证技术

身份认证技术是在计算机网络中确认操作者身份的过程中产生的解决方法。计算机网络世界中的一切信息,包括用户的身份信息都是用一组特定的数据来表示的,计算机只能识别用户的数字身份,所有对用户的授权也是针对用户数字身份的授权。保证以数字身份进行操作的操作者就是这个数字身份的合法拥有者,也就是说保证操作者的物理身份与数字身份相对应至关重要,身份认证技术就是解决这一问题的。作为防护网络资产的第一道关口,身份认证有着举足轻重的作用。军用计算机网络安全认证要求严、规格高,对操作者使用军事信息起着首要的防范作用。

在真实世界,对用户进行身份认证的基本方法分为以下三种:

(1) 根据所知道的信息来证明身份。
(2) 根据所拥有的东西来证明身份。
(3) 直接根据独一无二的身体特征来证明身份,如指纹、面部特征等。

网络世界中的手段与真实世界中一致,为了达到更高的身份认证安全性,某些场景会将上面三种方法选择两种混合使用,即双因素认证。常见的认证形式有以下几种:

(1) 静态密码:用户的密码是由用户自己设定的。在网络登录时输入正确的密码,计算机就认为操作者是合法用户。实际上,由于许多用户为了防止忘记密码,经常采用诸如生日、电话号码等容易被猜测的字符串作为密码,这样很容易造成密码泄露。如果密码是静态的数据,在验证过程中,需要在计算机内存中暂存,其传输过程可能会被木马程序截获。因此,静态密码机制无论是使用还是部署都非常简单,但从安全性上讲,用户/密码方式是一种不安全的身份认证方式。

(2) 智能卡(IC卡):一种内置集成电路的芯片,芯片中存有与用户身份相关的数据,智能卡由专门的厂商通过专门的设备生产,是不可复制的硬件。智能卡由合法用户随身携带,登录时必须将智能卡插入专用的读卡器读取其中的信息,以验证用户的身份。智能卡认证通过智能卡硬件不可复制来保证用户身份不会被仿冒。然而,由于每次从智能卡中读取的数据是静态的,通过内存扫描或网络监听等技术还是很容易截取到用户的身份验证信息,因此还是存在安全隐患的。

(3) 动态口令牌:目前,最为安全的身份认证方式,也是一种动态密码。动态口令牌是用户使用手持动态密码生成终端生成密码,主要采用基于时间同步方式,每60s变换一次动态口令,口令一次有效,它产生6位动态数字进行一次一密的方式认证。由于它使用起来非常便捷,85%以上的世界500强企业都运用它保护登录安全,广泛应用在虚拟专用网络(Virtual Private Network,VPN)、网上银行、电子政务、电子商务等领域。

(4) USB Key:基于USB Key的身份认证方式是近几年发展起来的一种方便、安全的身份认证技术。它采用软硬件相结合、一次一密的强双因子认证模式,很好地解决了安全性与易用性之间的矛盾。USB Key是一种USB接口的硬件设备,它内置单片机或智能卡芯片,可以存储用户的密钥或数字证书,利用USB Key内置的密码算法实现对用户身份的认证。基于USB Key身份认证系统主要有两种应用模式:一是基于冲击/响应的认证模式;二是基于Pied体系的认证模式,目前运用在电子政务、网上银行。

(5) 生物识别技术:通过可测量的身体或行为等生物特征进行身份认证的一种技术。生物特征是指唯一的可以测量或可自动识别和验证的生理特征或行为方式。生物特征分为身体特征和行为特征两类。身体特征包括指纹、掌型、视网膜、虹膜、人体气味、脸型、手的血管和DNA等;行为特征包括签名、语音、行走步态等。目前,部分学者将视网膜识别、虹膜识别和指纹识别等归为高级生物识别技术,将掌型识别、脸型识别、语音识别和签名识别等归为次级生物识别技术,将血管纹理识别、人体气味识别、DNA识别等归为"深奥的"生物识别技术,指纹识别技术目前应用广泛的领域有门禁系统、微型支付等。随着军事应用领域对保密性要求的不断提高,该技术将在军事领域得到广泛使用。

(6) 双因素身份认证:双因素是将两种认证方法结合起来,进一步加强认证的安全性,目前使用最为广泛的双因素有动态口令牌+静态密码、USB Key+静态密码、二层静态密码等。

2. RFID 的安全

物联网军事应用中,无线传感网远远不能满足军事应用需求,RFID 技术伴随着物联网应用的深入,已经在多个领域得到了广泛应用。由于信息安全问题的存在,RFID 应用尚未普及到最为重要的关键应用领域中。没有可靠的信息安全机制,就无法有效保护整个 RFID 系统中的数据信息,如果信息被窃取或被恶意更改,则可能给使用 RFID 技术的军事单位、政府机构和个人带来无法估量的损失。特别是对于没有可靠安全机制的电子标签,将极有可能被邻近的读写器窃取敏感信息,存在被干扰、被跟踪等安全隐患。

目前,RFID 的主要应用领域对隐私性要求不高,对于安全、隐私问题的注意太少,很多用户对 RFID 的安全问题尚处于比较漠视的阶段。很少有人抱怨部署 RFID 可能带来的安全隐患,尽管使用单位和供应商都意识到安全问题,但并没有把这个问题放到首要议程上,而是把重心放在了 RFID 的实施效果和采用 RFID 所带来的投资回报上。然而,由于 RFID 技术具有巨大的潜在破坏能力,如果不能很好地解决 RFID 系统的安全问题,物联网在军事领域中的应用扩展将受到极大的消极影响,未来遍布全球各地的 RFID 系统安全可能会像现在的网络安全难题一样考验人们的智慧。

一种比较完善的 RFID 系统解决方案应当具备机密性、完整性、可用性和真实性等基本特征。

(1) 机密性。一个 RFID 电子标签不应当向未授权读写器泄露任何敏感的信息,在许多应用中,RFID 电子标签中所包含的信息关系到消费者的隐私,这些数据一旦被攻击者获取,消费者的隐私权将无法得到保障,因而一个完备的 RFID 安全方案必须能够保证电子标签中所包含的信息仅能被授权读写器访问。

(2) 完整性。在通信过程中,数据完整性能够保证接收者收到的信息在传输过程中没有被攻击者篡改或替换。

(3) 可用性。RFID 系统的安全解决方案所提供的各种服务能够被授权用户使用,并能够有效防止非法攻击者企图中断 RFID 系统服务的恶意攻击。

(4) 真实性。电子标签的身份认证在 RFID 系统的许多应用中是非常重要的。攻击者可以伪造电子标签,也可以通过某种方式隐藏标签,使读写器无法发现该标签,从而成功地实施物品转移,读写器通过身份认证才能确信正确的电子标签。

为实现上述安全目标,RFID 系统必须在电子标签资源有限的情况下实现具有一定安全强度的安全机制。受低成本 RFID 电子标签中资源有限的影响,一些高强度的公钥加密机制和认证算法难以在 RFID 系统中实现。目前,国内外针对低成本RFID安全技术进行了一系列研究,并取得了一些有意义的成果。①访问控制方面:为防止RFID电子标签内容的泄露,保证仅有授权实体才可以读取和处理相关标签上的信息,必须建立相应的访问控制机制。②标签认证方面:为防止电子标签内容的滥用,必须在通信之前对电子标签的身份进行认证。目前,学术界提出了多种标签认证方案,这些方案充分考虑了电子标签资源有限的特点。③消息加密方面:现有读写器和标签之间的无线通信在多数情况下是以明文方式进行的,由于未采用任何加密机制,因而攻击者能够获取并利用RFID电子标签上的内容。国内外学者为此提出了多种解决方案,旨在解决RFID系统的机密性问题。

3. 边界防护技术

边界防护技术是防止外部网络用户以非法手段进入内部网络,访问内部资源,保护内部网络操作环境的安全技术,典型的有防火墙技术和入侵检测技术。

(1) 防火墙技术。防火墙技术是指隔离在内部网络与外界网络之间的一道防御系统的总称。在军用网络上防火墙是一种非常有效的网络安全模型,通过它可以隔离风险区域与安全区域的连接,同时不会妨碍人们对风险区域的访问。防火墙可以监控进出网络的通信量,仅让安全、核准的信息进入,同时又抵制对内部军事网络构成威胁的数据。目前的防火墙主要有包过滤防火墙、代理防火墙和双穴主机防火墙三种类型,并在军用计算机网络上得到了广泛的应用。

随着安全问题上的失误和缺陷日渐增多,对网络的入侵不仅来自高超的攻击手段,也有可能来自配置上的低级错误或不合适的口令选择。防火墙的作用是防止不希望的、未授权的通信进出被保护的网络。其可以达到的目的:一是可以限制他人进入内部网络,过滤掉不安全服务和非法用户;二是防止入侵者接近你的防御设施;三是限定用户访问特殊站点;四是为监视军事网络安全提供方便。由于防火墙假设了网络边界和服务,因此更适合于相对独立的网络。

(2) 入侵检测技术:随着网络安全风险系数不断提高,作为对防火墙有益的补充,入侵检测系统(Intrusion Detection Systems,IDS)能够帮助网络系统快速发现攻击的发生,它扩展了系统管理员的安全管理能力(包括安全审计、监视、进攻识别和响应),提高了信息安全基础结构的完整性。

入侵检测系统是对网络活动进行实时监测的专用系统,处于防火墙之后,可以和防火墙及路由器配合工作,用来检查一个LAN网段上的所有通信,记录和禁止网络活动,可以通过重新配置来禁止从防火墙外部进入的恶意流量。入侵检测系统能够对网络上的信息进行快速分析或在主机上对用户进行审计分析,通过集中控制台来管理、检测。

理想的入侵检测系统的功能主要有:

① 用户和系统活动的监视与分析。
② 系统配置及其脆弱性分析和审计。
③ 异常行为模式的统计分析。
④ 重要系统和数据文件的完整性监测和评估。
⑤ 操作系统的安全审计和管理。
⑥ 入侵模式的识别与响应,包括切断网络连接、记录事件和报警等。

本质上,入侵检测系统是一种典型的"窥探设备"。它不跨接多个物理网段(通常只有一个监听端口),无须转发任何流量,而只需要在网络上被动地、无声息地收集它所关心的报文即可。目前,IDS 分析及检测入侵阶段一般通过特征库匹配、基于统计的分析和完整性分析三种技术手段进行分析。其中前两种方法用于实时的入侵检测,而完整性分析则用于事后分析。

各种相关网络的黑客和病毒攻击都是依赖网络平台进行的,而如果在网络平台上就能切断黑客的攻击和病毒的传播途径,那么就能更好地保证安全。这样,就出现了网络设备与 IDS 设备的联动。IDS 与网络交换设备联动,是指交换机或防火墙在运行的过程中,将各种数据流的信息上报给安全设备,IDS 系统可根据上报信息和数据流内容进行检测,在发现网络安全事件时进行有针对性的动作,并将这些对安全事件反应的动作发送到交换机或防火墙上,由交换机或防火墙来实现精确端口的关闭和断开,这就是入侵防御系统(Intrusion Prevention System,IPS)。IPS 技术是在 IDS 监测的功能上又增加了主动响应的功能,力求做到一旦发现有攻击行为,立即响应,主动切断连接。

4. 数据加密技术

信息加密的目的是保护网内的数据、文件、口令和控制信息,保护网上传输的数据。数据加密技术主要分为数据传输加密技术和数据存储加密技术。数据传输加密技术主要是对传输中的数据流进行加密,常用的有链路加密、节点加密和端到端加密三种方式。链路加密的目的是保护网络节点之间的链路信息安全,节点加密的目的是对源节点到目的节点之间的传输链路提供保护,端到端加密的目的是对源端用户到目的端用户的数据提供保护。在保障信息安全各种功能特性的诸多技术中,密码技术是信息安全的核心和关键技术,通过数据加密技术,可以在一定程度上提高数据传输的安全性,保证传输数据的完整性。一个数据加密系统包括加密算法、明文、密文及密钥,密钥控制加密和解密过程,加密系统的全部安全性是基于密钥的,而不是基于算法,所以加密系统的密钥管理是一个非常重要的问题。数据加密过程就是通过加密系统把原始的数字信息(明文)按照加密算法变换成与明文完全不同的数字信息(密文)的过程。

数据加密算法有很多种,密码算法标准化是信息化社会发展的必然趋势,是世界各国保密通信领域的一个重要课题。按照发展进程,数据加密经历了古典密码、对称密钥密码和公开密钥密码阶段。古典密码算法有替代加密、置换加密;对称加密算法包括数据加密算法(Data Encryption Algorithm,DES)和先进加密标准(Advanced Encryption Standard,AES);非对称加密算法包括RSA、背包密码、McEliece密码、Rabin、椭圆曲线、ElGamal算法等。目前,在数据通信中使用最普遍的算法有DES算法、RSA算法和PGP(Pretty Good Privacy)算法。

根据收发双方密钥是否相同,可以将加密算法分为常规密码算法和公钥密码算法。在常规密码中,收信方和发信方使用相同的密钥,即加密密钥和解密密钥是相同或等价的。常规密码的优点是具有很强的保密强度,且经受得住时间的检验和攻击,但其密钥必须通过安全的途径传送。在公钥密码中,收信方和发信方使用的密钥互不相同,而且几乎不可能从加密密钥推导出解密密钥。最有影响的公钥密码算法是RSA,它能抵抗到目前为止已知的所有密码攻击。在实际应用中通常将常规密码和公钥密码结合在一起使用,利用DES或IDEA来加密信息,而采用RSA来传递会话密钥。

8.4.2 接入层安全技术

装备保障中物联网系统接入层主要完成节点的接入控制,信息的汇聚、融合,以及向各末梢节点转发数据等功能。要确保感知层采集到的数据安全完整地汇聚起来,通过传输层传递到服务层和应用层,接入层必须有安全可靠的路由协议,保证原始数据可以安全顺畅地进行汇聚、融合。接入层涉及的安全技术有很多,下面将侧重从安全路由协议方面进行阐述。

1. 传感网安全路由协议

无线传感器网络中,无线通信的广播本质导致其更易受到窃听、篡改等攻击;面临来自内部或外部节点的攻击,节点能量和通信能力不断变化,导致节点之间的信任关系随之变化。这些安全威胁导致无线传感器网络系统存在诸多脆弱性。在无线传感器网络业务向军事应用不断迈进的过程中,出现诸多关键性、敏感性数据传输任务或者在敌对的、无人值守的环境中工作的场景,设计路由协议时考虑有效的安全可信机制就显得十分必要。

随着无线传感器网络中高机密或高敏感度数据传输业务的日益增多,设计适应这些场景的路由协议就必须权衡考虑能耗和安全约束的关系。目前,针对上述各攻击类型,适用无线传感器网络的安全路由协议较少,典型的基于安全的路由协议有SPINS(Security Privacy in Sensor Network)协议、TRANS(Trust Routing for Location – Aware Sensor Networks)协议、INSENS(Intrusion – Tolerant Routing in Wireless Sensor Networks)协议等。

2. SPINS 协议

SPINS 协议是一种通用的传感器网络安全协议,为建立无线传感器网络安全通信提供了 SNEP(Secure Network Encryption Protocol) 和 μTESLA(Micro Timed Efficient Streaming Loss-tolerant Authentication Protocol) 两个安全基础协议。SNEP 提供了数据机密性、双向数据认证和数据实时性(Data Freshness)。通过在通信双方采用两个同步的计数器,并运用于加密和消息认证码(Message Authentication Code, MAC)计算中,从而获得了数据机密性(满足语义安全)、数据认证、完整性及重放保护功能,并具有较低的通信开销。该协议还通过发送者在请求报文中向接收者发送一个不重复随机数,并在接收者应答报文的 MAC 计算中纳入该随机数而实现了强新鲜性,可用于时间同步。μTESLA 是一个在资源受限情况下提供认证广播的协议。该协议通过应用对称密钥算法来实现认证广播,是在 TESLA 协议基础上进行了扩展和适用性改造得到的协议,更能满足资源高度受限的无线传感器网络。

SPINS 协议还分别利用 SNEP 和 μTESLA 协议实现了路由认证方案和安全的点到点密钥协商,而且具有较低的计算、存储和通信开销。

3. TRANS 协议

TRANS 协议是一个建立在地理路由协议之上的安全机制,为无线传感器网络中隔离恶意节点和建立信任路由提出了一个以位置为中心的体系结构。TRANS 的主要思想是使用信任概念来选择安全路径和避免不安全位置。假定目标节点使用松散的时间同步机制来认证所有的请求,每个节点为其邻居位置预置信任值,一个可信任的邻居是指能够解密请求且有足够信任值的节点,这些信任值由基站(Sink 节点)或其他中间节点负责记录。基站(Sink 节点)仅将信息发给它可信任的邻居,这些邻居节点转发数据包给它最靠近目标节点可信任的邻居,这样信息包沿着信任节点到达目的地。每一个节点基于信任参数计算其邻居位置的信任值,当某信任值低于指定的信任阈值,在转发信息包时就避过该位置。

协议的大部分操作是在基站(Sink 节点)完成的,这样可以减轻传感器节点的负担。

4. INSENS 协议

INSENS 协议是一种面向无线传感器网络的安全入侵容忍路由协议。该协议能够为 WSN 安全有效地建立树结构的路由。整个过程分为三个阶段:

(1)基站广播路由请求包。

(2)每个节点单播一个包含邻近节点拓扑信息的路由回馈信息包。

(3)基站验证收到的拓扑信息,然后单播路由表到每个传感器。

协议结合有效的单向散列链去阻止入侵者发起泛洪攻击。内嵌的 MAC 可以唯一安全地把一个 MAC 与某个节点、某个路径和特定的单向散列函数链（One-way Hash Function Chain，OHC）号相关联，因此可以防御通过虫洞的重放攻击。该协议借鉴了 SPINS 协议的某些思想。例如，利用类似 SNEP 的密码 MAC 来验证控制数据包的真实性和完整性，密码 MAC 是验证发送到基站的拓扑信息完整性的关键。它还利用 μTESLA 中单向散列函数链所实现的单向认证机制来认证基站发出的所有信息，这是限制各种拒绝服务攻击和 Rashing 攻击的关键。另外，该协议还通过每个节点只与基站共享一个密钥、丢弃重复报文、速率控制及构建多路径路由等的方法，限制了洪泛攻击，并使得恶意节点所能造成的破坏被限制在局部范围，而不会导致整个网络的断裂或失效。除了采用对称密钥密码系统和单向散列函数这些低复杂度安全机制外，该协议还将路由表计算等复杂性工作从传感器节点转移到资源相对丰富的基站(Sink 节点)进行，以解决节点资源约束问题。

8.4.3 网络层安全技术

物联网的网络层主要负责汇聚后信息的传输功能，如装备技术状态信息等。网络层由于基础技术众多，存在大量的潜在威胁，可能会遇到 DoS 攻击、DDoS 攻击和假冒攻击、中间人攻击，以及跨异构网络攻击等安全挑战，因此网络层的安全架构主要包括如下几个方面：

(1) 节点认证、数据机密性、完整性、数据流机密性、DDoS 攻击的检测与预防。

(2) 移动网中 AKA 机制的一致性或兼容性、跨域认证和跨网络认证(基于国际移动用户识别码(International Mobile Subscriber Identity，IMSI))。

(3) 相应密码技术、密钥管理(密钥基础设施和密钥协商)、端对端加密和节点对节点加密、密码算法和协议等。

(4) 组播和广播通信的认证性、机密性和完整性安全机制。

因此，网络层所涉及的信息安全技术至少包括抗拒绝服务攻击技术、密钥管理技术等。

1. 抗拒绝服务攻击技术

拒绝服务攻击是一种技术含量低，但攻击效果明显的攻击方法。受到这样的攻击，服务器在长时间内不能正常地提供服务，使得合法用户不能得到服务。拒绝服务攻击就是使信息或信息系统的被利用价值或服务能力下降或丧失的攻击。

DoS 的攻击方式有很多种，最基本的 DoS 攻击是利用合理的服务请求来占用过多的服务资源,从而使合法用户无法得到服务的响应。物联网军事应用中,各节点所携带的资源十分有限,DoS 攻击给其应用带来了极大的威胁。

由于拒绝服务攻击的种类比较多,对于拒绝服务攻击的防范,首先要认清攻击的种类,进而采取正确的防范方法。例如,对报文洪水攻击,可以减少服务器重发包的次数和等待时间,具体可以通过设置注册表的方法实现;对于 Smurf 攻击,可以采取一些隔离设备,使之不能进行广播,或者对网络进行多个划分,形成多个小的"局域网"来解决这样的攻击;而对于分布式拒绝服务攻击,只有所有用户都尽量修补自己机器的漏洞,调整防火墙策略才能起到防范效果。

2. 密钥管理技术

密钥管理主要包括对称密钥管理和非对称密钥管理,相应地,采取对称加密技术和非对称加密技术。

(1) 对称加密技术。对称加密是基于共同保守秘密原则来实现的。采用对称加密技术的双方必须保证采用的是相同的密钥,要保证彼此密钥的交换安全可靠,同时还要设定防止密钥泄密和更改密钥的程序。

通过公开密钥加密技术实现对称密钥的管理使相应的管理变得简单、安全,解决了对称密钥体制模式中存在的管理、传输的可靠性问题和鉴别问题。通信双方为每次进行交换的数据信息生成唯一一对对称密钥,并使用公开密钥对该密钥进行加密,然后再将加密后的密钥和使用该对称密钥加密的信息一起发送给相应的通信方。

由于对每次信息交换都对应生成了唯一的一把密钥,各通信方就不再需要对密钥进行维护和担心密钥的泄露或过期。这种方式的另一优点是即使泄露了一把密钥也只将影响一次通信,而不会影响通信双方之间所有的通信数据。

这种方式还提供了通信双方发布对称密钥的一种安全途径,因此适用于物联网系统中建立数据业务的双方。

(2) 非对称加密技术。如何安全地将密钥传送给需要接收消息的人是对称密码系统的一个难点,也是公开密钥密码系统的一个优势。公开密钥密码系统的一个基本特征就是采用不同的密钥进行加密和解密。公开密钥可以自由分发而无须威胁私有密钥的安全,但是私有密钥一定要保管好。

由于公钥加密计算复杂,耗用时间长,比常规的对称密钥加密慢很多,所以通常使用公开密钥密码系统来传送密码,使用对称密钥密码系统来实现对话。

8.4.4 服务层安全技术

物联网服务层的重要特征是智能,智能是指对海量数据的智能处理。由于非智能处理手段无法应对海量数据,智能的技术实现便少不了自动处理技术。

但是,智能也仅限于按照一定规则进行过滤和判断,对于恶意数据特别是恶意指令信息的判断能力是有限的,因此,攻击者很容易避开这些规则,正如垃圾邮件过滤一样,多年来一直是一个棘手的问题。故服务层面临的安全挑战如下:

(1) 自超大量终端的海量数据的识别和处理。

(2) 智能变为低能。

(3) 自动变为失控(可控性是信息安全的重要指标之一)。

(4) 灾难控制和恢复。

(5) 非法人为干预(内部攻击)。

(6) 设备(特别是移动设备)的丢失。

为了迎接物联网智能处理层的安全挑战和满足其基本安全需求,应建立的安全框架如下:

(1) 可靠的认证机制。

(2) 完善的安全审计机制。

(3) 可靠的海量数据处理手段。

(4) 恶意指令分析和预防,病毒的检测,访问控制及灾难恢复机制。

(5) 安全多方计算、安全云计算技术等。

(6) 移动设备文件(包括秘密文件)的备份和恢复。

(7) 移动设备识别、定位和追踪机制。

军事应用环境所采集的海量信息数据,在各种应用软件系统进行智能处理,整个过程的安全可靠依赖于服务层智能处理系统的软硬件平台。因此,要采取技术对服务层进行保护,如海量数据处理技术、安全审计技术、主机加固技术和防病毒技术等。

1. 海量数据处理技术

物联网不仅是一项技术,而且是一个较大范围的数据仓库。物联网军事应用中,如何从这些海量数据中抽取出有益军事作战实践的信息以提升作战效能,成为物联网应用的一个阻碍。海量数据处理技术正是打破这一障碍的利器。

解决大规模数据处理通常采用并行计算的方法。将大量数据分散到各个节点上进行处理,利用多点的计算资源,从而加快数据处理的速度。目前,这种并行计算的模型主要分为三大类:一是广泛应用于高性能计算的多点接口(Muti Point Interface, MPI)技术;二是以谷歌/雅虎为代表的互联网企业兴起的 Map/Reduce 计算;三是微软提出的 Dryad 并行计算。

三类并行计算方式,无论从数据/计算的部署方式、计算的划分策略,还是从通信手段、容错技术等方面,都有各自的特点。灵活的消息传递和控制机制,高效的远端内存访问,使得 MPI 能广泛应用于处理反复迭代的高性能计算集群中。但是,这种需要程序员进行任务划分、数据划分的"灵活性"和检查点方式的容错机制,限制了 MPI 在更大规模数据处理中的发展。Map/Reduce 和 Dryad 则是在大规模网络时代针对大规模数据处理提出的并行计算技术。它们利用存储特性自动进行计算任务划分,并通过"将计算移动到存储节点",减轻集群中的网络负载,从而提高海量数据处理的性能。

此外,全球信息网格非常有效地解决了海量数据的处理问题。它将大量数据分散到全球各地的计算机上进行分布式处理,由世界各地的专家共同研究。欧洲高能物理研究中心开展了"欧洲数据网格"的研究。"欧洲数据网格"的主要目标是处理于 2007 年建成的大型强子对撞机所源源不断产生的实验数据。大型强子对撞机中的巨型实验探测器每年将产生 1000 万字节的数据量(相当于 2000 万张光盘的存储量)。通过"欧洲数据网格",欧洲高能物理研究中心计算机中心把这些数据通过高速网络分配给欧洲、北美、日本等国的区域中心,再逐一分解传输到不同地区的不同研究机构,经过对任务的多级分解,到物理学家的桌面时,已经可以很方便地进行处理了。如此巨大的处理能力,对于作战时多种标签认证方案采集得到的各种形式、各种类型的电磁环境数据的处理有极大的应用价值。

2. 安全审计技术

安全审计技术包含日志审计和行为审计,通过日志审计协助管理员在受到攻击后察看网络日志,从而评估网络配置的合理性、安全策略的有效性,追溯分析安全攻击轨迹,并能为实时防御提供手段。通过对员工或用户的网络行为审计,确认行为的合规性,确保管理的安全。

(1)主机审计:发展时间很长,基本是目前的桌面管理、终端安全管理等产品的功能,并且现在衍生出几个独立产品:非法接入与外联控制、终端审计、打印审计系统、移动存储介质管理系统、主机资产管理系统等。功能也大同小异,有的还增加了补丁管理功能。可以说,主机审计已经开始全面向主机安全管理与审计的方向靠拢。

主机审计包含 Windows、Linux、UNIX 等操作系统类型,包含客户机和服务器的审计。当然针对服务器又衍生出了独立的服务器审计、服务器加固产品。

(2)网络审计:目前,网络审计和入侵检测的融合度非常高,但是一般而言,除了入侵行为审计外,还应具备 HTTP 审计、Telnet 审计、FTP 审计等。当然这里有的又和上网行为管理、上网行为审计有关。总体而言,网络审计已经非常成熟,一般通过透明、旁路两种方式接入。

(3)数据库审计:在多数人眼中,数据库审计是一个较新的产品。因为数据库审计有的厂家已做了七八年之久,但是目前依然不像防火墙那样具有非常完善的标准。要求具备常见数据库的审计能力,如 SQL Server、Oracle 等,但是,也有很多数据库不支持 MySQL 审计。

数据库审计的形式一般有两种:硬件旁路和软件 Agem。前者部署便捷,对主机无损耗;后者功能强大,但易有兼容性问题。

(4)应用审计:包括 IIS、Apache、Web、Ogic 等,但实际上应用审计和业务审计几乎是密不可分的。

应用审计一般都需要安装 Agent 才能进行较为完全的审计,目前完善的不多。

(5)运维审计:常见的产品名称一般为内控堡垒主机、运维操作审计,主要针对的设备为路由器、交换机、Windows 服务器、UNIX 服务器、利用命令行操作的数据库等。操作方式兼容 SSH、Telnet、RDP、X – Win、VNC、Rlogin、FTP 等。

(6)业务审计:针对企业的办公自动化(Office Automation,OA)、企业资源计划(Enterprise Resource Planning,ERP)、计算机辅助工艺规范设计(Computer Aided Process Planning,CAPP)、产品数据管理(Product Data Management,PDM)等具体业务做审计,几乎全部需要根据实际应用进行开发。业务审计可基于网络审计、数据库审计、应用审计、运维审计进行,所以非常复杂。

3. 主机加固技术

主机加固技术是指某种服务只在特定的时间对特定的用户开放,也可以是指能够在发生状况时降低潜在的损害程度。应用系统中操作系统或数据库的实现会不可避免地出现某些漏洞,从而使信息网络系统遭受严重的威胁。主机加固技术通过对操作系统、数据库等进行漏洞加固和保护,提高系统的抗攻击能力。

4. 防病毒技术

计算机病毒具有依附性、传染性、潜伏性、可触发性、破坏性、针对性和人为性等特点,可以影响系统效率,删除、破坏数据,干扰正常操作,阻塞网络,进行反动宣传,占用系统资源,给正常应用带来诸多危害。计算机病毒种类繁多,针对各种病毒的防病毒技术也在不断地更新换代。针对不同的病毒,反病毒的主要方法有特征代码法、校验和法、行为监测法、启发式扫描法等。

(1)特征代码法的主要实现步骤如下:采集已知病毒样本,抽取特征代码,并将特征代码纳入病毒数据库,打开被检测文件,在文件中搜索,检查是否包括相应病毒。该方法具有检测准确快速、可识别病毒的名称、误报警率低等优点。但不能检测未知病毒。

(2)校验和法主要采用三种方式:一是在检测病毒工具中纳入校验和法,对被查对象文件计算其正常状态的校验和,将校验和值写入数据库,以便后期进行对比;二是在应用程序中,放入校验和法自我检查功能,将文件正常状态的校验和写入文件本身,每当程序启动时进行自我检测;三是将校验和检查程序常驻内存,每当应用程序开始运行时,自动比较应用程序内部或别的文件中预先保存的校验和。

(3)行为监测法主要针对特定病毒对系统进行的特定操作进行监测来测定是否有病毒感染。

(4)启发式扫描法是一种运用启发式扫描技术检测病毒的方法,实际上就是以特定方式实现的动态调试器或反编译器,通过对有关指令序列的反编译,逐步理解和确定其真正动机。

8.4.5 应用层安全技术

物联网的应用涉及各个装备保障领域,各类应用需求复杂。在应用层,物联网在隐私保护这一特殊安全需求之外,物联网的数据共享需要不同权限的数据访问,还将涉及知识产权保护、计算机取证、计算机数据销毁等安全需求和相应技术。

基于物联网应用层的安全挑战和安全需求,需要建立的安全框架如下:
(1)有效的数据库访问控制和内容筛选机制。
(2)不同场景的隐私信息保护技术。
(3)叛逆追踪和其他信息泄露追踪机制。
(4)有效的计算机取证技术。
(5)安全的计算机数据销毁技术。
(6)安全的电子产品和软件的知识产权保护技术。

针对这一安全框架,需要发展相关的安全技术,下面将从访问控制技术、数字签名技术、隐私保护技术、计算机取证技术等几个方面加以阐述。

1. 访问控制技术

访问控制技术主要用来保证网络资源不被非法使用和访问。访问控制是网络安全防范和保护的主要核心策略,规定了主体对客体访问的限制,并在身份识别的基础上,根据身份对提出资源访问的请求加以权限控制。

访问控制涉及三个基本概念,即主体、客体和授权访问。

(1)主体:一个主动的实体,它包括用户、用户组、终端、主机或一个应用,主体可以访问客体。

(2)客体:一个被动的实体,对客体的访问要受控。它可以是一个字节、字段、记录、程序、文件,或者是一个处理器、存储器、网络节点等。

(3)授权访问:主体访问客体的允许,授权访问对于每一对主体和客体来说都是给定的。例如,授权访问有读写、执行,读写客体是直接进行的,而执行是搜索文件、执行文件。对用户的授权访问是由系统的安全策略决定的。

在一个访问控制系统中,区别主体与客体很重要。首先由主体发起访问客体的操作,该操作根据系统的授权或被允许或被拒绝。另外,主体与客体的关系是相对的,当一个主体受到另一主体的访问成为访问目标时,该主体便成为客体。

2. 数字签名技术

简单地说,数字签名(Digital Signature)就是附加在数据单元上的一些数据,或者是对数据单元所做的密码变换。这种数据或变换允许数据单元的接收者用以确认数据单元的来源和数据单元的完整性并保护数据,防止被人(如接收者)进行伪造。它是对电子形式的消息进行签名的一种方法,一个签名消息能在一个通信网络中传输。基于公钥密码体制和私钥密码体制都可以获得数字签名,目前主要是基于公钥密码体制的数字签名,包括普通数字签名和特殊数字签名。普通数字签名算法有 RSA、ElGamal、Fiat – Shamir、Guillou – Quisquarter、Schnorr、Ong – Schnorr – Shamir、Des/DSA、椭圆曲线和有限自动机数字签名算法等。特殊数字签名有盲签名、代理签名、群签名、不可否认签名、公平盲签名、门限签名、具有消息恢复功能的签名等,它与具体应用环境密切相关。显然,数字签名的应用涉及法律问题,美国联邦政府基于有限域上的离散对数问题制定了自己的数字签名标准(Digital Signature Standard,DSS)。

数字签名技术是不对称加密算法的典型应用。数字签名的应用过程是,数据源发送方使用自己的私钥对数据校验和或其他与数据内容有关的变量进行加密处理,完成对数据的合法"签名",数据接收方则利用对方的公钥来解读收到的"数字签名",并将解读结果用于对数据完整性的检验,以确认签名的合法性。数字签名技术是在网络系统虚拟环境中确认身份的重要技术,完全可以代替现实过程中的"亲笔签字",在技术和法律上有保证。在数字签名应用中,发送者的公钥可以很方便地得到,但他的私钥则需要严格保密。

3. 隐私保护技术

数据挖掘和数据发布是当前数据仓库应用的两个重要方面。一方面,数据挖掘与知识发现在各个领域都扮演着非常重要的角色。数据挖掘的目的在于从大量的数据中抽取出潜在的、有价值的知识。传统的数据挖掘技术在发现知识的同时,也给数据的隐私保护带来了威胁。在军事应用中,所涉及的信息涉密性强,敏感度高,对隐私保护提出了更高的要求。例如,军队疾病控制中心需要收集各下属医疗机构的病例信息,来进行疾病的预防与控制。在这个过程中,传统数据挖掘技术将不可避免地暴露敏感信息(如"患者姓名及其所患疾病"),而这些敏感信息是信息所有者(医疗机构、患者)不希望被暴露的。另一方面,数据发布是将数据库中的数据直接展现给用户。而在各种数据发布应用中,如果数据发布者不采取适当的数据保护措施,将可能造成敏感信息的泄露,从而给信息所有者带来危害,其在军事应用中的重要性不言而喻。

隐私保护技术就是为了解决上述问题。具体地说,实施数据隐私保护主要鉴于以下两点:一是如何保证数据应用过程中不泄露隐私;二是如何更有利于数据的应用。当前,隐私保护领域的研究工作主要集中于如何设计隐私保护原则和算法,更好地达到这两方面的平衡。目前,比较成熟的技术有 k-匿名(k-anonymity)技术、数据变换/随机化技术和安全多方计算技术等。通常可以将隐私保护技术分为以下三类。

(1) 基于数据失真的技术:使敏感数据失真但同时保持某些数据或数据属性不变的方法。例如采用添加噪声、交换等技术对原始数据进行扰动处理,但要求保证处理后的数据仍然可以保持某些统计方面的性质,以便进行数据挖掘等操作。

(2) 基于数据加密的技术:采用加密技术在数据挖掘过程中隐藏敏感数据的方法,多用于分布式应用环境中,如安全多方计算。

(3) 基于限制发布的技术:根据具体情况有条件地发布数据,如不发布数据的某些域值、数据泛化等。

4. 计算机取证技术

计算机取证是指对能够为法庭接受的、足够可靠和有说服力的、存于计算机和相关设备外设中的电子证据的确认、保护、提取和归档的过程,它能推动和促进犯罪事件的重构,或者帮助预见有害的未经授权的行为。若从动态的观点来看,计算机取证可以归结为:在犯罪进行过程中或之后收集证据;重构犯罪行为;为起诉提供证据;对计算机网络进行取证尤其困难,完全依靠所保护信息的质量。

从概念中来看,取证过程主要是围绕电子证据来进行的,因此,电子证据是计算机取证技术的核心,它与传统证据的不同之处在于它是以电子介质为媒介的。取证过程中主要涉及数据获取技术、数据分析技术和数据保全技术。

数据获取技术的关键是如何保证在获取数据的同时不破坏原始介质。常用的数据获取技术包括:对计算机系统和文件的安全获取技术,避免对原始介质进行任何破坏和干扰;对数据和软件的安全收集技术;对磁盘或其他存储介质的安全无损伤备份技术;对已删除文件的恢复、重建技术;对磁盘空间、未分配空间和自由空间中包含的信息的发掘技术;对交换文件、缓存文件、临时文件中包含的信息的复原技术;对计算机在某一特定时刻活动内存中的数据的收集技术;网络流动数据的获取技术,如 Windows 平台上的 Sniffer 工具 Netxray 和 Sniffer pro 软件,Linux 平台下的 TCP Dump,根据使用者的定义对网络上的数据包进行截获的包分析工具等。

在已经获取的数据流或信息流中寻找、匹配关键词或关键短语是目前的主要数据分析技术。数据分析技术具体包括:日志分析技术;文件属性分析技术;文件数字摘要分析技术;根据已经获得的文件或数据的用词、语法和编程风格,推断出其可能的作者的分析技术;挖掘同一事件不同证据间的联系的分析技术;密码破译技术;数据解密技术;对电子介质中的被保护信息的强行访问技术等。

常用的数据保全技术包括数据加密技术、数字摘要技术、数字签名技术和数字证书。数据加密技术把数据和信息转换为不可辨识的密文,实现在不安全的环境中信息的安全传输,目前比较常用的加密算法有 RSA 和 PHP。数字摘要技术(Digital Digest)用于对所要传输的数据进行运算生成信息摘要,确保数据没有被修改或变化,保证信息的完整性不被破坏。数字签名技术用来保证信息传输过程中的完整性、提供信息发送者的身份认证和不可抵赖性。使用公开密钥算法是实现数字签名的主要技术,公开密钥算法的运算速度比较慢,可使用 HASH 函数对要签名的信息进行摘要处理,减少使用公开密钥算法的运算量,因此数字签名一般是数字摘要技术和公开密钥算法的共同使用。

第 9 章 物联网装备保障应用法规标准建设

物联网装备保障应用有赖于装备保障的组织机构、法律法规和技术标准作保证,通过构建相关的法律法规和管理制度,确保物联网系统的整体建设和高效运行。

9.1 法规制度建设

通过建立相关的法规体系和技术标准体系等管理制度,保证物联网系统建设的有序开展及信息共享,确保物联网技术在装备保障领域的应用健康发展。

组织机构类制度是物联网技术应用管理制度的核心,是制定其他制度的重要依据。组织机构类制度决定着物联网技术应用的总体规模、基本结构、构成和基本形态。制定组织机构类制度的主要任务是根据规划,明确部队的总体规模、总体结构、军兵种数量比例、领导指挥体制、部队编制和职责区分、相互关系等。

随着装备保障体制改革的逐步深入,以关于国防和军队改革的重要精神为统揽,根据军队领导管理体制和联合作战指挥体制调整改革总体部署,结合装备保障工作实际,借鉴外军有益经验,遵循联合作战装备保障特点规律和物联网技术应用的特性,通过调整职能、理顺关系、优化结构、完善机制,以联合作战需求为牵引,以信息化建设为基准,创新信息化条件下联合作战装备保障体制,构建与联合作战指挥体制相适应、与军队领导管理体制相一致、与军民融合深度发展相协调,三军一体、军民融合、平战结合的装备保障体制,实现装备保障建设集约高效,装备保障指挥关系顺畅,军地资源平战衔接,适应联合作战装备保障需要。

法规体系涉及国家、军队和地方的有关部门和领域,包括有关装备保障的各种法律、法规、条令、条例、规定、制度等。装备保障法规是规范国家、军队和地方各个层次、各个部门有关装备保障行为关系的基本准则,是组织进行装备保障活动的基本依据。根据作用范围,概念上有广义和狭义两种。广义的装备保障法规,是指国家机关和军事机关按照法定的程序制定或认可,规范涉及装备保障领域各种军事社会关系的法律规范的统称,由对全国、全军具有普遍约束力的装备保障的法律,对政府、军队、企业等特定部门有约束力的法规,以及微观层次的装备保障规章三部分组成。狭义的武器装备保障法规,是指由军队各级根据宪法、军事法律的有关条款,对军队装备保障活动制定和颁布的条令、条例、决定、规定等规范性文件的统称。

9.1.1 建设思路与原则

以国家和军队信息化发展战略为指导,贯彻国家军队有关方针、政策和条例,面向信息化联合作战,紧密结合装备保障信息化建设发展实际,形成系统全面、结构合理、关系清晰、指导规范的装备保障物联网建设相关法规体系框架。

物联网装备保障应用法规体系建设应遵守以下原则:

(1) 系统性。法规体系必须形成科学严谨、结构合理、层次清晰、分类科学的有机整体,既不能重复交叉、又不能有立法空白,更不能相互矛盾、相互掣肘。装备保障信息化法规体系应涵盖装备保障信息化的信息基础建设、信息系统建设(包括业务信息系统、指挥控制系统、装备管理信息系统、维修保障信息系统、储存供应信息系统等)、装备战备、装备保障决策支持、装备保障信息资源建设、信息安全保密、装备保障训练信息化、信息化人才管理等活动,保证法规的完整和全面,以及各项法规之间的相互协调。

(2) 指导性。法规体系框架是制定法规制度的路线图,应能指导装备保障信息化相关法规制度的制定工作。装备保障信息化法规体系应结合其自身特点和运行规律,科学规范装备保障信息化建设,装备管理保障和技术活动,全面聚合重组装备保障要素,避免相互脱节,从而为今后一个时期法规建设与发展工作提供科学指导。

(3) 协调性。法规不仅应注重与国家和军队、军队内部相关法规的协调,还应注重法规制度与标准规范之间的协调,以及制度继承与创新的协调。确保装备保障信息化法规体系各项法规上下统一、左右衔接,妥善处理信息化法规"破"与"立"的问题,继续保留经过长期实践并行之有效的法规制度,在新立法规中注重考虑现有条件和可能。

9.1.2 建设举措

做好物联网装备保障应用法规制度建设,需要在军委装备保障部门的集中统一领导下,做好统筹规划,各级装备/保障部门及相关单位达成共识并通力协作,充分发挥各级保障机构及有关专家的咨询作用。

1. 着眼信息化建设需求,加强顶层设计规划

完整的装备保障物联网法规体系是逐步形成的,但应着眼装备保障信息化建设需求,首先进行体系的整体规划,把各领域、各层次、各专业的法规纳入体

系。开展顶层设计规划,围绕装备保障物联网法规制度体系框架,加强物联网技术应用研究,制定相应的法规制度,有利于减少法规立项的盲目性,增强法规之间的呼应和衔接,避免重复、交叉和冲突,保证法规制度的统一协调。

2. 着眼信息主导原则,加强法规综合集成

信息化战争条件下,信息逐渐上升为战斗力的主导因素。物联网技术为装备保障众多要素之间的信息沟通、一体融合创建了信息共享的平台。因此,装备保障信息化法规建设应遵循信息主导的原则,以信息的科学流程为依据,以提高信息价值应用为导向,紧密融合其他专业法规制度,综合集成不同层次、不同领域,以及各个层面、各个环节的法规制度。紧密围绕开发利用信息资源,充分利用信息技术,促进装备与装备、平台与平台、体系与体系之间的协调发展和良性互动,把信息优势转变为决策优势,把决策优势转化为行动优势。

3. 着眼长远发展需要,突出法规先进性

法规体系的形成是一个动态发展的过程,要坚持开发性和扩展性原则,在总体规划框架指导下,面向装备保障发展需求,研究物联网发展趋势,适度超前,逐步建立和完善物联网法规体系。一方面,立足现实需求,研究近期需求,着眼远期需求,积极适应物联网发展趋势,实现近期需求与远期需求的衔接,坚持滚动发展,发挥法规制度的引领作用;另一方面,法规的形成与发挥作用需要一个过程,信息技术的实践也是日新月异、不断发展的,当装备保障的使命任务、客观条件、保障方式发生变化后,需要对现有法规进行修改、完善,甚至建立新的法规,保证法规持续发挥规范指导作用。

9.2 技术标准体系建设

标准是对技术研发和应用的总结与提升,标准化是保证物联网技术应用的重要技术基础,是提升装备保障能力的基本因素。当前,我军发展物联网技术研发与应用,必须加快物联网和相关信息技术领域的研究步伐,加强相关自主知识产权标准的研究,发挥相关业务领域标准化主力军的作用,建立完善的物联网标准体系。

物联网标准的制定是物联网发挥自身价值和优势的基础支撑。由于物联网涉及不同专业技术领域、不同行业部门,物联网的标准既要涵盖不同应用场景的共性特征以支持各类应用和服务,又要满足物联网自身可扩展、系统和技术等内部差异性。所以,物联网标准的制定是一个历史性的挑战。民用领域中,目前很多标准化组织均开展了与物联网相关的标准化工作,虽然尚未形成一套较为完备的物联网标准规范,但从2014年起已经陆续出台了多个行业的物联网应用国

家标准。在此基础上,我们应当抓紧制定物联网装备保障应用相关标准。

9.2.1 标准体系建设原则

物联网标准体系建设的目的是有计划、有步骤地建立联系紧密、相互协调、构成合理、相互补充,满足装备保障信息化建设需求的系列标准,指导物联网装备保障应用系统建设的有序开展,提高系统之间的互联互通能力和信息共享水平。

标准体系建设应遵循以下原则:

(1) 标准体系建设要具有完整性。这是物联网装备保障应用标准体系建设的关键,应将物联网装备保障应用系统建设所需的各项标准分门别类地纳入相应的体系表中,包括技术设备、信息资源管理、训练信息化、维修信息化和信息安全等多个方面的标准建设,并使这些标准协调一致,相互配套,构成一个完整的框架。

(2) 标准体系建设要具有针对性。科学合理的标准体系是物联网装备保障应用系统协调、可靠、稳定运行的根本保障。标准是一种法规性文件,标准的设立要紧盯作战实际需要,适应现代信息化战争对装备保障的需求,其标准体系应涵盖物联网装备保障应用的各个方面,如标准制定的指导性文件、管理性文件和标准术语等。

(3) 标准体系建设要具有可操作性。标准体系的建设是标准制定的大纲和依据,其内容必须要具备可操作性,并能指导具体标准的编制与修订。

(4) 标准体系建设要具有先进性。要具有动态维护与管理机制,充分体现新技术、新方法的应用,使标准体系能适应装备保障物联网系统各项应用技术的发展。同时,还要注意与国家标准、行业标准和国际标准的借鉴与衔接,以保证所建立标准是先进、可靠的。

9.2.2 物联网装备保障应用标准体系

目前,各个标准组织都根据本领域实际订立标准,标准之间互不兼容,对物联网形成统一的端到端的信息互联共享非常不利,需要建立科学统一的物联网标准体系。要在深入研究物联网应用框架的基础上,结合物联网系统建设需求,提出物联网装备保障应用标准体系,用以指导物联网的标准化工作,促进物联网装备保障应用的健康发展。

1. 标准体系总体架构

参照物联网五层体系架构,按照基础标准、共性标准和应用子集标准的区分,可将装备保障物联网标准划分为基础类标准、共性类标准、感知类标准、接入类标准、网络类标准、支撑类标准和应用类标准七个部分。物联网标准体系架构如图9-1所示。

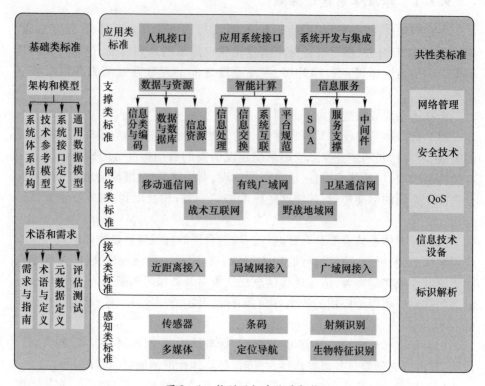

图9-1 物联网标准体系架构

2. 基础类标准

基础类标准包括架构和模型标准、术语和需求标准两部分,它们是物联网标准体系的顶层设计和指导性文件,对物联网标准统一具有重要作用,主要是对物联网通用系统体系结构、技术参考模型、数据体系结构设计等重要基础性技术进行规范。

不同标准组织从不同的角度研制术语、架构、需求等总体标准,存在概念不统一、标准不兼容等问题。应该从规划物联网标准体系,物联网标准工作推进指南等方面,统筹物联网标准工作,统一物联网术语、体系架构、参考模型和需求等基础性标准。

3. 共性类标准

物联网共性类标准包括标识解析标准、信息技术设备标准、安全技术标准、QoS标准和网络管理标准等,分别规范物联网中物体标识的唯一性和解析方法、涉及装备信息的安全隐私解决方法、物联网的系统管理和服务质量问题等。

部分标准组织对本领域开展了安全、标识等标准工作，无论从广度或者深度都不能满足物联网发展需求，缺乏系统的物联网安全、标识等共性标准体系规划，缺乏针对物联网安全、标识等新特性、新需求的标准。应针对物联网的新需求，系统规划共性标准体系，梳理现有标准，针对物联网新的需求，制定安全、标识等共性标准。

4. 感知类标准

感知类标准包括传感器（如温湿度传感器、震动传感器、压力传感器、声音传感器等）、条码、射频识别、多媒体、定位导航和生物特征识别等感知设备的设计、生产及接口等标准，主要规范感知类设备的原始数据采集、身份识别、信息感知和设备规范，提高信息的互通能力和安全性能，是物联网技术应用的基础。

感知类标准是物联网标准工作的重点之一，感知类标准呈现小、杂、散的特点，严重制约物联网应用的发展。应以感知层技术和标准作为物联网标准工作的核心和重点，尽快突破关键技术，形成具有自主知识产权的标准体系，保障物联网技术应用的健康发展。

5. 接入类标准

接入类标准对近程网络、远程网络、有线网络、无线网络等网络的信息接入和协同信息处理进行规范，涉及短距离传输技术、自组织网络技术、协同信息处理技术、分布信息处理技术、传感器中间件技术、异构网接入技术等方面。

6. 网络类标准

物联网网络类标准包括有线广域网、移动通信网、卫星通信网、战术互联网、野战地域网标准融合等标准。网络支撑标准相对比较成熟和完善，在物联网发展的早期阶段基本能够满足应用需求。

网络层标准相对比较成熟，基本可以满足目前物联网技术应用的需要，应重点梳理现有传输标准，联合相关标准组织，针对物联网传输需求，对现有标准进行优化和增强。

7. 支撑类标准

支撑类标准包括数据与资源、智能计算和信息服务等方面的标准，主要规范物联网内海量信息进行实时高速处理、管理、控制、存储和交换的方法与流程，为物联网平台、中间件等系统提供公共信息服务，满足应用系统需求提供支撑。

支撑类标准中，现有 SOA 等标准虽然对物联网产生较大影响，但这些标准仍在发展中，目前缺乏针对物联网应用的支撑标准。应完善现有应用支撑标准，规划研制针对物联网应用的支撑标准。

8. 应用类标准

应用类标准针对物联网具体应用场景,规范各类信息系统、各业务应用的人机接口、应用系统接口、系统开发与集成等标准。

应用类标准存在条块分割的现象,导致物联网应用不兼容和重复建设等问题,多数物联网应用领域标准缺失严重,需要明确应用标准组织之间的协调机制。

9.2.3 现有物联网标准分析

随着物联网工作的深入推进,物联网标准工作受到了极大的重视,若干工作标准项目陆续启动,为实现物联网行业标准化提供了参考。

国际相关标准化组织高度重视物联网标准化工作,标准工作推进较快。从2005年起,物联网标准逐渐成为国际标准化工作热点,从电子标签、机器类通信、传感网(Sensor Networks,SN)、物联网到泛在网,国际相关标准化组织开展了大量的工作,成立了 ISO/IEC JTC1 WG7、ETSI TC M2M、ITU-T JCA-IoT 和 ITU-T IoT-GSI 等相关工作组。物联网涉及标准化组织众多,标准化对象多样,协调困难。当前,国际上数十家国际标准化组织分别从各自专注的领域开展相关标准化工作,标准化的对象各异。或聚焦于感知层、网络层和应用层不同层次,或聚焦于电子标签、机器类通信、传感网、物联网和泛在网不同领域。标准内容之间多有交叉、重复,但缺乏有效的协调机制。

中国物联网标准化工作快速发展,形成了良好的物联网标准工作体系、机制和环境。国家从政策、专项资金等方面入手,为物联网标准化工作创造了有利的环境。国家发展改革委与国家标准化管理委员会会同相关部委,确立了以基础标准+应用标准的工作体系,成立了10余个物联网相关标准工作机构,物联网标准化工作架构基本形成。标准化工作已经取得良好的开端,当前已经有超过100项物联网相关的国标、行标项目获得立项,部分领域国际标准工作取得突破,成为 ISO/IEC JTC1 传感器网络、ITU-T 泛在网、物联网等标准领域的重要力量。

国家标准化管理委员会、国家发展改革委会同其他相关部委,发布了《关于成立国家物联网标准化专家组、国家物联网基础标准工作组暨召开第一次工作会议的通知》,切实推动物联网标准化工作体系和机制的建设。

国家发展改革委旗下的高新技术产业司即专职负责对类似于物联网产业的新型高科技产业的规范管理。在物联网的应用发展过程中,高新技术产业司相继出台了一系政策规划,旨在引导物联网的规范发展。此外,国家发展和改革委员会还通过项目立项等途径积极支持物联网企业进行技术研发、规范物联网企业的研发行为,不仅为物联网的发展提供了技术支撑,也为物联网的健康发展产生了引导作用,起到间接监管的功能。

不同的标准组织针对不同的概念和对象进行了研究,从不同的角度规范了物联网术语和框架,如表9-1所示。

表9-1 总体技术标准进展表

标准组织	术语、需求及架构等总体标准工作
ISO/IEC	JTC1 WG7 启动 ISO/IEC 29182 项目,制定传感网的架构和需求等标准
ITU-T	ITU_T SG13 制定了 Y.2002、Y.2221 和 Y.2060 规范,分别研究了 NGN 环境支撑的泛在网、泛在传感器网络和物联网架构与需求分析等
ZigBee	ZigBee 联盟采用分层、跨层设计的思路制定 ZigBee 标准体系框架,定义了一系列子层和层间接口
ETSI	成立 M2M TC,开展应用无关的统一 M2M 解决方案的业务需求分析,网络体系架构定义和数据模型、接口和过程设计等工作
EPC global	EPC global 制定了 RFID 典型应用系统的抽象模型 R 的体系框架
3GPP	SA1 启动技术规范研究机器类型通信需求,SA2 研究支持机器类型通信的移动核心网络体系结构和优化技术等规范
CCSA	TC10 开展了泛在网术语、泛在网的需求和泛在网总体框架与技术要求等标准项目
WGSN	开展了传感器网络相关标准,包括总则、术语和接口等标准项目
国家物联网基础标准工作组	国家物联网基础工作组下成立"国家物联网总体项目组",研制我国物联网术语和架构等标准

在我军的物联网应用标准化工作中,执行的标准有国家标准、国家军用标准和各部门军用标准。国家军用标准是对具有顶层规范性、基础支撑性和全局统一的技术、装备及其系统和软件等进行统一规范,对部门标准具有顶层规范和综合协调作用。部门军用标准是对分领域、专业性或尚不具备制定国家军用标准条件的技术、装备及系统和软件等进行的统一规范,是对国家军用标准的细化和补充。

装备保障信息化标准涉及相关技术的应用和转化,以彼此的技术关系制定,横向上有通用规范、接口、通信与信息交互服务支持,协调信息处理,网络管理信息安全、测试。实际上装备保障物联网标准应重点定位在网络接入、服务支持等层面,部分可以执行国家标准,服务支持包括信息描述,信息处理存储,标识、目录服务,中间件功能和接口。多年的实践,一直在围绕信息描述、物品标识、代码编制上下功夫,如部队信息自动采集,前提条件下是要有唯一标识标准。军用标准化研究中心编制的 GJB 7369—2011《军用射频识别系统安全通用要求》等 23 项射频技术标准已正式颁布实施,旨在保障军事物流信息化建设的需要,这些标准装备保障物联网中可以直接采用。

按照装备保障物联网标准体系分类要求,通过对现有物联网相关的国际标准、国家标准、行业标准和国家军用标准进行了统计分析,如表9-2所示。

表9-2 物联网相关标准分类统计

序号	体系层次	标准类别	国际、国家及行业标准	国家军用标准
1	A	基础类标准	55	32
2	AA	架构和模型	10	13
3	AAA	系统体系结构	1	2
4	AAB	技术参考模型	6	0
5	AAC	系统接口定义	1	6
6	AAD	通用数据模型	2	5
7	AB	术语和需求	45	19
8	ABA	需求与指南	2	1
9	ABB	术语与定义	37	5
10	ABC	元数据定义	6	3
11	ABD	评估测试	0	10
12	B	感知类标准	127	32
13	BA	传感器	56	4
14	BB	条码	33	1
15	BC	射频识别	21	22
16	BD	多媒体	6	4
17	BE	定位导航	3	1
18	BF	生物特征识别	8	0
19	C	接入类标准	86	18
20	CA	近距离接入	8	2
21	CB	局域网接入	21	2
22	CC	广域网接入	57	14
23	D	网络类标准	93	84
24	DA	移动通信网	47	11
25	DB	有线广域网	42	14
26	DC	卫星通信网	2	10
27	DD	战术互联网	2	27

续表

序号	体系层次	标准类别	国际、国家及行业标准	国家军用标准
28	DE	野战地域网	0	22
29	E	支撑类标准	169	143
30	EA	数据与资源	21	86
31	EAA	信息分类与编码	6	33
32	EAB	数据与数据库	15	50
33	EAC	信息资源	0	3
34	EB	智能计算	129	52
35	EBA	信息处理	6	0
36	EBB	信息交换	46	30
37	EBC	系统互连	72	7
38	EBD	平台规范	5	15
39	EC	信息服务	19	5
40	ECA	SOA	2	0
41	ECB	服务支撑	13	2
42	ECC	中间件	4	3
43	F	应用类标准	14	70
44	FA	人机接口	2	6
45	FB	应用系统接口	1	17
46	FC	系统开发与集成	11	47
47	G	共性类标准	176	89
48	GA	网络管理	5	12
49	GB	安全技术	134	58
50	GC	QoS标准	0	3
51	GD	信息技术设备	25	15
52	GE	标识解析	12	1
		合计	720	468

从我国物联网发展情况分析，标准体系还存在以下几个方面的问题：

（1）智能传感器方面，存在投入不足，产业规模小，产业链不完善，研发投入能力弱，与国外相比还有很大差距，技术水平、工艺水平、装备水平、可靠性指标、基本性能指标等方面都需要大力发展。

（2）射频识别：大量的关键技术和专利被国外控制，低频和中高频 RFID 芯片技术比较成熟，但超高频 RFID 芯片技术基础非常薄弱。

（3）传感器网络：与国外同步开展研究，具有同发优势，但国内以大专院校和科研院所为主，与应用结合不够紧密，需通过规模化应用创新发展。

（4）智能计算：国内已经开展云计算技术及标准的研究工作，但与应用紧密结合的技术和模式创新能力不足。

（5）统一标识：需要优先制定唯一标识标准，打造统一的可解析的物联网系统。

9.2.4 标准体系建设应重点关注的问题

物联网标准化工作面临制定和协调困难的问题，各种标准化组织都在从自己行业、自我领域方面诠释着物联网，推动着物联网的发展。虽然物联网的市场空间很大，但被各种应用场景分成一个个小块，而每一块都不够大，都没有办法产业化，这就造成了物联网应用场景多样化和产业规模化的矛盾问题。物联网应用和标准化需要制定共性平台的标准与应用子集的标准架构来解决物联网标准推进所面临的问题。

1. 标准化工作存在的问题

物联网作为一个新的研究领域，为促进物联网装备保障应用，构建良好的发展环节，应联合相关标准化资源，加快标准化工作进展。当前我军物联网标准化仍存在着以下几个方面的问题：

（1）协同性问题，各部门之间协调合作不够，标准之间交叉矛盾时有发生，导致标准用户无所适从。一些标准的制定还是由科研机构来主导的，使用部门参与程度不够，这样制定的标准与应用是脱节的，不利于相关产品和服务大规模的应用与推广。

（2）同步性问题，标准制修订的速度跟不上市场变化和信息技术发展的需求，导致标准滞后和缺失问题。

（3）应用性问题，标准的宣贯力度不够，应用的要求不高，缺乏强制性，标准的实施情况参差不齐，推广应用不统一。

（4）总体性问题，目前我军标准体系中，针对物联网应用的总体框架、参考模型的标准缺失，感知类标准和网络接入类标准也不能满足应用需求，应大力加强研究，建立完善物联网标准体系。

2. 标准化工作的重点方向

物联网装备保障应用标准化的总体思路：面向信息化联合作战装备保障需求，以促进物联网技术创新为核心，以规范物联网系统发展为重点，按照"统筹规划、分工协作、保障重点、急用先行"的原则,创新物联网标准工作体系和机制,积极推动自主技术标准的制定,加快建设适应物联网技术应用发展需要的标准体系,推动物联网系统效能的整体提升。

1)构建物联网标准体系框架

(1)加强物联网标准梳理研究,全面梳理感知技术、网络通信、应用服务及安全保障等领域的相关标准,明确物联网应用的急需标准和关键标准,深入开展对物联网相关行业重点领域的技术发展研究、技术标准体系研究以及重大、关键技术标准的预先研究,准确把握产业发展对物联网技术标准的需求,做好标准的总体规划和顶层设计,夯实标准制定的基础,确保标准制定工作有序、高效开展。

(2)加快物联网技术标准体系建设,构建物联网标准体系框架,需要结合国际、国内以及军内各领域的发展趋势,深入分析现有标准,以实现物联网应用发展战略为前提,以保证实际需要为目标,结合装备保障业务工作实际,提出需要优先制定的标准,形成技术标准发展战略和规划。

2)重点发展物联网共性和关键技术标准

(1)尽快推进物联网基础类标准和共性类标准的研究工作。重点支持物联网系统架构、编码标识和安全等方面的标准研制,加快制定包括物联网架构和模型(通用系统体系结构、技术参考模型、数据体系结构设计、数据资源规划)、术语和需求(术语和定义、标准需求分析、元数据)、系统接口规范、互操作性规范、服务体系标准、设备标准规范、安全、标识解析等标准的制定工作。

(2)重点攻克物联网关键技术标准的研制。重点支持关键技术产品标准的研制,推动具有自主知识产权的标准。大力推进智能传感器、传感器网络、服务支撑等关键技术标准的制定工作。

3)推进标准在物联网应用中的宣贯和实施

(1)推进物联网标准的应用示范和结合。通过物联网标准化工作,统一应用示范的规划和设计,将应用示范纳入统一的系统框架下,规范各应用示范的有序开展。通过各种应用示范,形成科研、技术和实践成果,修订完善相关标准,并以标准的形式指导后续应用系统的建设,在发展中推广标准。

(2)加大物联网标准宣贯实施力度。推动相关部门和机构,结合物联网重点项目建设和重大技术应用推广,积极开展物联网标准培训和宣贯。探索建立重点领域标准宣贯实施效果反馈机制,动态跟踪和实时掌握标准实施情况,为标准制定提供依据。

(3)推进标准符合性检测验证。标准检测是物联网标准宣贯推广的关键环节,建立权威检测平台是物联网应用健康发展的需要,是物联网相关产品应用的必要环节,因此,需要注重物联网标准相配套的检测验证能力建设。

参考文献

[1] 张铎. 物联网物品标识体系与自动识别技术[J]. 中国自动识别技术,2012(1):45-50.
[2] 孙月,全秋浩,马云飞,等. 大数据与物联网的关系及应用[J]. 吉林农业,2019(7):110.
[3] 张宝燕. 大数据在物联网的应用研究[J]. 山西电子技术,2019(6):94-96.
[4] 李泉坤. 移动通信技术在物联网中的运用[J]. 中国新通信,2019(12):118-119.
[5] 李天全. 分析大数据和云计算在物联网中的应用策略[J]. 电子世界,2019(23):79-80.
[6] 朱慧泉. 云计算的特点与关键技术及其在物联网中的运用[J]. 科学技术创新,2019(29):86-87.
[7] 刘云浩. 物联网导论[M]. 北京:科学出版社,2010.
[8] 蓝羽石. 物联网军事应用[M]. 北京:电子工业出版社,2012.
[9] 蓝士斌,贾鹏. 推进军事物联网建设的若干思考[J]. 物联网技术,2019(3):102-103,107.
[10] 刘卫星. 军事物联网[M]. 北京:国防工业出版社,2012.
[11] 张兴,黄宇,王文博. 绿色物联网:需求、发展现状和关键技术[J]. 电信科学,2012(8):96-104.
[12] 燕妮. 浅论物联网技术的应用研究[J]. 科技信息,2013(19):81,94.
[13] 谢晓燕. 物联网行业发展特征分析[J]. 企业经济,2012(9):98-101.
[14] 周洪波. 数据交换标准是物联网产业发展的关键[J]. 信息技术与标准化,2010(8):26-29.
[15] 蔡昭君. 我国物联网产业发展的瓶颈及路径探讨[J]. 现代商业,2012(35):61-62.
[16] 林中萍. 加快我国物联网发展的政策建议[J]. 中国经贸导刊,2011(13):22-24.
[17] 张旭东,周城,项成安. 物联网时代加强军事信息服务能力建设策略措施的思考[J]. 重庆通信学院学报,2013,32(1):55-57.
[18] 张雪松,陆军. 基于发布订阅机制的信息共享[J]. 中国电子科学研究院学报,2011(5):511-515.
[19]《中国大百科全书·军事》编委会. 中国大百科全书:军事[M]. 2版. 北京:中国大百科全书出版社,2007.
[20] 中国信息通信研究院. 物联网白皮书(2018年)[R]. 北京:中国信息通信研究院,2018.
[21] 郑立乾,孙凤娇. 关于物联网技术现状分析及应用前景探讨[J]. 计算机产品与流通,2019(9):163.
[22] 工业和信息化部. 信息通信行业发展规划物联网分册(2016—2020年)[R]. 工业和信息化部,2016.
[23] 工业和信息化部. 关于开展2019年IPv6网络就绪专项行动的通知[A]. 工业和信息化部,2019.
[24] 角浩钺,牛雯. 工业物联网环境下IPv6技术面临的安全问题[J]. 信息与电脑,2019(3):169-171.
[25] 徐磊,黄宏聪. 移动宽带时期IPv6发展趋势[J]. 电子技术与软件工程,2019(22):1-2.
[26] 杜平. IPv6的技术原理及其在现网中的应用[J]. 中国新通信,2019,21(20):108-109.
[27] 彭博. 窄带物联网技术的发展与应用[J]. 中国新通信,2019,21(12):104-105.
[28] 赵星. 窄带物联网下的应用与发展趋势[J]. 电子技术与软件工程,2019(7):9-10.
[29] 田成立,赵强. NB-IoT低速率窄带物联网通信技术现状及发展趋势[J]. 中国新通信,2018,20(4):121.

[30] 张晖,杨旻. 窄带物联网技术及行业发展趋势分析[J]. 经济研究导刊,2017(32):37-38.
[31] 张晨. 5G 移动通信技术发展与应用趋势[J]. 通信电源技术,2019,36(11):140-141.
[32] 王景. 人工智能物联网构建智慧经济应用模式分析[J]. 电子世界,2019(12):99-100.
[33] 杨震,杨宁,徐敏捷. 面向物联网应用的人工智能相关技术研究[J]. 电信技术,2016(5):16-19,23.
[34] 詹剑. 智能物联网技术应用及发展[J]. 电子技术与软件工程,2019(4):10.
[35] 庄辑. 全球卫星定位系统(GPS)简介[J]. 珠江水运,2009(5):63.
[36] 季自力,王文华. 区块链技术在军事领域的应用[J]. 军事文摘,2019(11):45-49.
[37] 蔡晓晴,邓尧,张亮,等. 区块链原理及其核心技术[J]. 计算机学报,2021,44(1):84-131.
[38] 吴明娟,陈书义,邢涛,等. 物联网与区块链融合技术研究综述[J]. 物联网技术,2018(8):88-91,93.
[39] 张旭,佟晓鹏,张宇,等. 物联网智能边缘计算[J]. 人工智能,2019(1):28-37.
[40] 关欣,李璐,罗松. 面向物联网的边缘计算研究[J]. 信息通信技术与政策,2018(7):53-56.
[41] 楚俊生,张博山,林兆冀. 边缘计算在物联网领域的应用及展望[J]. 信息通信技术,2018,12(5):31-39.
[42] 傅耀威,孟宪佳. 边缘计算技术发展现状与对策[J]. 科技中国,2019(10):4-7.
[43] ASHTON K. That 'internet of things'[J]. RFID Journal,2009(22):97-114.
[44] VERMESAN O,FRIESS P. Internet of things – global technological and societal trend[M]. Slerling,VA:River Publisher,2011.
[45] DE S,BARNAGHI P,BAUER M,et al. Service Modelling for the internet of things[C]//Fed CSIS,2011,949-955.
[46] JARA A J,ZAMORA M A,GSKARMETA A F. An Architecture Based on Internet of things to Support Mobility and Security in Medical Environments[C]//CCNC,2010 7th IFFF,2010:1060-1064.
[47] MAO M Y,MO Q,HUANG Q F,et al. Solution to Intelligent Management and Control of Digital Home[C]//BMEI 2010,7:2962-2965.
[48] 宗平. 物联网概论[M]. 北京:电子工业出版社,2012.
[49] Technology Review. 10 Emerging technologies that will change the world[J]. MIT Technology Review,2003,106(1):33-49.
[50] 宋俊德. 浅谈物联网的现状和未来[J]. 移动通信,2010,34(15):7-10.
[51] UNION I T. ITU internet reports 2005:The Internet of Things[R]. ITU,2005.
[52] IBM. The smart city[Z]. IBM,2008.
[53] IBM. Smarter planet[Z]. IBM,2008.
[54] The National Intelligence Council. Disruptive civil technologies six technologies with potential impacts on US interests out to 2025[R]Conference Report CR 2008-2007,2008.
[55] COMMISSION E. Internet of things in 2020 – a roadmap for the future[R]. European Platform for Smart Systems Integration,2008.
[56] Communities COTE. Internet of things – an action Plan for europe[R]. Brussels,2009.
[57] WEBER R H. Internet of things – new Security and Privacy Challenges[J]. Computer Law & Security Review,2010,26(1):23-30.
[58] DESAINT-EXUPERY A. Internet of things Strategic Research Roadmap[EB/OL]. [2009-09-16]. http://ec.europa.eu/information-society/policy/rfid/documents/in-cerp.pdf.

[59] IT Strategic Headquarters. i‐Japan strategy 2015:striving to create a citizen‐driven,reassuring & vibrant digital society,towards digital inclusion & innoration[EB].[2009‐7‐6]. http://202.232.146.151/Foreign/policy/it/i‐Japan Strategy 2015‐full.pdf.

[60] KOSHIZUKA N. Dreaming the future of the internet of things[Z]. 2009.

[61] U‐Korea Master Plan:To Achieve the World First Ubiquitous Society[Z]. 2012.

[62] 李红娟,王祥,丁红发. 物联网在智能家居中的应用及发展[J]. 电子测试,2019(9):139‐140,133.

[63] 孙岩. 人工智能、物联网背景下智能家居系统的思考[J]. 建筑电气,2019(8):60‐63.

[64] 刘芳. 基于物联网技术的智慧医疗服务的构建及应用[J]. 软件,2019(7):52‐56.

[65] 黄连帅,潘南红. 物联网技术在智慧城市建设中的应用研究[J]. 信息与电脑(理论版),2019(22):164‐165.

[66] 龚娇. 物联网在智慧城市的应用研究[J]. 现代交际,2019(22):63‐64.

[67] 中华人民共和国国务院. 国家中长期科学和技术发展规划纲要(2006—2020年)[EB/OL]. [2006‐02‐09]. http://www.gov.cn/jrzg/2006‐02/09/content_183787.htm.

[68] 温家宝. 2010年政府工作报告[Z]. 2010.

[69] 工业和信息化部. 物联网"十二五"发展规划[R]. 工业和信息化部,2012.

[70] 樊雪梅. 物联网技术发展的研究与综述[J]. 计算机测量与控制,2011,19(5):1002‐1004.

[71] SUNDAEKER H,Guillemin P Friess. P,et al. Vision and challenges for realizing the internet of things[M]. Publications Office of the European Union,2010.

[72] 杨鹏,张翔. 物联网研究概述[J]. 数字通信,2010(5):27‐30.

[73] 张桂刚,李超,邢春晓. 大数据背后的核心技术[M]. 北京:电子工业出版社,2017.

[74] 曹振,邓辉,段晓东. 物联网感知层的IPv6协议标准化动态[J]. 电信网技术,2010(7):17‐22.

[75] 林晓芳. 浅谈我国物联网产业的发展[J]. 技术与市场,2011,18(11):122‐123.

[76] 于洪敏. 通用装备保障[M]. 北京:国防工业出版社,2014.

[77] 顾金星,苏喜生,马石. 物联网与军事后勤[M]. 北京:电子工业出版社,2012.

[78] 周赪. 物联网概述[J]. 信息安全与通信保密,2011(10):63‐64,68.

[79] 诸瑾文. 物联网技术及其标准[J]. 中兴通信技术,2011(1):27‐31.

[80] 沈苏彬,范曲立,宗平. 物联网的体系结构与相关技术研究[J]. 南京邮电大学学报(自然科学版),2009(6):1‐11.

[81] 赵志军,沈强,唐晖,等. 物联网架构和智能信息处理理论与关键技术[J]. 计算机科学,2011,38(8):1‐8.

[82] SHEN S B,FAN Q L,ZHONG P,et al. Study on the architecture and associated technologies for internet of things[J]. Journal of Nanjing University of Posts and Telecommunications(Natural Seiene),2009(6):1‐11.

[83] 周洪波. 物联网技术、应用、标准和商业模式[M]. 北京:电子工业出版社,2011.

[84] 传感网国家标准工作组. 物联网技术架构与标准体系研究进展[Z]. 2010.

[85] 刘莉,窦轶,戴庭,等. 基于Jini的物联网服务框架[J]. 信息通信,2011(5):26‐28.

[86] 刘建军. 军队物联网网络构架及典型应用前景初探[C]//总参谋部信息化部. 2014年军事物联网主题论坛论文集. 北京:国防工业出版社,2014,196‐198.

[87] 赵宇,李璇,王辉. 基于物联网技术的军事物流系统总体构架设计[C]//总参谋部信息化部. 2014年军事物联网主题论坛论文集. 北京:国防工业出版社,2014:186‐189.

[88] NAGEL L,ROIDL M,FOLLERT G. The internet of things:on standardisation in the domain of intralogistics

[C]. IOT 2008,Zurich:2008.
[89] 王志良. 物联网现在与未来[M]. 北京:机械工业出版社,2010.
[90] ATZORI L,IERA A,MORABITO G. The internct of things:a survey[J]. Computer Networks,2010(15):2787-2805.
[91] 李健. 物联网关键技术和标准化分析[J]. 通信管理与技术,2010(3):17-20.
[92] MADLRNAYR G,ECKER J,LANGER J,et al. Near field communication:state of standardization [C]. IOT 2008,Zurich:2008:10-15.
[93] 贺超,庄玉良. 基于产品多生命周期的闭环供应链信息采集与共享[J]. 中国流通经济,2012(9):44-48.
[94] 贺超,冯春花,庄玉良. 基于物联网的闭环供应链信息共享路径研究[J]. 北京交通大学学报(社会科学版),2013,12(4):1-6.
[95] 李红卫. 基于物联网的物流信息平台规划与设计[J]. 信息技术,2011(9):13-16.
[96] 唐丽霞,王会燃,刘锐锋. 电力物联网信息模型及通信协议的设计与实现[J]. 西安工程大学学报,2010,24(6):799-804.
[97] 李特朗,张喜,曹伟. 基于物联网的烟草供应链信息共享研究[J]. 物流技术,2012,31(9):336-337,342.
[98] 贾俊刚,金建航. 基于物联网的交通信息共享技术研究[J]. 中国公共安全(学术版),2010(3):92-95.
[99] ZHOU J,HU L,WANG F,et al. An Eficient Multidimensional Fusion Algorithm for IoT Data Based on Partitioning[J]. Tsinghua Science and Technology,2013,18(4):369-377.
[100] 刘明辉,赵会群. 面向服务的物联网信息共享技术研究[J]. 硅谷,2012(15):11-13.
[101] 冯亮,朱林. 中国信息化军民融合发展[M]. 北京:社会科学文献出版社,2014.
[102] 刘杰,王维贵. 物联网技术在装备管理方面的应用[J]. 密码与信息安全学报,2017(2):61-63.
[103] 刘卫星. 军事物联网工程技术体系与应用研究[M]. 北京:国防工业出版社,2016.
[104] 李雄伟. 新时期陆军装备保障信息化建设[J]. 中国军事科学,2018(2):43-49.
[105] 孙其博,刘杰,黎羴,等. 物联网:概念、架构与关键技术研究综述[J]. 北京邮电大学学报,2010(3):1-9.
[106] 张晖. 我国物联网体系架构和标准体系研究[J]. 信息技术与标准化,2011(10):4-7.
[107] 李航,陈后金. 物联网的关键技术及其应用前景[J]. 中国科技论坛,2011(1):81-85.
[108] 刘强,崔莉,陈海明. 物联网关键技术与应用[J]. 计算机科学,2010(6):1-4,10.
[109] 宋航. 物联网技术及其军事应用[M]. 北京:国防工业出版社,2013.
[110] 钱志鸿,王义君. 面向物联网的无线传感器网络综述[J]. 电子与信息学报,2013(1):215-227.
[111] 孙利民,李建中,陈俞,等. 无线传感器网络[M]. 北京:清华大学出版社,2005.
[112] 王保云. 物联网技术研究综述[J]. 电子测量与仪器学报,2009(12):1-7.
[113] 杨飞,于洪敏,吕耀平. 基于物联网的部队装备信息共享需求分析[J]. 兵工自动化,2016(7):89-92.
[114] 田野,袁博,李廷力. 物联网海量异构数据存储与共享策略研究[J]. 电子学报,2016(2):247-257.
[115] 董晶. 物联网数据共享交换技术与标准研究[J]. 信息技术与标准化,2016(5):17-21.
[116] 张炜,吕耀平,吕慧文,等. 军事装备识别体系框架研究[J]. 装备学院学报,2016(4):1-4.
[117] 陈跃国,王京春. 数据集成综述[J]. 计算机科学,2004(5):48-51.

[118] 高翔,王勇. 数据融合技术综述[J]. 计算机测量与控制,2002(11):706-709.
[119] 靳强勇,李冠宇,张俊. 异构数据集成技术的发展与现状[J]. 计算机工程与应用,2002(11):112-114.
[120] 吴同. 浅析物联网的安全问题[J]. 网络安全技术与应用,2010(8):7-8,27.
[121] 张玉清,周威,彭安妮. 物联网安全综述[J]. 计算机研究与发展,2017(10):2130-2143.
[122] 杨庚,许建,陈伟,等. 物联网安全特性与关键技术[J]. 南京邮电大学学报(自然科学版),2010(4):20-29.
[123] 杨光,耿贵宁,都婧,等. 物联网安全威胁与措施[J]. 清华大学学报(自然科学版),2011(10):1335-1340.
[124] 彭勇,谢丰劼,郭晓静,等. 物联网安全问题对策研究[J]. 信息网络安全,2011(10):4-6.
[125] 孙梦梦,刘元安,刘凯明. 物联网中的安全问题分析及其安全机制研究[J]. 保密科学技术,2011(11):61-66.
[126] 衣李娜. 论物联网产业发展过程中的法律问题[J]. 辽宁公安司法管理干部学院学报,2013(1):35-36.
[127] 梁启星. 物联网基本法律问题探略[J]. 重庆邮电大学学报(社会科学版),2013(6):25-33.
[128] 肖青. 物联网标准体系介绍[J]. 电信工程技术与标准化,2012(6):8-12.
[129] 李光,钟楠,尹丰. 物联网技术标准和我国物联网产业发展策略研究[J]. 信息通信技术与政策,2018(7):71-73.